U0142157

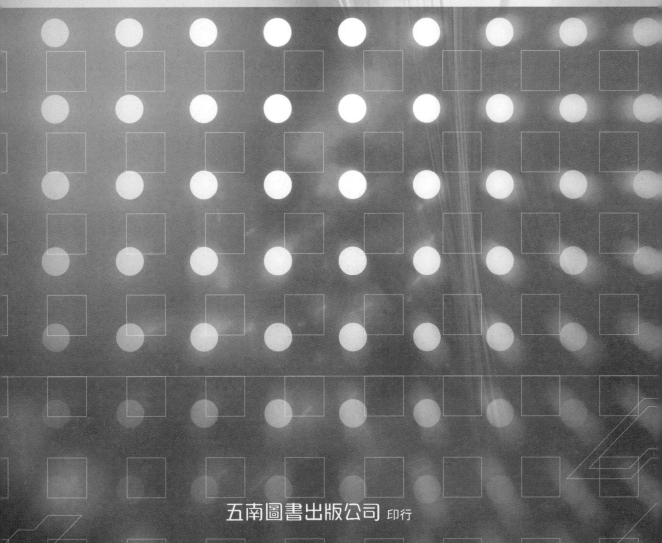

白光LED照明技術

White Light-emitting Diode for Lighting Technologies

田民波 呂輝宗 温坤禮 著

五南圖書出版公司 印行

前　言

　　白色發光二極體（light emitting diode, LED）照明起源於日本，作為可取代白熾燈泡、螢光燈、高壓放電燈（high-intensity discharge lamp, HID）等的高新技術和新興產品而倍受矚目。在過去的十年間，科技界以藍光、近紫外 LED 技術為基礎，以一般照明光源的應用為努力目標，實現從「看」的照明向裝飾照明發展，世界各國都在不懈地進行學術、產業的研究與開發。

　　2001 年世界各國陸續擬訂了新能源政策：美國能源部提出「固態照明國家研究項目」；日本提出「21 世紀的照明」技術研究發展計劃；歐盟設立了「彩虹」計劃及中國大陸正式設立了「國家半導體照明工程項目」國家計劃。台灣更提出了「次世紀照明光源開發計劃」。每個發展計劃都有帶入大量公司、科研機構和大學參與其中，白光 LED 在照明領域之應用具有重要的意義，已帶來照明領域的重大技術創新。

　　照明用白光 LED 光源的開發利用之所以如火如荼，都是因為它具有白熾光燈泡和螢光燈所不具備的優良特徵。如 LED 照明壽命長，小型輕量，節省電力，熱損耗低，且不含有像螢光燈那樣所含水銀等有害物質。而且兼備光量可自由調節、亮度能自在控制的高功能性。日本於 1998 年由經濟產業省確定的通稱「21 世紀的照明」計劃中，作為白光 LED 照明世界先驅，開始了與螢光燈相同發光原理的白光 LED 照明光源的研發。更於 2007 年 11 月在東京召開「第一屆白光 LED 和固體照明國際會議」，並由業界確定了「LED 照明」這一專業名詞。

　　根據各國發表的資訊，2010 年以後將終止白熾燈泡的生產，逐漸轉換為電燈泡形螢光燈，將來進一步替換為 LED 照明的生產。因此，節能減碳型的 LED 照明

光源的實用化已迫在眉睫，我們正處在照明歷史的轉捩點。

現今世界各國用於照明的電量約占全部能耗的 20%；預計從 2011 年始，全部白熾燈泡、螢光燈類中的 10% 以上將由 LED 照明所取代；由於 LED 照明的推廣與普及而節約的能源，預計到 2030 年將達到 20%，即 200 億 kWh。

以「照」為主體的映像和照明也屬於文化範疇，包含了人文科學的很多層面，因國家和地域不同而有差異。但關於節能和環保的概念，全世界都是一致的。白色 LED 光源的研究開發課題，首先集中在改善發光效率方面，還包括提高以自然光為高品質目標的色再現性，以及新的製作、封裝工藝的研發，新材料的創新等。關於世界各國研究開發的最新發展動向和照明光源、器具、包括安全性在內的標準化，也在本書中進行了討論。

本書的內容是面向企業的研究者、工程技術人員和理工科大學生、研究生等，且為了便於業內實際操作者、經營者、以及一般讀者等理解，免去了分析和公式推導，使用了大量的圖、表等，盡量做到圖文並茂，通俗易懂。

本書除了內容新、覆蓋面廣、思路開闊、概念清晰之外，最突出的特色是所討論的內容都源於技術研發和產品製作的第一線。讀者可以從中了解到，要生產具有市場競爭力的先進白光 LED 固體照明器件和器具，要涉及到什麼技術，用到哪些關鍵材料，技術絕竅在哪裡，目前的技術水平如何，發展動向、前景又是怎樣等。

本書在編寫過程中，參考了主要先進國家的 LED 技術，尤其以日本、美國為主。作者水平有限，不妥或謬誤之外在所難免，懇請讀者批評指正。

田民波

於 2011 年春

目　錄

第一章

白光 LED 發光原理

發光二極體（light emitting diode, LED）是近幾年迅速崛起的半導體固態發光元件，與傳統的白熾燈泡、螢光燈等比較，具有小型、設計緊湊耐振動性好，簡約、堅固穩定性好，發熱少而壽命長，亮度高、發光響應速度快，工作電壓低、驅動電源非常簡單等優點，隨著 LED 效率提高，其量產快速增加，擴展迅速。

作為全書的起點，本章首先將 LED 的基本知識、藍光 LED 與白光 LED 的發光原理做簡要介紹。

1.1　LED 及相關材料

1.1.1　LED 的發光原理

LED 元件是在由電子傳導的 n 型半導體和由空穴傳導的 p 型半導體所構成的 pn 結上施加順向偏壓，由於注入少數載流子而發生複合所引起發光（自然發射）的元件。LED 的結構如圖 1.1 所示，核心部位是一個 pn 結。但如何在發光層附近高效率地複合發光，發何種波長的光，以及如何提高光的射出效率等，需要各種各樣的技術方法。

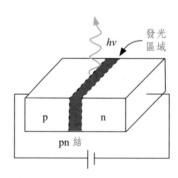

圖 1.1　LED 的結構示意

　　圖 1.2 給出表示 LED 工作原理的能帶結構。如圖 1.2(a) 所示，在外加偏壓為零熱平衡的狀態下，因無載流子注入而不發光；而如圖 1.2(b) 所示，當 pn 結上外加順向偏壓時，通過耗盡層，電子從 n 型區向 p 型區注入，同時空穴從 p 型區向 n 型區注入，該過程稱為少數載流子注入。

　　設從 n 型區向 p 型區注入電子。在 n 型區，電子是多數載流子；而在 p 型區，電子是少數載流子。流入 p 型區的電子，即較之熱平衡狀態過剩的電子，與作為多數載流子的空穴發生複合而消失。同時如圖 1.2(b) 所示，有可能放出光子，而光子所帶的能量與帶隙能量相等。少數載流子空穴發生的過程與上述電子發生的過程相反。由於 pn 結上施加順向偏壓時，流過的電流是因少數載流子引起，因此，LED 的光輸出大致與電流成正比，如圖 1.3 所示。

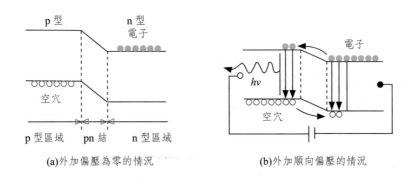

(a)外加偏壓為零的情況　　　　　　(b)外加順向偏壓的情況

圖 1.2　LED 的能帶結構

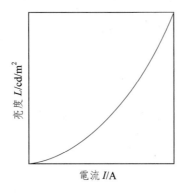

圖 1.3　LED 的亮度－電流特性

　　pn 結是由 p 型半導體和 n 型半導體的結合面（結面）構成，有同質結和異質結之分。前者是由同種半導體，後者是由異種半導體結合而成。在異質結中，利用 p 型區和 n 型區的帶隙能不同，可形成較高能壘，就可保證基本上不引起載流子注入。即通過採用異質結，可以對注入載流子進行控制。該載流子控制技術一直是 LED 開發的重要課題。

　　為提高 LED 的亮度和發光效率，近年來 LED 的開發幾乎都是採用雙異質結結構。以下以 GaAs 系 LED 做實例說明。

　　圖 1.4 給出 n-GaAlAs/GaAs/p-GaAlAs 雙異質結結構，圖 1.5 表示其能帶結構。在雙異質結結構中，如圖 1.4 所示，是由兩個異質結組合而成的。

　　圖 1.5(a) 是不加電壓的情況，左側是 n-Ga$_{1-x}$Al$_x$As，它的能隙 E_g 也與混晶比 x 相關，大致為 2eV；中間是 GaAs，它的 E_g 為 1.4eV；右側是 p-Ga$_{1-x}$Al$_x$As，它的 E_g 大致為 2eV。也就是說，由於中間 GaAs 的 E_g 小，從能帶看，如同一個井，稱其為阱層。同時，由於發光主要是在此 GaAs 層發生，因此，該層也稱為活性層。與之相對，兩側的 Ga$_{1-x}$Al$_x$As 層，由於能隙大，從中間的井中看，如同井壁，故稱其為阱壁層。

　　圖 1.5(b) 表示對雙異質結構外加電壓（順向偏壓）：對於中間的阱層來說，自左側來的 n-GaAlAs 電子注入會在其中存留電子，自右側來的 p-GaAlAs 空穴注入會在其中存留空穴，這樣，阱層中既會有電子又會有空穴的存留，從而這些電子和空穴容易在阱中發生複合。表 1.1 給出已實用化的三色高效率 LED 的基本材料和結構。其中紅色的發光層使用的是 GaInP，綠色和藍色發光層都使用的是 GaInN。雖然綠色和藍色發光層使用的是同一材料系，In 的含量不同，In 含量越高，能帶間隙則越寬。

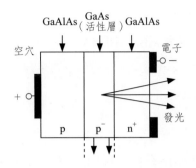

圖 1.4 雙異質結結構概念圖

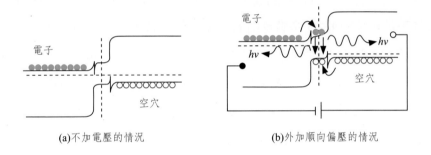

(a)不加電壓的情況　　　　　　(b)外加順向偏壓的情況

圖 1.5 雙異質結能帶結構圖

表 1.1 幾種已實用化的高效率 LED 的基本材料和結構

彩色	發光層材料	雙異質結結構
紅（R）	$Ga_{0.5}In_{0.5}P$	n-AlGaInP/GaInP/p-AlGaInP
綠（G）	$Ga_{0.25}In_{0.75}N$	n-GaN/GaInN/p-AlGaN/p-GaN
藍（B）	$Ga_{0.2}In_{0.8}N$	n-GaN/GaInN/p-AlGaN/p-GaN

發光波長 λ〔nm〕與活性層的能帶間隙 E_g〔eV〕之間的關係，大致可表示為

$$\lambda \text{〔nm〕} = 1240/E_g \text{〔eV〕} \tag{1-1}$$

且，LED 的發光效率 η_o 可由下式給出

$$\eta_o = \eta_v \, \eta_i \, \eta_e \tag{1-2}$$

式中，η_v 為電壓效率；η_i 為內部量子效率；η_e 為光的取出效率。外部量子效率是 η_i 與 η_e 的乘積，而 $\eta_i\eta_e$ 與工作電流密切相關。

1.1.2　LED 相關材料

1.1.2.1　發光材料

　　LED 中使用的材料都是化合物半導體。化合物半導體中有Ⅲ-Ⅴ族的 GaAs、GaP、GaAsP、GaAlAs、AlInGaP、GaN 及 Ⅱ-Ⅵ 族的 ZnS、ZnSe、ZnCdSe，Ⅳ-Ⅳ族的 SiC 等多種。目前可達到實用化水準且有市場供應的 LED 只採用Ⅲ-Ⅴ族化合物半導體。可見光 LED 多數是由 GaAs、GaP、GaN 系化合物及其混晶半導體製成，其產品有高發光效率的紅、橙、棕、綠、藍及近紫外 LED 等。

　　LED 發光的顏色由發光層晶體的種類、組成即 LED 的結構決定。根據式（1-1），發光波長 λ 與能隙寬度 E_g 相對應。表 1.2 匯總了用於 LED 的代表性化合物半導體發光材料和其相對應的發光色。其中，四元混晶半導體 AlInGaP 的發光效率可達到 100lm/W 以上。而且，InAlGaN 系發光效率也獲得明顯改善，在過去的十年中提高了兩個數量級以上。採用 InGaN 的藍光、綠光 LED 也達到商品化，並使得白光及全色顯示成為可能。

表 1.2　用於 LED 的代表性化合物半導體發光材料及發光色

發光材料	代表性發光色／nm
GaAs	紅外（890）
GaP	黃綠色（565）、紅色（700）
GaAsP	黃色（583）、橙色（610）、紅色（630）
GaAlAs	紅色（655）
AlInGaP	橙色（590）、紅色（635）
InGaN	紫外（365）、藍色（465）、藍綠色（500）、綠色（520）

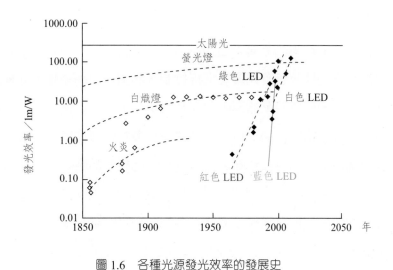

圖 1.6　各種光源發光效率的發展史

　　圖 1.6 表示包括 LED 在內的各種光源發光效率的研發史，由此可以看出，LED 發光效率的改善速度進步之快令人驚異。

　　近年來，InAlGaN 系在短波長化方面得到飛躍性進展，使得發光波長 300nm 左右的元件都可以製造。為實現 InAlGaN 系的短波長化，需要增加 Al 的組成比，這樣會形成 p 型電導，造成發光效率下降，難以獲得特性優良的元件。一般採用寬禁帶半導體必須面對的問題是如何生長優質的化合物單晶體、如何控制半導體的導電類型等。

　　限制比綠光區域波長更長的發光元件性能之原因：一般認為是氮化物半導體內部發生的壓電電場（Piezo）以及自發極化電場。作為解決這一問題的方法，可藉由選擇晶體的生長面，按人的意願控制所發生的電場，這種方法近年來受到廣泛關注。

　　氮化物半導體外延膜的生長面多為 c 面，藉由 c 軸的傾斜，可使生長方向上發生的極化電場的影響減小。稱極化電場為零的面為非極性面，除此以外的面為半極性面。採用非極性面、半極性面氮化物半導體，可以獲得過去利用 c 面難以實現的不存在壓電（Piezo）電場影響的發光層，並且作為單晶生長的面可發揮更大效能。

1.1.2.2　外延基板材料

大多數以 LED 為主的半導體元件，不是由塊體單晶，而是由單晶薄膜製作的。為了提高發光特性及對發光波長進行控制，必須採用將多層不同種類薄膜相互重疊的結構。為此，只能將單晶薄膜置入基板單晶上的技術獲得。

基板單晶對薄膜單晶的品質與方向位置等許多物性都會產生影響，選擇適合的基板單晶對於薄膜單晶的生長致關重要。理想的基板單晶應該是由與希望得到的薄膜單晶為同一種材料做出的。例如，若製作 GaAs 的薄膜，由 GaAs 塊體單晶作基板是最為理想的。稱這種薄膜與基板雙方為相同物質的單晶薄膜生長方式為同質外延（homo-epitaxial）。通常，半導體的薄膜生長大部分是由同質外延進行的，這是因為像 GaAs 及 InP 這類化合物半導體的塊體單晶可以由熔液生長。

而藍光、白光 LED 中所用 GaN 的情況則有很大不同。GaN 在常壓下不能獲得熔液，而且蒸氣壓極高，採用傳統的熔液生長法不能得到塊體單晶，因此這種單晶的生長是極為困難的。為此，在 GaN 薄膜的外延生長中，要採用與之為不同物質的藍寶石（Al_2O_3 單晶）作基板，目前已達到實用化。稱這種外延薄膜與所用基板為不同物質的薄膜生長為異質外延（hetero-epitaxial）。

藍寶石與 GaN 間點陣常數差異很大（參照第 5 章圖 5.1），按以往的常識，藍寶石非最適用的基板。因此，人們對多種單晶作為 GaN 外延薄膜的基板做了大量試驗，但到目前為止，對於藍光、白光 LED 來說，藍寶石基板已穩居不可替代的位置。這大概是由於藍寶石具有以下優點所致：可以生長大尺寸單晶，價格有可能降低，對於 GaN 薄膜的生長工藝來說藍寶石十分穩定等。

儘管在藍光、白光 LED 的應用方面，以藍寶石基板作為主流，但針對未來高輝度、短波長為目標的研究，同時也對其他基板的應用進行了探索。在這種背景下，經過研究者的努力，據說也成功製作出 GaN 及 SiC、AlN 等材料的塊體單晶。GaN 作為 LD 用基板已開始在市場上流通，但作為高輝度 LED 用基板，在價格方面仍不能被用戶接受，目前仍在研究之中。SiC 可以獲得高品質單晶，其中導電性的 SiC 作為正、反面引出電極的 LED 元件來說具有得天獨厚的優勢，但是在與藍寶石的價格競爭方面卻略遜一籌。

　　針對比 GaN 發光更短波長的紫外區域，人們也在抓緊研究 AlN 基板單晶。與 GaN 不同，AlN 有可能藉由升華的方法製取，因此升華法是生長 AlN 單晶的主要方法。對於 AlN 單晶的開發，歐美比日本更是先行一步，目前已有直徑 1 英寸及 2 英寸的樣品問世，但是未能真正做到結晶性和特性兼優的產品。也有人對 AlN 基板的實用性產生疑問，由於單晶生長相繼遇到困難，使得一時期內研究人員減少，研究機構撤消，但最近又開始重新組織隊伍，據報道，有人已獲得相當大尺寸的 AlN 自立單晶。

　　氧化鎵（β-Ga_2O_3）可作為最新嶄露頭角的基板材料。由於它兼具大的能帶間隙（E_g = 4.8eV）和導電性，特別是可以生長出大尺寸單晶，由其直接封裝的 LED 也可獲得藍色發光。

1.1.2.3　螢光體材料

　　對於白光 LED 來說，為了獲得真正的白光，一般採用表 1.3 所示的三種方法：①用紫外光 LED 激發紅、綠、藍三種螢光體；②用藍光 LED 激綠、紅兩種螢光體；③用藍光 LED 激發黃光螢光體。而目前已實用化的白光 LED 幾乎都採用由藍光 LED 與黃光螢光體相組合來實現白光，但無論哪種方法，為構成白光 LED，高效率發光的螢光體是必不可少的。

表 1.3　實現白光 LED 的 LED 發光元件與螢光體的組合

表 1.4　藍色激發發光的主要螢光體及發光色

化合物類型	螢光體組成	代表性發光色
氮化物系	$(Ca, Sr)_2Si_5N_8$：Eu	紅色
	$(Ca, Sr)AlSiN_3$：Eu，簡稱為 CASN	紅色
	$CaSiN_2$：Eu	紅色
氧氮化物系	$Cax(Si, Al)_{12}(O, N)_{16}$：Eu，簡稱為 α-SiAlON	橙色
	$(Si, Al)_6(O, N)_8$：Eu，簡稱為 β-SiAlON	綠色
	$BaSi_2O_2N_2$：Eu	藍綠色
氧化物系	$(Y, Gd)_3(Al, Ga)_5O_{12}$：Ce，簡稱為 YAG	綠色～黃色
	$(Sr, Ba)_2SiO_4$：Eu	綠色～黃色
	$Ca_3Sc_2Si_3O_{12}$：Ce	綠色
	$Sr_4Al_{14}O_{25}$：Eu	藍綠色
硫化物系	$(Ca, Sr)S$：Eu	橙色～紅色
	$CaGa_2S_4$：Eu	黃色
	ZnS：Cu, Al	綠色

　　作為藍光激發而發光的螢光體，已發表的如表 1.4 所示，有氧化物系、氮化物系、氧氮化物系、硫化物系等各種不同的種類。

　　氧化物的代表是 YAG 螢光體，它可以有效吸收 460nm 附近的 LED 藍光，受其激發而發出黃光。YAG 螢光體可表示為$(Y_aGd_{1-a})_3(Al_bGa_{1-a})_5O_{12}$：Ce。在作為 YAG 激光器所使用的 $Y_3Al_5O_{12}$ 單晶的 Y、Al 的各位置，分別用 Gd、Ga 做部分置換，而作為發光中心，添加稀土元素 Ce。YAG：Ce^{3+} 系螢光體因其發光效率高及材料自身的高穩定性而多為採用，但存在高溫下發光效率降低等嚴重問題。而且 YAG 與 Ce^{3+} 系的發光色，因紅色成分不足而顯示出帶綠的黃色，而且在藍光激發的情況下，還存在白光的色溫度高等問題，因此用途受到限制。

　　氮化物系的特徵是，除硫化物系以外，可以說是唯一的由藍色激發而實現紅色發光的螢光體。由於氮的存在，其共價鍵性增大，致使 Eu 等複合材料的發光向長波長方向變化，並且牢固的化學鍵合作用使得材料的耐久性更為優良。

　　在硫化物系中，(Ca, Sr)S：Eu 系、$CaGa_2S_4$：Eu 系、ZnS：Cu, Al 系等作為可見光激發螢光體早已被人們所熟知，由藍光激發可使其高效率地發光。具有半高寬

窄的發光光譜之螢光體很多，可產生鮮艷的綠光及紅光。但硫化物系一般在耐久性和吸濕性方面存在問題，目前還難以無障礙地在 LED 中應用。

1.2　LED 的基本知識

在本節中，將就 LED 的基本結構，支配 LED 效率的內部量子效率、光取出效率，以其他特性等，對 LED 的基本知識做簡要說明。

1.2.1　LED 的基本結構和基本方程

目前市場上流通的 LED 大部分採用多重量子阱（multiple quantum well, MQW）結構，為便於理解其工作原理，首先對雙異質結（double hetero-junction, DH）結構的 LED 做簡要說明。

DH 結構即是將作為發光層的活性層，用兩層能帶間隙寬度比其能帶間隙更寬的包覆（clad）層相夾的結構。圖 1.7 表示 GaAlAs 系 DH 結構 LED 的構造實例及電流分布、發光分布的模擬結果。

對於 LED 來說重要的是，活性層發出的光要高效率地向外取出。為此，最外層的（對於從基板一側取出光的場合，還包括基板）能帶間隙應比活性層的大，即對於發光波長應是透明的。而且由於電極部分會遮擋光，因此在電極的配置方面也需要下一番工夫。

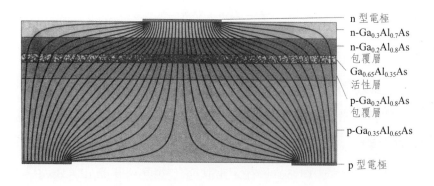

圖 1.7　GaAlAs 系 DH 結構 LED 的構造實例與電流分布、發光分布模擬

　　由活性層、n 層與 p 型包覆層組成的 DH 構造中，能帶結構、載流子密度分布、電流密度分布的計算實例如圖 1.8 所示。圖 (a) 表示無偏壓狀態下的能帶結構，圖 (b) 表示加順向電壓下的能帶結構。在 p 側加正電壓，n 側加負電壓（圖 1.8(b)）的狀態下，n 側注入電子，p 側注入空穴，與之相對應，會有電子電流、空穴電流流動。在電子和空穴兩種載流子都存在的區域（參照圖 1.8(c)），載流子發生複合（圖 1.8(d)），藉由其中的發光複合而發出光。

　　LED 中的電流分布及發光複合等的特性，可由下面的泊松方程及電流連續性方程來表述：

$$\nabla \cdot (\varepsilon \nabla \psi - P_{\mathrm{T}}) = -q(p - n + N_{\mathrm{D}+} - N_{\mathrm{A}-}) \qquad （1\text{-}1）$$

$$\frac{\mathrm{d}n}{\mathrm{d}t} = \frac{1}{q} \nabla \cdot J_{\mathrm{e}} - R \qquad （1\text{-}2）$$

$$\frac{\mathrm{d}p}{\mathrm{d}t} = -\frac{1}{q} \nabla \cdot J_{\mathrm{h}} - R \qquad （1\text{-}3）$$

式中，ψ 為電位；n、p 分別為電子和空穴的載流子密度；$N_{\mathrm{D}+}$、$N_{\mathrm{A}-}$ 分別為離子化的施主密度和離子化的受主密度。式（1-1）中的 P_{T} 表示後面將要談到的極化效應，它是自發極化和壓電（Piezo）電場引起的極化之和。P_{T} 在各層中是一定的，但在層間是不同的，因此，極化一旦存在，ψ 的斜率在界面處會呈不連續變化。式（1-2）中的 J_{e}、式（1-3）中的 J_{h} 分別表示電子和空穴的電流密度，其與 n、p 之間的關係式如下：

$$J_{\mathrm{e}} = -q\mu_{\mathrm{e}}n \nabla \phi_{\mathrm{n}} \qquad （1\text{-}4）$$

$$J_{\mathrm{h}} = -q\mu_{\mathrm{h}}p \nabla \phi_{\mathrm{p}} \qquad （1\text{-}5）$$

式中，q 為電荷電量；μ_{e}、μ_{h} 分別為電子和空穴的遷移率；$\phi_{\mathrm{n}} = (-F_{\mathrm{n}})$、$\phi_{\mathrm{p}} = (-F_{\mathrm{p}})$ 分別為導帶和價帶的擬費米能級。式（1-4）、（1-5）所表示的電流密度，包含擴散電流和漂移（drift）電流兩部分。

　　由式（1-2）、（1-3），在定常狀態（穩態，即 dn/dt = dp/dt = 0）下，有下式表達的關係成立

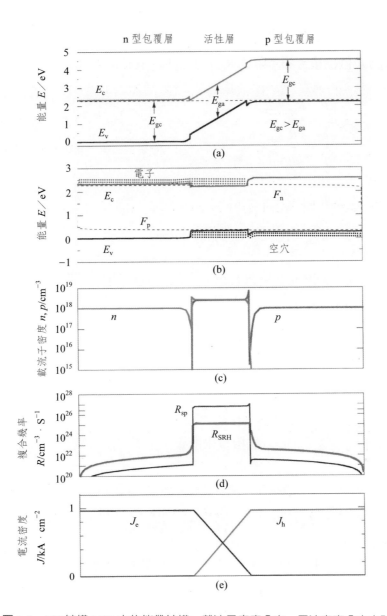

圖 1-8　DH 結構 LED 中的能帶結構、載流子密度分布、電流密度分布之計算實例

$$\nabla \cdot J = \nabla \cdot (J_e + J_h) = 0 \qquad (1\text{-}6)$$

上式表示在一維的情況下電子電流和空穴電流之和是一定的，圖 1.8(e) 進一步表示這種關係。

在式（1-2）及式（1-3）出現的複合項 R 中，包括決定於自然發射的發光複合

R_{sp} 和非發光複合 R_{nr}。而後者又包括肖克利－瑞德－霍爾（Shockley-Read-Hall）型非發光複合 R_{SRH} 及俄歇複合等，因此 R 可由上述各項之和表示。即

$$R = R_{sp} + R_{nr} \qquad (1\text{-}7)$$

$$R_{nr} = R_{SRH} + R_{Aug} \qquad (1\text{-}8)$$

$$R_{sp} = B(np - n_i^2) \qquad (1\text{-}9)$$

$$R_{SRH} = \frac{np - n_i^2}{\tau_p n + \tau_n p} \qquad (1\text{-}10)$$

$$R_{Aug} = (C_n n + C_p p)(np - n_i^2) \qquad (1\text{-}11)$$

圖 1.8(c) 的載流子密度 n, p 與圖 1.8(b) 的能帶結構參數之間有下述的關係

$$n = N_c F_{\frac{1}{2}}\left(\frac{F_n - E_c}{kT}\right) \qquad (1\text{-}12)$$

$$p = N_v F_{\frac{1}{2}}\left(\frac{E_v - F_p}{kT}\right) \qquad (1\text{-}13)$$

式中，N_c、N_v 分別為導帶、價帶的有效狀態密度；E_c、E_v 分別為導帶底、價帶頂的能級；F_n, F_p 分別為電子和空穴的擬費米能級。函數 $F_{1/2}$ 為費米－狄喇克積分，並由下式定義

$$F_v(n) = \frac{1}{\Gamma(v+1)} \int_0^\infty \frac{x^v \, dx}{1 + \exp(x - n)} \qquad (1\text{-}14)$$

根據式（1-12），電子密度 n 隨 $F_n - F_c$ 值的增大而增大；同樣，根據式（1-13），空穴密度 p 隨 $E_v - E_p$ 值的增大而增大。

順便指出，式（1-12）、（1-13）是適用於塊體半導體的載流子密度表達式，而對於量子阱及量子細線等低維結構來說，表達式有所不同。

對於雙異質結結構來說，由式（1-1）～式（1-14）決定的能帶結構實例如圖 1.9 所示。在 LED 的工作狀態，電子從 n 型包覆層，空穴從 p 型包覆層，分別向活性層注入。若 p 型包覆層的能帶間隙 $E_{g\,clad}$ 與活性層的能帶間隙 $E_{g\,act}$ 相比不是大得多時，即由能帶間隙差決定的導帶側能帶不連續，即 ΔE_c 不是很大時，會有電子從

活性層進入 p 型包覆層，即產生溢流（overflow），造成發光效率降低。

如圖 1.9 所示，圍堵活性層電子的障壁高度（圖中的 ΔE_b）並非僅由 ΔE_c 決定。相對於擬費米能級 F_p 的價帶頂能級 E_v 與空穴密度 p 之間有式（1-13）所示的關係。p 型包覆層的受主密度 N_A- 與 p 之間大致保持平衡，如果 N_A- 變大，則由式（1-13），E_v-E_p 變大。即價帶頂能級 E_v 相對於 E_p 要向上方移動。由於包覆層的能帶間隙一定，所以，E_c 與 E_v 同時向上移動，若受主密度增大，障壁高度也要變大。

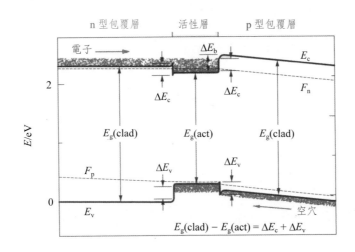

圖 1.9　DH 結構中的能帶結構

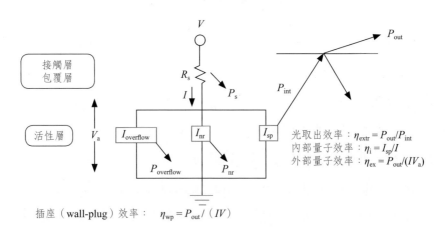

圖 1.10　決定 LED 效率的各種因素

從上述可以看出，為了防止電子溢流，除了保證包覆層的能帶間隙外，向 p 型包覆層的高濃度摻入是極為重要的。

1.2.2　內部量子效率

圖 1.10 表示決定 LED 效率的各種因素。LED 的效率 η_{wp}（插座（wall-plug）效率：光輸出功率 P_{out} 與輸入電功率 IV 之比）可按下式給出：

$$\eta_{wp} = \frac{P_{out}}{IV} = \eta_v \eta_{ex} \qquad (1\text{-}15)$$

$$\eta_{ex} = \frac{P_{out}}{IV_a} = \eta_i \eta_{extr} \qquad (1\text{-}16)$$

式中，η_v 為電壓效率；η_{ex} 為外部量子效率；η_i 為內部量子效率；η_{extr} 為光取出效率。式（1-16）中的 V_a 是施加於活性層的電壓，V_a 大致與活性層的能帶間隙電壓（＝ 能帶間隙 / q）相等（關於 LED 的工作電壓後面章節討論）。

η_v 和 η_i 分別由下式給出

$$\eta_v = \frac{V_a}{V_a + IR_s} \qquad (1\text{-}17)$$

$$\eta_i = \frac{I_{sp}}{I_{sp} + I_{nr} + I_{overflow}} \qquad (1\text{-}18)$$

式中，R_s 為包括接觸層、包覆層的電阻與電極 / 接觸層的接觸電阻在內的串聯電阻的總合；I_{sp} 為自然發射複合電流；I_{nr} 為非發光複合電流；$I_{overflow}$ 為從活性層流向包覆層的溢流電流。式（1-18）中的 I_{sp}、I_{nr} 分別與由式（1-9）、式（1-8）表示的 R_{sp}、R_{nr} 對元件全體積分，再用電荷量 q 相乘的積相當。

式（1-18）可以看出，不存在溢流電流的狀況下，內部量子效率由 I_{sp} 與 I_{nr} 之比決定。於可忽略式（1-11）所示俄歇複合的狀況下，η_i 由式（1-9）所表示的 R_{sp} 和由式（1-10）所表示的 R_{SRH} 決定。式（1-9）為載流子密度的 2 次方關係式，而式（1-10）為載流子密度的一次方關係式（2 次方關係式 / 1 次方關係式），由此

可知，工作在載流子密度高的區域，即電流密度高的區域，內部量子效率高。

　　將自然發射複合幾率的系數（參照式（1-9））訂為 $B = 1 \times 10^{-10} \text{cm}^3/\text{s}$，隨非發光複合壽命 τ_n、τ_p（參照式（1-10））變化，內部量子效率的計算模擬結果如圖 1.11 所示。可以看出，隨非發光複合壽命延長，即非發光複合幾率變小，內部量子效率 η_i 升高。從圖中還可以看出，無論在多長的非發光複合壽命下，隨電流密度升高，η_i 都變大，在十分高的電流密度下，η_i 甚至接近 1。

　　從另一方面，對於 GaN 系 LED，其內部量子效率與電流密度的關係並不按圖 1.11 所示變化，據研究資料，工作在電流密度大的範圍內，內部量子效率反而會下降。研究認為，造成這種狀況的原因是俄歇複合的效果以及由極化引起的溢流等。對於 GaN 系來說，由於單晶生長困難，目前多採用三元的 InGaN、GaAlN 等。組成不同的層間會出現因應變而引發的應力。由此應力引起的壓電效應形成電場，在該電場作用下而產生極化。這種極化造成的能帶傾斜，從而對器件特性造成較大的影響。

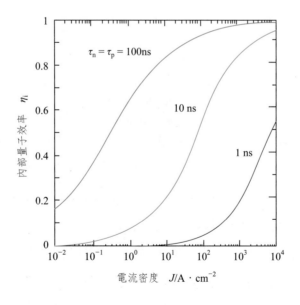

圖 1.11　內部量子效率與電流密度之相關性

　　圖 1.12 表示以 InGaN 為量子阱層的 LED 工作時的能帶結構及載流子密度分佈模擬實例。如圖 1.12(a) 所示,由於量子阱層的能帶發生傾斜,電子密度和空穴密度的峰位由相互重疊發生偏離(圖 1.12(b))。由於能帶傾斜及載流子密度峰位偏離,會對電流-電壓特性產生很大影響,進而引起載流子溢流。

　　圖 1.13 是按圖 1.12 的結構,在不考慮壓電(Piezo)電場引起的極化效應及考慮這種效應兩種情況下的溢流電流及內部量子效應的比較。在沒有極化效應的情況下,溢流基本上不會發生,而在考慮極化效應的情況下,電子則發生向 p-GaN 層側的溢流(儘管其間加入了 p-GaAlN 溢流防止層),結果,在電流密度高的領域,內部量子效率降低。由於這種電流-電壓特性與各層的組成、厚度密切相關,因此,合理的元件設計是極為重要的。

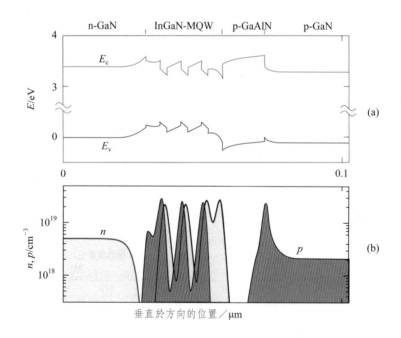

圖 1.12　GaN 系 LED 的能帶結構及載流子密度分布的模擬結果實例

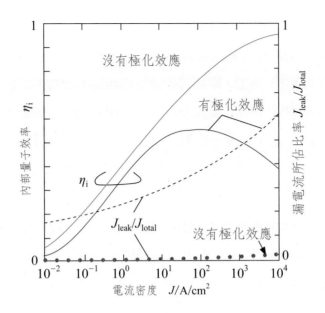

圖 1.13　GaN 系 LED 中溢流電流及內部量子效率之計算實例

1.2.3　光取出效率

式（1-16）所表示的光取出效率 η_{extr} 受很多因素影響，簡單來說，可由 η_c, η_m, η_{str} 三因素綜合表示：

$$\eta_{extr} = \eta_c\,\eta_m\,\eta_{str} \tag{1-19}$$

式中，η_c 為 LED 內部的發光中在光取出面不發生全反射部分的比率；η_m 為由表面及背面的反射率決定的係數；η_{str} 為光吸收層及電極結構等元件構造因素決定的係數。其中，η_c 可由下面的關係給出

$$\eta_c = 1 - \cos\theta_c \tag{1-20}$$

$$\theta_c = \sin^{-1}(n_0/n_1) \tag{1-21}$$

式中，θ_c 為全反射臨界角；n_1、n_0 分別為半導體及外部介質的折射率。式（1-20）表示在活性層所發出的光，只有出射角在 θ_c 以內的「逃逸（escape）圓錐」內的光

才能向外部取出。

　　圖 1.14 所示，對於平板構造（各界面平行）的情況，θ_c 僅由發光層的折射率和空氣的折射率（＝1）決定，與其間的層結構無關。一般說來，由於半導體的折射率 n_1 比元件外部的折射率 n_0 要大，因此全反射臨界角 θ_c 的值較小。此時，由式（1-20）、（1-21），η_c 可做下述近似

$$\eta_c \approx n_0^2/(2n_1^2) \tag{1-22}$$

　　例如，對於 InGaAlP 系材料，活性層折射率 $n_1 = 3.5$，設外部為空氣（$n_0 = 1$），根據式（1-22）可求得 η_c 大約為 0.04。也就是說，即使內部量子效率為 1，且背面反射率為 1，外部取出光的最大比率充其量不過為 4%，由此可說明這一項的影響是極大的。對於 GaN 系藍色 LED 來說，折射率為 2.5 左右，要低些，對應的 η_c 大約為 0.08，比 InGaAlP 系材料的情況提高一倍，從光取出效率這一點上是有利的。

　　一般說來，半導體材料的能帶間隙越大，即發射光越向短波長變化，其折射率越小。圖 1.15 表示介電常數與能帶間隙的關係，可由介電常數算出不同頻率光的折射率。

　　式（1-19）右邊的 n_{str} 項，藉由器件設計變化餘地很大，必須特別重視。如何使活性層發出的光不受電極及吸收層的防礙，儘可能多地向外取出，是設計中考慮的重點。對於 InGaAlP 系 LED 來說，若採用傳統的 LED 結構，由於電流僅在電極

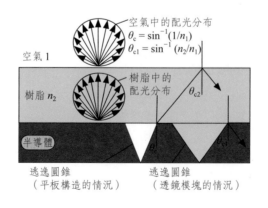

圖 1-14　從半導體到空氣中的光取出情況

正下方流動，因此光取出效率極低。藉由設置使電流擴展的低電阻電流擴展層，以及在電極正下方設置不使電流流過的電流阻止層，可獲得十分顯著的效果，見圖 1.16，採用這種技術，可使光取出效率大幅度提高。

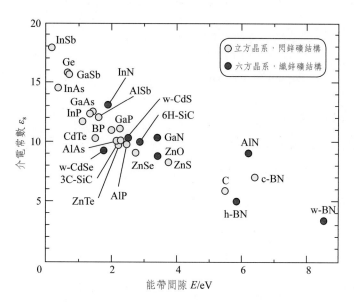

圖 1.15　半導體的介電常數與能帶間隙

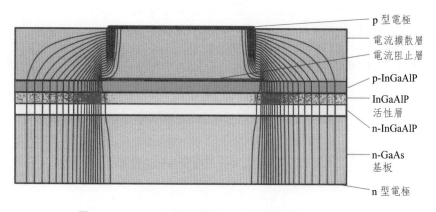

圖 1.16　InGaAlP 系高輝度 LED 結構實例

1.2.4 配光特性

從 LED 向外部取出光的指向特性（配光特性）也與元件結構密切相關。設 LED 內部的配光分布為 $A_1(\theta_1)$，則外部的最終配光分布 $A_2(\theta_2)$ 可由下式給出

$$A_2(\theta_2) = \left(\frac{n_2}{n_1}\right)^2 \frac{\cos\theta_2}{\cos\theta_1} T(\theta_1) A_1(\theta_1) \qquad （1\text{-}23）$$

$$n_1 \sin\theta_1 = n_2 \sin\theta_2 \qquad （1\text{-}24）$$

式中，$T(\theta_1)$ 為界面的透射率。

設活性層中的發光是各向同性的，且不考慮電極及吸收層的影響，設式（1-23）中的 $A_1(\theta_1)$ 為常數。此時 θ_c 又小，在臨界角內，$\cos\theta_1 \approx 1$，假設 $T(\theta_1)$ 近似為常數，則由式（1-23）得到

$$A_2(\theta_2) \propto \cos\theta_2 \qquad （1\text{-}25）$$

即配光特性服從郎伯（Lambert）分布（等同於從等擴散層的光束（光流量）發散分布，光度（發光強度）服從郎伯餘弦定律）。於圖 1.14 中所示的配光分布中，虛線表示郎伯分布，但空氣中的配光分布與郎伯分布十分接近。

對於實際的 LED 來說，不僅要考慮 LED 元件，還必須考慮包括外側樹脂透鏡在內的配光特性。對於圖 1.16 所示的 InGaAlP 系 LED，藉由光線追蹤做出的從元件及樹脂透鏡封裝中取出光的模式如圖 1.17 所示。僅是 LED 元件時，如圖 1.17(a) 所示，大致接近郎伯分布，而配以樹脂透鏡之後，配光特性發生很大的變化。同樣，GaN 系 LED 的光線追蹤實例如圖 1.18 所示。這種情況下，依基板種類（藍寶石、GaN）不同，從側面取出光的比率發生變化，從而配光特性也要發生變化。

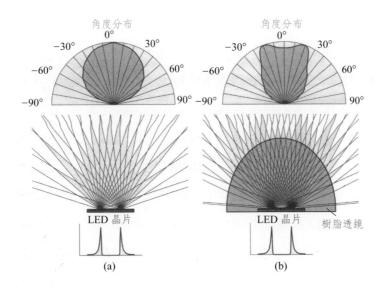

圖 1.17 InGaAlP 系 LED（晶片結構實例參照圖 1.16）中的光線追蹤實例

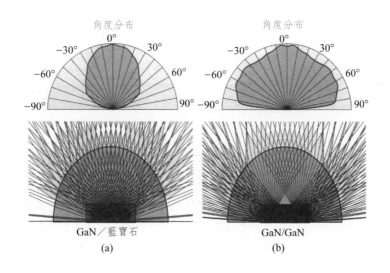

圖 1.18 GaN 系 LED 中的光線追蹤實例

1.2.5 工作電壓

LED 的工作電壓按式（1-17）可表示為 $V_a + IR_s$，其中串聯電阻 R_s 由包覆層的電阻及接觸電阻所決定，為了降低工作電壓，設法降低包覆層的電阻及接觸層的電

阻是十分重要的。由於這些電阻還有產生焦耳熱的作用，因此降低這些電阻對於 LED 的熱設計也是極為重要的。

販售 LED 的工作電壓與發光時峰值波長關係的若干實例由圖 1.19 表示。圖中下方的橫座標表示與峰值波長相對應的光子能量，因此圖中的直線表示「工作電壓 = 與光子能量相當的電壓」的情況。圖中，在此直線上方標出的點，表示工作電壓僅比此高，這是上述的包覆層電阻及接觸電阻分壓所致。此圖中值得注意的是在「工作電壓 = 與光子能量相當的電壓」直線下方標出的 LED。如 GaAlAs 系及 InGaAlP 系等許多的 LED 都工作在此直線下方的領域。乍一看，輸入的能量 < 輸出能量的數量，似乎不滿足能量守恆定律。對這種現象應做何解釋呢？

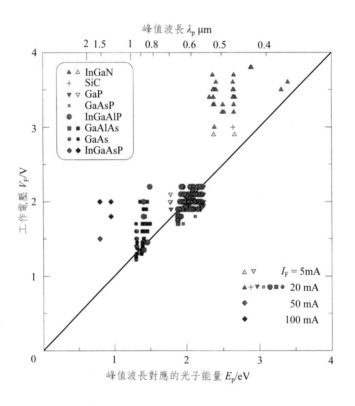

圖 1.19　販售 LED 工作電壓與發光峰值波長

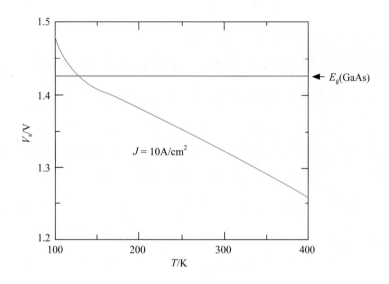

圖 1.20　電流開始流動的電壓與溫度的關係

　　圖 1.20 表示在 GaAs/GaAlAs DH 結構中，電流密度 $J = 10A/cm^2$ 下的電壓與溫度的相關性。從圖中可以看出，在室溫附近，電流是在低於與活性層 GaAs 的能帶間隙相對應的電壓下流動。既然有電流流動，在沒有出現溢流的前提下，說明載流子發生了複合，自然也發生了發光複合 R_{sp}。在圖 1.20 的計算中，並未用到式（1-1）～式（1-12）以外的關係式。為使載流子發生複合，導帶上必須存在電子，而在式（1-12）所表示的費米統計中，kT 越大則導帶的電子密度越高。因此，即使在比能帶間隙小的電壓作用下，導帶中仍存在電子而引起發光複合。這正是圖 1.19 中某些 LED 在直線下方也能工作的原因。

1.2.6　發光光譜

　　可見光 LED 發光光譜的實例圖於 1.21。圖中實線表示直接躍遷型材料構成的 LED，虛線表示間接躍遷型材料構成的 LED。

　　根據發光光譜，利用下式可求得色度座標 (x, y)

$$\begin{bmatrix} X \\ Y \\ Z \end{bmatrix} = K \int_{\mathrm{vis}} \phi(\lambda) \begin{bmatrix} \bar{x}(\lambda) \\ \bar{y}(\lambda) \\ \bar{z}(\lambda) \end{bmatrix} \mathrm{d}\lambda \qquad (1\text{-}26)$$

$$x = \frac{X}{X+Y+Z} \; , \; y = \frac{Y}{X+Y+Z} \qquad (1\text{-}27)$$

式中，$\phi(\lambda)$ 是與光譜強度分布相當的分光發射通量；$\bar{x}(\lambda)$、$\bar{y}(\lambda)$、$\bar{z}(\lambda)$ 分別為 XYZ 表示色系的等色函數；而 $K = 683\mathrm{lm/W}$；若 $\phi(\lambda)$ 用 W/m 表示，則式（1-26）中的 Y 表示光通量 Φ（單位為流明〔lm〕），Φ 在立體角中的微分量（單位立體角的光通量）即為亮度（單位為坎德拉〔cd〕）。由此定義可知，即使光輸出相同，而發射角越窄亮度越高。而且由光通量的定義推出，即使光輸出相同，但若在 $\bar{y}(\lambda)$ 大的區域（即，比視感度大的區域）存在峰值的話，則亮度變高。

等色函數和色度座標在圖 1.22 中表示：連接色度座標 (x, y) 與白光（W）的直線與光譜軌跡（對應於單色光主譜的馬蹄形的周邊部分）的交點所對應的波長稱為主波長（參照圖 1.22 右圖）。與到白色點的距離之比 DW/PW 定義為刺激純度。一般說來，主波長與光譜的峰值波長取相異的值。

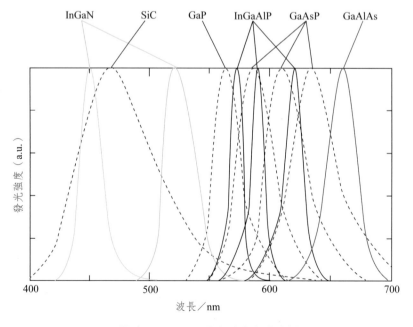

圖 1.21　LED 可見光發光光譜實例

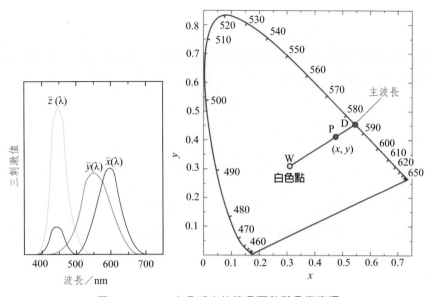

圖 1.22　XYZ 表色系中的等色函數與色度座標

　　圖 1.23 表示販售 LED 的發光峰值波長與主波長的關係實例。圖中的實線是假定光譜形狀為高斯分布，光譜的半高寬 $\Delta\lambda$ 分別為 20nm、40nm 情況下，按照式（1-26）、（1-27）以及圖 1.23 所示關係計算出的結果。可以推導出，$\Delta\lambda$ 大時主波長與峰值波長的偏離變大。同理，若 $\Delta\lambda = 0$，二者是一致的。

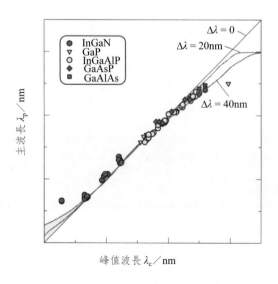

圖 1.23　販售 LED 發光峰值波長與主波長

1.2.7　熱設計

對高輝度 LED 來說，發熱的影響不可忽略，因此 LED 的熱傳導分析是極為重要的。熱特性與元件的三維形狀密切相關，包括封裝在內，需要在三維空間中求解下列熱傳導方程

$$C_p \rho \frac{\partial T}{\partial t} = \nabla \cdot (k \nabla T) + S \qquad (1\text{-}28)$$

式中，T 為溫度；C_p 為比熱；ρ 為密度；k 為熱傳導系數；S 為熱源密度。

作為邊界條件，儘管在與熱沉（heat sink）相連接的面以外，也存在由自然對流及熱輻射引起的熱流量，但對於 LED 晶片，忽略這些熱流量基本上不會出現問題。這是因為，與例如建築物的牆壁那樣大尺寸的結構不同，由 LED 大小決定的尺寸，依照表面熱傳導的熱阻的大小，與由材料的熱導率決定的熱阻的大小之比是極大的（如 10^4 以上），因此，即使將與熱沉相連接的面以外的面看作是絕熱的，也不會產生多大的誤差。相反對於 LED 來說，採用什麼形式的熱沉，晶片如何與熱沉相連接則變得極為重要。

圖 1.24 表示熱傳導解析的實例（元件結構與圖 1.16 所示相同）。從該圖中所示熱流分佈可以看出，在活性層附近所發生的熱量，幾乎全部向著熱沉（圖的下半部）流出。

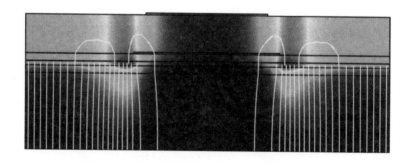

圖 1.24　LED 熱流分佈之解析實例

1.3　藍光 LED——實現白光 LED 照明之起點與關鍵

1.3.1　LED 早期發展簡介

1962 年，任職於美國通用電氣公司的 Holonyak 博士用Ⅲ-Ⅴ族化合物半導體 GaAsP 材料研製出可商品化的 LED，發光效率僅為 0.1lm/W。1968 年，Monsanto 和 HP 公司正式批量生產 $GaAs_{0.60}P_{0.40}$/GaAs 的紅光 LED。1997 年，美國光學學會為表彰 Holonyak 的功績而設立了 Holonyak 獎。

1975 年後，利用液相外延（LPE）生長的 GaP/ZnO 紅色 LED、GAP/N 綠色 LED、$GaAs_{0.35}P_{0.65}$/N/GaP 橙紅色 LED 和 $GaAs_{0.15}P_{0.85}$/N/GaP 黃色 LED 相繼成功。

1980 年，Stantey 公司將 GaAlAs/GaAs 雙異質結結構 LED 的發光效率提高到 10%，這類 LED 在 20 世紀 90 年代初大量用於大屏幕顯示，其缺點是光衰大。

1985 年後，日本研究使用 AlGaInP 系統作為可見光波段雷射器用材料，發光層為 AlGaInP/GaInP 的雙異質結結構，藉由四元Ⅲ-Ⅴ族化合物半導體中四種組元比例的調配，成功做出 625、610、590nm 紅、橘、黃波段的 LED，此外，相較於用 GaAsP 做出的 LED，AlGaInP LED 在高溫、高濕的環境下，有更長壽命之優點，所以取代 GaAsP 成為紅光使用的主要材料。

1990 年後，LED 的發光效率得以飛速提高。對於構成紅光 LED 的 AlGaInP 來說，可以採用與之晶格匹配的 GaAs 基板，若 LED 製作中不出現品質問題，如發光層中不會產生使電子和空穴變換為熱的缺陷，內部量子效率有可能達到 90% 以上。但由於 GaAs 的能隙與紅外相對應，可見光全部被吸收，從而不能取出可見光。且 AlGaInP 半導體的折射率很大，在 3.5 以上，因此，全反射角很小，致使光取出效率非常低，需要技術改進。如圖 1.25 所示，使 GaAs 基板剝離，將剝離後的 LED 貼附在對紅光透明的 GaP 上，進一步在基板背面形成斜面，用以提高光的取出效率等，由此實現了超過 50% 的外部量子效率。至此，紅光 LED 的發展已漸趨成熟穩定。

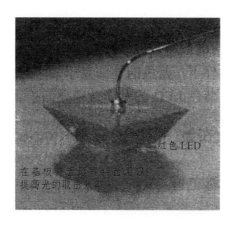

圖 1.25　最高效率紅色 LED 的工作模式

1.3.2　藍光 LED 的發展

1986 年 Hiroshi Amano 和 Akasaki 等利用 MOCVD 外延低溫 AlN 緩衝層，成功生長出透明、沒有表面崩裂的 GaN 薄膜。稍後 Akasaki 等進一步由 X 射線衍射光譜、光激光譜（PL）等測量結果，驗證了加入低溫 AlN 緩衝層後外延的 GaN 薄膜，具有完美的晶格排列。此外，本徵缺陷所形成的施主濃度，也因此減少到 $1 \times 10^{15} \text{cm}^{-3}$，電子遷移率則提高了一個數量級（10 倍）以上，而低溫緩衝層的加入也改善了 GaN 薄膜的電特性。

1989 年 Amano 等利用低能電子輻照（LEEBI），使用了 Mg 摻雜和 MOCVD 生長技術，獲得了低阻 p 型 GaN。

1992 年，日本日亞化學（Nichia Chemical）公司的中村修二（Shuji Nakamura）博士等在大於 700℃ 的含氫的氮氣中以熱退火代替低能電子輻照，在退火前摻入 Mg 的 GaN 電阻率為 $1 \times 10^{6} \Omega \cdot \text{cm}$，而 700℃ 以上退火後電阻率降為 $2\Omega \cdot \text{cm}$，可獲得低阻 p 型 GaN。他們還利用 MOCVD 生長出了 InGaN 薄膜，它能覆蓋從綠光到紫外光發光所需要的帶隙躍遷。

從 1993 年始，中村先生展示出第一顆使用 InGaN/GaN 材料系統的藍光 LED，隨後開始了 GaN 材料的研究，該材料系列藉由 In 含量的改變可以控制能

隙的大小，發出從紫外至綠光波長的光。從第一顆藍光 LED 面世後，GaN 材料即被大量研究。進一步研究這種材料製作雙異質結紫外光激光器時，發現光強達到 1〜2cd 的藍光（450nm）。由於這項發明，1996 年中村先生獲得了國際信息顯示學會（SID）的特別獎。接著，日亞和豐田生產出藍色 LED、綠光（525nm）和藍綠（505nm）LED。日亞公司進一步以藍光 LED 晶片上覆蓋黃綠光螢光粉，製成白光 LED，發光效率可達到 25lm/W。此後，這類 LED 的發光效率以每年 10%〜20% 的速度提昇。

2007 年，藍光 LED 已經達到可超越 100lm/W 的實驗結果。與此同時，在外延基板的選擇、封裝、散熱等方面還有許多需要克服的困難。但隨著未來藍光 LED 發展成熟，LED 勢必獲得廣泛的應用與商機。因中村先生製作出第一顆藍光 LED 及藍光 LD，因此中村先生被譽稱為藍光 LED 與 LD 之父，他在 1999 年應邀到美國加州聖塔芭芭拉大學材料系擔任教授，並於 2006 年獲得芬蘭千禧獎。

美國的 Cree 公司採用熱導率較高的 SiC 外延襯底生產 InGaN/GaN 藍光和綠光 LED，其綠光和紫外光（405nm）的外部量子效率分別達到 32% 和 28%。

綠光 LED 的發光層材料也是使用 InGaN/GaN 系統，但是，由於在 In 含量過高的情況下，發光層內相鄰層的結面會造成不平整的表面形貌變化，致使光輸出嚴重降低，遠不如藍光波長的 InGaN/GaN LED。因亮度流明（lm）是一種與人眼感受程度相關的光源參數單位，由於人眼對於綠光刺激較為敏感，所以在發光效率（lm/W）上綠光 LED 仍是大於藍光 LED 的。

1.3.3　藍光 LED 元件結構

1.3.3.1　GaN 材料

Ⅲ-Ⅴ 族化合物半導體 GaN 單晶一般以纖鋅礦結構或閃鋅礦結構存在，其帶隙寬度在 3.29〜3.39eV 之間，與發光波長 377〜366nm 的紫外光相對應，載流子複合發光為直接躍遷型，發光效率高，特別是它的化學性能極為穩定，是一種理想的半導體固體發光材料。但是，GaN 材料也存在難以獲得大塊基板材料、很難製作 p

型單晶等問題。

表 1.5 列出 GaN 材料的一些主要特性參數。從這些特性可以看出，一方面 GaN 有可能滿足大功率、高溫、高頻和高速半導體器件的工作要求，特別是，與 In、Al 等共同構成三元或四元化合物半導體，並通過調整各個組元的比率，可在相當寬的範圍內調節化合物半導體的帶隙寬度，這樣，不僅能發出從綠色光到紫外等任意波長的光，而且與 GaN 相組合還可構成單異質結、雙異質結、單量子阱、多量子阱、溝道接觸結等各式各樣的元件結構，從而為藍光乃至白光 LED 元件發展奠定了堅實的基礎。

根據表 1.5 中 GaN 晶體結構及點陣常數的數據（並參照圖 5.1），可用作 GaN 外延生長襯底的單晶候選材料主要有：藍寶石（α-Al$_2$O$_3$），SiC，Si，GaAs 及 ZnO 等。

最常用的襯底是藍寶石，其優點是價格低，利用率高，薄膜生長前做簡單處理即可，缺點是點陣常數和熱膨脹系數與Ⅲ族氮化合物均存在不同程度的失配，不僅對外延膜的生長帶來困難，對電子元件的特性乃至壽命等也有不利的影響。並且藍寶石是絕緣的，只能採用單面引出電極的結構（圖 1.26）。由於藍寶石的硬度高、導熱性能差，致使電子元件加工比較困難。但無論怎麼說，藍寶石作為 GaN 藍光 LED 元件的外延基板，目前仍占統治地位。

表 1.5　GaN 材料特性參數

纖鋅礦 GaN 特性	帶隙寬度 ($T = 300$K)	晶格常數 / nm	熱膨脹系數 ($T = 300$K)	熱導率 / W·cm^{-1}·K^{-1}	折射率	介電常數	電子有效質量
	$E_g = 3.39$ eV	$a = 0.3189$ $c = 0.5185$	$\Delta a/a = 5.59 \times 10^{-5}$K^{-1} $\Delta c/c = 3.17 \times 10^{-6}$K^{-1}	$k = 1.3$	$n(1\text{eV}) = 2.33$ $n(3.38\text{eV}) = 2.67$	$\varepsilon_0 = 8.9$ $\varepsilon_\infty = 5.35$	$m_c = 0.20 \pm 0.02 m_0$
閃鋅礦 GaN 特性	帶隙寬度 ($T = 300$K)		晶格常數 ($T = 300$K)		施主－受主峰值能級 ($T = 53$K)		自由電子－受主峰值能級 ($T = 53$K)
	$E_g = 3.29 \sim 3.35$eV		$a = 0.452 \sim 0.455$nm		3.196eV		3.262eV

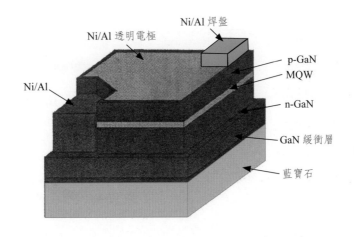

圖 1.26　藍光 LED 元件之結構

SiC 做襯底材料時與 GaN 失配較小（約為 0.5%），基於 SiC 的導電性，元件可以做成兩面引出電極的結構。但製作單晶 SiC 相當困難，且價格昂貴、不容易得到。具有纖鋅礦結構的 ZnO 與 GaN 失配很小（0.2%），製作成本很低，具有發展前途。Si 襯底材料具有低成本、大面積、高質量、導電導熱性能好等優點，但 GaN 外延膜與 Si（111）襯底之間有嚴重的晶格失配，會使 GaN 外延膜中產生大量的位錯；且 GaN 與 Si 之間存在嚴重的熱膨脹系數失配，易產生龜裂；Si 襯底與活性 N 很容易形成無定形的 Si_xN_y，不利於單晶 GaN 膜的外延生長。

1.3.3.2　GaN 藍光 LED 元件結構進展與演變

1. MIS 結構 LED

1971 年，世界上第一只 GaN LED 就已問世，由於當時不能進行 GaN 的 p 型摻雜，只能採用 MIS（metal-insulator-semiconductor）結構，如圖 1.27 所示。MIS 結構的 LED 發光效率比較低，只有 0.03%～0.1%，峰值波長約為 485nm，FWHM（光譜半峰寬或半高寬）為 70nm，其典型工作電壓（當輸入電流為 20mA 時）為 7.5V，10mA 下具有 2mcd 的光輸出，且其使用壽命較長。

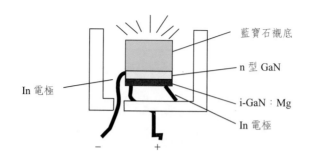

圖 1.27　GaN MIS 外延層和器件結構

2. pn 結 LED

1983 年，Yoshida 等人研究在藍寶石襯底上沉積一層 AlN 作為緩衝層，此方法使 GaN 的表面結構和晶體品質有了明顯提高；用 Mg 進行摻雜並用低能電子束輻照（LEEBI）獲得 p 型摻雜 GaN。這兩項重大突破為 GaN pn 結 LED 的產生和發展奠定了基礎。

而後，於 20 世紀 80 年代末，由名古屋大學 Hiroshi Amano 等人利用低能電子束輻照法對摻 Mg 的 GaN 進行處理，製作出世界上第一只 GaN pn 結 LED，使 GaN 的電阻率從 $1 \times 10^8 \Omega \cdot cm$ 驟降至 $35\Omega \cdot cm$，空穴濃度為 $2 \times 10^{16} cm^{-3}$，空穴遷移率為 $8cm^2/(V \cdot s)$。這樣，就成功實現了 p-GaN。與此同時，利用 MOCVD（metal-organic chemical vapor deposition，金屬有機物化學氣相沉積）在 AlN 緩衝層上外延生長 GaN 薄膜，得到如圖 1.28 所示早期的 pn 結藍光 LED 結構。圖中，n 型 GaN 中電子濃度為 $2 \times 10^{17} cm^{-3}$，GaN：Mg 中 Mg 的濃度為 $2 \times 10^{22} cm^{-3}$，LEEBI 區域尺寸為 2mm×2mm。實驗數據表明，pn 結 LED 的 *I-V* 特性和 DC-EL 特性都明顯優於 MIS LED。但未查到有關功率輸出和外部量子效率的數據，且光譜輸出有兩個峰，主峰值對應 370nm，次峰值對應 430nm。

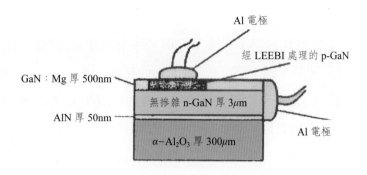

圖 1.28　早期 pn 結 GaN 藍光 LED 結構

3. 同質結 LED

pn 結 LED 之後，GaN 基 LED 得到迅速發展。1991 年日亞（Nichia）公司的中村（Nakamura）等人成功地研製出摻 Mg 的同質結 GaN 藍光 LED，並首次實現在 GaN 緩衝層上利用雙流 MOCVD 生長 GaN 薄膜，大大提高了薄膜質量，使霍耳遷移率達到 $600cm^2/(V \cdot s)$，且 GaN：Mg 中的空穴濃度達到 $3 \times 10^{18}cm^{-3}$。圖 1.29 表示同質結 GaN 藍光 LED 結構。這種元件的發光峰值波長為 430nm，FWHM 為 55nm，光輸出功率達到 42μW（$I = 20mA$ 時），且此元件工作電壓只需 4V，外部量子效率約為 0.118%。光譜品質較好，只有一個峰值。

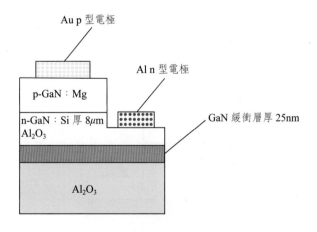

圖 1.29　同質結 GaN 藍光 LED 結構

4. 雙異質結 LED

由於三元Ⅲ-Ⅴ族化合物半導體 InGaN 的禁帶寬度隨 In 組元比率改變，可在 1.95～3.4eV 之間變動，屬 LED 活性層的極佳材料。隨著高品質 InGaN 膜的生長成功，高亮度藍光 LED 也取得重大進展。特別是圖 1.31 所示雙異質結（double heterojunction, DH）的實現，有助於限制同種電荷的載流子，實現向活性層的單側注入。

1992 年以後，Nakamura 等研製出第一只 p-GaN/n-InGaN/n-GaN 雙異質結藍光 LED，其輸出光峰值波長為 440nm，FWHM 為 180 meV；輸入電流 20mA 時，輸出功率 125μW，較高工作電壓為 19V，主要是由於 p-GaN 層的晶體品質較差所致，外部量子效率為 0.122%。

Nakamura 等於 1993 年在此基礎上，又研製出高亮度 InGaN/AlGaN 雙異質結藍光 LED，如圖 1.30 所示，這是第一次採用 Zn 摻雜 InGaN 作為活性層，以 Zn 雜質作為發光中心；輸入電流 20mA 時工作電壓為 3.16V，輸出光功率為 115mW；峰值波長 450mm，FWHM 為 70nm，外部量子效率高達 2.17%。

5. 單量子井和多量子阱 LED

所謂量子阱是指由兩種不同的半導體材料相間排列形成的、對電子或空穴具有明顯限制效應的勢阱。量子阱的最基本特徵是，由於量子阱寬度（只有當阱寬尺度足夠小時才能形成量子阱）的限制，導致載流子波函數在一維方向上的局域化。在

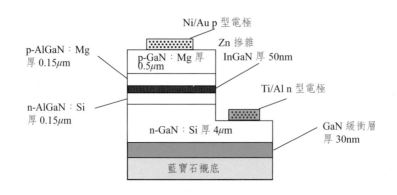

圖 1.30　雙異質結 GaN 藍光 LED

由兩種不同半導體材料薄層交替生長形成的多層結構中，如果勢壘層足夠厚，以致相鄰勢阱之間載流子波函數之間耦合很小，則多層結構將形成許多分離的量子阱，稱為多量子阱。

圖 1.31 為單量子阱藍光 InGaN LED，其活性層非常薄，只有 2nm，這使得光譜半高寬非常窄，更適合做全色顯示器件。輸入電流 20mA 時，輸出功率可達 418mW，且正向電壓僅有 3.1V，峰值波長 450nm，外部量子效率高達 8.17%。

圖 1.32 為多量子阱藍光 LED 的結構。其中陰影區是活性區，由 5 層 2.5nm 厚的 $In_{0.25}Ga_{0.75}N$ 和 4nm 厚的 GaN 構成；輸出光波長 445nm，FWHM 為 28nm，輸入電流 20mA 時，輸出功率 2.2mW，但飽和電流可達 114A，此時的輸出功率達到 53mW；外部量子效率為 4.5%。

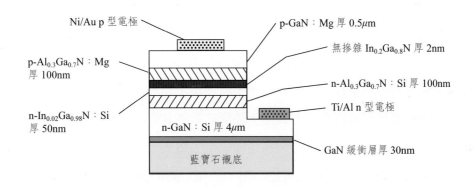

圖 1.31　單量子阱 LED 結構

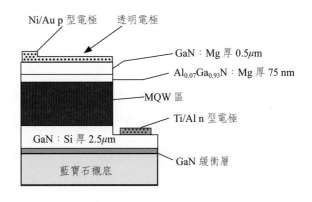

圖 1.32　多量子阱藍光 LED 之結構

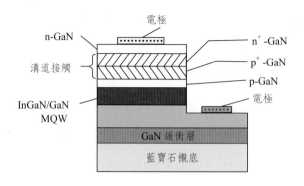

圖 1.33　使用溝道接觸結之 LED

6. 採用溝道接觸結的 LED

此種元器件主要基於兩種考慮：①在 p-GaN 上獲得高品質、低歐姆接觸層，以減少元器件產生的熱量；②為提高發光效率，要求有光區的電流擴散層必須具有較高的透光性。由於 GaN：Mg 具有較低的導電性，傳統的 p 型歐姆接觸需要通過結區從 p 型焊接處擴散電流，這主要通過在 GaN：Mg 表面沉積一層半透明的金屬膜來實現。雖然這項技術已比較成熟，但在優化高濃度 p 型摻雜方面仍存在問題。

另一種實現電流擴散的方式是消除橫向的空穴電流，而 p 型區隱埋的溝道接觸結就可消除橫向空穴激勵電流。通過橫向電子電流，反偏溝道結把空穴提供給活性區上的 p 型晶體。從圖 1.33 可以看出，p^+/n^- 溝道結位於傳統 LED 的上部鍍層，並以低阻 n-GaN 代替高阻 p-GaN 作為頂部接觸層，這有利於擴散電流的均勻性，從而使發光均勻性得以提高，而且不再需要用於歐姆接觸的金屬半透明鍍層，既簡化了工藝過程，又減少了光輸出時被半透明膜的吸收量，提高了輸出功率。

7. 四組元 AlInGaN LED

以四組元 AlInGaN 作為勢壘的 InGaN 多量子阱 LED，其性能優於普通 GaN/InGaN LED，尤其在高泵浦電流條件下。其發光機理是量子阱區的帶間輻射複合，這與普通 InGaN/InGaN 和 InGaN/GaN LED 的局域能級輻射形成鮮明對比。幾乎所有高效率、大功率 LED 都採用 InGaN 或 GaN 作為勢壘層的 InGaN 量子阱形式，活性區中 In 組元可提高發光效率，屏蔽掉部分壓電場。由 M. Shatalov 等人設計出

的四組元 AlInGaN LED 正向電阻為 35Ω，開啟電壓為 3V，FWHM 為 18nm，工作電壓為 12V，泵浦電流分別採用脈衝和直流兩種方式，它的飽和電流非常大，可達到 250mA，而普通 LED 僅有 50mA。

8. 採用 Mg 摻雜 $Al_{0.15}Ga_{0.85}N/GaN$ 超晶格的低電壓 InGaN/GaN LED

此種結構生長有 Mg 摻雜的低電阻 $Al_{0.15}Ga_{0.85}N/GaN$ 應變層超晶格。室溫下，超晶格中的空穴濃度高達 $3\times10^{18}cm^{-3}$，Mg 離子的激活率很高，這主要歸功於應變感應壓電場，使其傳導性較高，工作電壓只有 3V，小於普通 LED 的 3.18V。

圖 1.34 為 Mg 摻雜 $Al_{0.15}Ga_{0.85}N/GaN$ 超晶格 InGaN/GaN 結構 LED，其頂部超晶格上的歐姆接觸金屬為 Ni/Au，經 N_2 中 650℃ 下退火，其電阻率 ρ_c 可達 $4\times10^{-6}\Omega\cdot cm$，非常低的。這可能是因為 Ni 與 GaN 表面的沾污發生反應，減少或消除了沾污，再沉積具有較大功函數的 Au，使得頂部 p 型層電流擴展性好，導致如此低的電阻率。實驗測得，此種結構 LED 開啟電壓 2.15V，工作電壓 3V，串聯電阻 18Ω，而普通 LED 的對應值分別為 2.15V，3.8V，40Ω。高阻、高工作電壓易產生熱效應，導致 InGaN 活性區載流子泄漏，加速老化，依此可知，這種 LED 的使用壽命比較長。

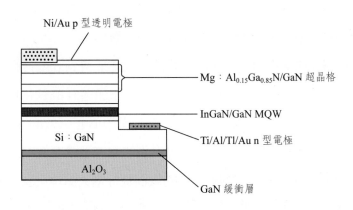

圖 1.34　鎂摻雜 $Al_{0.15}Ga_{0.85}N/GaN$ 超晶格之低電壓 InGaN/GaN LED 結構

9. 微尺寸 LED

微尺寸 LED 作為單晶片上的獨立可控像素陣列，可進行二維陣列集成，也可用於計算機內短距離光通信或光互連，且易於耦合到光纖中。2009 年 S. X. Jin 等製造出直徑為 $10\mu m$ 的 LED，其量子效率明顯大於普通 LED，這主要歸功於微尺寸效應和注入電流的有效利用。由此可知高量子效率成了 μ-LED 的固有特性。把上百個 μ-LED 互連起來，其面積與普通 LED 不相上下，但發光功率卻超過 60%。通常 μ-LED 的開啟電壓比較大，且隨著 μ-LED 尺寸的減小，開啟電壓不斷增大，其輸出功率也不斷減小，這主要因為尺寸越小，熱效率越明顯，散熱越難。但尺寸越小，反應速度越快，這對應用於短距離光通信是致關重要的。

1.3.4　製作藍光 LED 元件關鍵技術

1.3.4.1　GaN 的 p 型摻雜

pn 結是 GaN 基 LED 之核心部分。因此，如何實現對 GaN 材料的 n 型摻雜與 p 型摻雜，以及實施精細控制就顯得尤為重要。對 GaN 的 n 型摻雜技術比較簡單，典型的 n 型摻雜劑是 Si，因為 Si 比較穩定，一般說來不會產生什麼問題；p 型摻雜的主要摻雜劑是 Mg，但由於 Mg 是化學活性非常高的金屬，若藉由摻鎂達到理想的 p 型摻雜效果，則需要解決一系列的技術難題。

一般摻鎂後得到的是高阻材料，必須經過退火才能得到 p 型材料。主要是因為 Mg 和由薄膜滲透的 H 原子結合成非活性絡合物，即通過 H 的鈍化作用會使 Mg 失去活性，而高溫退火可使 H－Mg 鍵斷開，使 Mg 成為真正有效的 p 型摻雜劑。

實際上，並非摻雜 Mg 的濃度越高，可得到的載流子濃度就越高。最新研究表明，適當增加 Mg 摻雜劑量，再對生長出的試樣進行退火處理，空穴濃度可達到 $1 \times 10^{18} cm^{-3}$，但超過某一最佳值之後，若再繼續增加 Mg 的摻雜劑量，退火後卻得不到載流子濃度更高、電阻率更低的 p 型 GaN。

實驗中發現，當 CP$_2$Mg 與 TM Ga 的流量比小於 1：2.613 時，可得到空穴濃度為 $2 \times 10^{18} cm^{-3}$ 的試樣；而當該比值提高到 1：21.9 時，只能得到高阻 p 型

GaN。其主要原因是，重新摻雜導致晶格缺陷增多，引入施主能級，補償了被激活的 Mg 原子。

1.3.4.2　退火技術

不同溫度、不同時間的退火對 GaN 薄膜性質和金屬／GaN 接觸特性會產生不同的影響。在優化條件下退火，能提高薄膜的晶體質量，改善材料的光學和電學特性，降低金屬／GaN 歐姆接觸的比接觸電阻；不恰當的退火反而產生相反的效果。因此，需要根據襯底的種類與目的的不同，選擇適合的溫度和時間進行工藝優化。

Cole 等人研究了生長後快速高溫退火之溫度對薄膜晶體品質的影響，選擇在 N_2 環境下進行退火，時間 1min，溫度 600～800℃。實驗發現，退火後 GaN 薄膜表面的缺陷數量要比襯底和緩衝層界面處下降 30%～25%。退火溫度越高，延伸到表面的線缺陷（位錯）越少；退火溫度為 800℃ 時，要比 600℃ 時減少 60%。因此，較高溫度的退火在一定程度上能抑制位錯向表面的延伸。

1.3.4.3　歐姆接觸

實現良好的歐姆接觸也是藍光 LED 製備中的基礎和關鍵，因為不良的非歐姆接觸會嚴重降低電子元器件性能。

研究發現，選擇優化條件退火，可大大減少金屬／GaN 歐姆接觸的比接觸電阻，提高 LED 電光轉換效率。通過退火及其他處理，改善歐姆接觸的優點有：

(1) 短時間快速退火（例如 15s）可使接觸電阻明顯下降，而較長時間退火易產生金屬氧化物，形成高阻；

(2) 樣品中的載流子濃度越高，最佳退火後的比接觸電阻越低；

(3) 採用反應離子刻蝕（RIE）技術，可使比接觸電阻降低到 1/2～1/3。

1.3.4.4　MOCVD 技術

製作 LED 元件的最基本要求是，在單晶基板上高品質地外延生長所需的各種薄膜材料和結構，並控制其電導率。實現 GaN 系異質外延生長的氣相外延技術主要有：金屬有機物化學氣相沉積（MOCVD）、分子束外延（MBE）、鹵化物氣相外延（HYPE）、原子層外延（ALE）等。目前，用於 GaN 系外延膜生長的最廣

泛採用的方法仍然是 MOCVD。

　　一般將反應物為氣相，生成物中至少一種為固相，並以薄膜形式沉積在基板上的沉積薄膜過程稱為化學氣相沉積（CVD）。之所以採用金屬有機物進行 CVD，主要基於大部分金屬有機物的蒸氣壓高，容易獲得具有所沉積金屬成分的氣相原料。而 MOCVD 氣相外延是以所需要沉積的組分從氣相向固相轉移為主的過程，將含有外延膜成分的氣體，輸運到加熱的襯底或外延表面上，藉由氣體分子熱分解、擴散及化學反應等，使構成外延膜的原子沉積在襯底或外延面上，並按一定晶體結構排列形成外延膜。

　　通常以 NH_3 作為氮源，三甲基鎵（TMG）為鎵源，高純 H_2 為載體，在高溫（通常大於 1,000℃）進行外延生長。發生在襯底表面和外延面上的化學反應為

$$Ga(CH_3)_3(g) + NH_3(g) \longrightarrow GaN(s) + 3CH_4(g)$$

也可以採用三乙基鎵（TEG）作為鎵源。同樣採用三甲基銦（TMI）、三甲鋁（TMA）、三乙基銦（TEA）、三乙基鋁（TEA）等，可以在外延膜中分別獲得相應的 In、Al 等組分。

　　MOCVD 之所以成為目前最受歡迎的商用Ⅲ-Ⅴ族化合物半導體膜層的外延方法，主要基於下述理由：

(1) 相對於 HVPE 而言，有機金屬原料具有多種選擇，且原料純度、來源、價格、穩定性及處理便利性等均有保證。特別是 MOCVD 的化學反應是不可逆的，反應副產物不具腐蝕性，而 HVPE 的化學反應是可逆的，且反應副產物具有腐蝕性。因此，前者在反應腔體結構簡化、反應過程控制、反應參數選擇多方面的均占有優勢。

(2) 相對於 MBE（moleculor beam epitaxy，分子束外延）而言，MOCVD 運行不需要高真空，可在大氣壓下工作，故系統價格低，操作簡單，維修方便。

(3) 相對於 LPE（liquid phase epitaxy，液相外延）而言，MOCVD 不需溶劑及事後除去溶劑的麻煩，而且膜層品質高，便於製作多元化合物半導體膜層及進行所需要的摻雜。

(4) 外延膜表面平滑，多重結構生長控制容易，摻雜深度及濃度可精確控制。

(5) 在量產化方面具有最強的競爭力。

1.3.4.5　GaN 基體的蝕刻技術

　　為製作 n 型歐姆電極，需借助蝕刻技術對藍寶石絕緣襯底上生長的 GaN 基體膜進行加工。由於 GaN 材料本身具有極為穩定的物理、化學性質，對所有的酸均呈惰性反應，在熱鹼中受腐蝕反應較慢，因此只能藉由乾法蝕刻技術來完成。可用於 GaN 的乾法蝕刻技術主要有：反應離子蝕刻（RIE）、電子回旋共振（ECR）等離子體蝕刻、化學輻射離子束蝕刻（CAIBE）、磁控反應離子蝕刻（MIE）等。目前使用最多的是電磁感應耦合等離子體（ICP）乾法蝕刻技術，並已成為製作各種 GaN 微結構的關鍵技術，同時也是目前共面電極（即 p、n 電極位於晶片同一側）結構 LED 製作 n 電極的主要技術。為保證元器件性能，要求蝕刻具有高速率、高深徑比、垂直側壁、光滑界面等，即要求蝕刻具有良好的選擇性和各相異性。

第二章

白光 LED 照明之研發與展望

2.1 利用 LED 照明技術之研發

發光二極體（light emitting diode, LED）藉由化合物半導體製作而成。如表 2.1 所示，可見光及紫外光 LED 幾乎都是由Ⅲ-Ⅴ族、Ⅱ-Ⅵ族 3 元或 4 元混晶化合物半導體製成的。一般是利用金屬有機物化學氣相沉積（metal-organic chemical vapor deposition, MOCVD），藉由異質外延（hetero-epitaxial）在單晶基板上生長活性層和覆蓋層。

所謂多元混晶化合物，是指由不同元素構成的化合物單晶體。以Ⅲ-Ⅴ化合物半導體單晶為例，Ⅲ族元素所占的 A 位可以是 A1、Ga、In，Ⅴ族元素所占的 B 位可以是 N、P、As。如果僅考慮由 A 位構成的亞點陣，每個陣點上不是由 A1 就是由 Ga 或 In 占據，此三者之間具有「置換性」；A1，Ga 或 In 到底占據那個位置是不確定的，因此具有「無序性」；而 A1，Ga 或 In 在某一陣點占據的比率可以從零到 1，因此具有「無限性」。由 B 位構成的亞點陣也有類似的情況。由兩種亞點陣按一定的平移關係嵌入在一起，便組成所謂混晶（單晶體）。隨化合物半導體混晶中組元、成分的不同，禁帶寬度不同，從而所發出光的波長即顏色不同。因此

表 2.1　已實現商品化之各種 LED 的特徵

光色	半導體材料和螢光體	發光波長 / nm	光度（發光強度）/ cd	外部量子效率 / %	發光效率 / lm/W
紅	GaAlAs	660	2	30	20
黃	AlInGaP	610～650	10	50	96
橙	AlInGaP	595	2.6	>20	80
綠	InGaN	520	12	>20	80
藍	InGaN	450～475	>2.5	>60	35
近紫外	InGaN	382～400		>50	
紫外	AlInGaN	360～371		>40	
擬似白色	InGaN 藍光 + 黃光螢光體	465, 560	>10		>100
三波長白光	InGaN 近紫外 + RGB 螢光體	465, 530, 612～640	>10		>80

藉由控制混晶的組元及組元間的比例成分，便可以獲得所需要的發光顏色。

圖 2.1 表示各種化合物半導體的點陣常數、禁帶寬度與發光波長的關係。無論從占據 *A* 位的 Al、Ga、In、Mg、Zn、Cd 看，還是從占據 *B* 位的 N、P、As、Sb、S、Se、Te 看，可以發現元素的原子序數越小，則構成單晶體的點陣常數越小，禁帶寬度越大。這可以從構成化合物組元的原子半徑、電負性、電子濃度等因素得到解釋。

在大多數的化合物半導體異質外延生長時，最基本要求是選用與其點陣常數盡可能相近的基板，否則由於晶格失配（misfit）太大而難以獲得高品質的單晶膜。

可見光的波長範圍一般定義為從 380nm 到 780nm，對應光的顏色從紫色到深紅色。

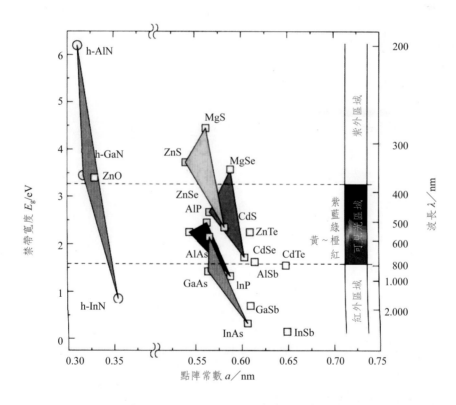

圖 2.1　各種化合物半導體的點陣常數（a），禁帶寬度（E_g）與發光波長（λ）間關係

LED 的發光波長 λ 與禁帶寬度 E_g 之間的關係式：

$$\lambda[\text{nm}] = 1240/E_g[\text{eV}] \qquad\qquad （2\text{-}1）$$

　　為製作 LED，通常最簡單的構造採用如圖 2.2(a) 所示，由單異質結結構外延膜層所構成的 pn 結。為了提高效率，幾乎所有場合都要分別藉由如圖 (b) 和 (c) 所示的結構，設法使光封閉並使電流狹窄化（更集中）。為此，一般採用雙異質結（double hetro structure, DH）或多量子阱（multiple quantum well, MQW）結構。

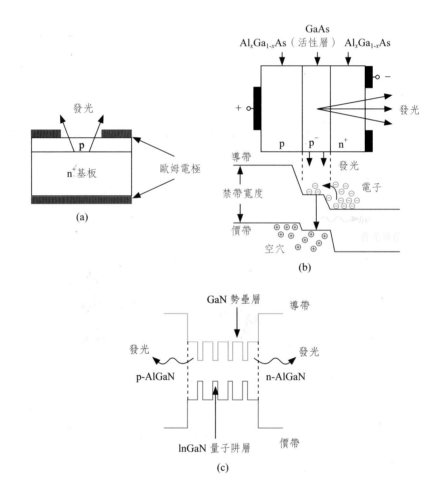

圖 2.2　各種不同結構 LED 示意圖

〔(a) 單異質結（SH）外延 pn 結 LED；(b) 以 GaAs、AlGaAs 為例的雙異質結（DH）LED；(c) 被 p 型 AlGaN 和 n 型 AlGaN（包覆層）所夾，採用 InGaN、GaN 多重量子阱結構的 LED〕

為使在結部位及活性層高效率地發光，一般將 p 型層作為上部表面，以便使電子容易注入。另外，需要設法抑制再吸收。

　　表 2.1 中所示的紅、黃、橙色 LED 與綠色 LED 是採用以 GaP、GaAs 為中心的化合物半導體材料製作，相應器件也幾乎都是採用圖 2.2(a) 和 (b) 所示的結構實現的。1993 年實現了採用藍寶石基板的 GaN 系 DH 結構藍光 LED。此後，開發出圖 2.2(c) 所示，採用 InGaN/GaN MQW 結構的發光強度為坎德拉（candela，cd）級的藍光 LED。據此，將光的三原色（red：紅，green：綠，blue：藍）相組合，就可以實現各種顏色的發光，從而在 RGB 全色顯示領域邁出關鍵性的一步。1996年，將 GaN 系藍光 LED 與 YAG：Ce（添加 Ce 的釔鋁石榴石（yttrium aluminum garnet））黃光螢光體相組合，實現了白光的 LED。至此，LED 照明技術開始了實質意義上的開發。

　　表 2.2 列出從 1997 年到 2008 年大約 10 年間，藍光 LED 以及近紫外 LED 與螢光體相組合的白光 LED 光源的開發歷程。具有 400nm 前後發光波長的近紫外LED 的製作及其高效率化的研究，是從 1998 年開始的。

表 2.2　白光 LED 照明光源的開發歷史及進展概括圖（1997～2008 年）

年代	開發內容	應用研發
1997	藉由藍光 LED（～465nm）與 YAG/Ce 黃色螢光體相結合，實現了擬似白光（大約 5lm/W）。	液晶顯示屏之背光源
1998	藉由近紫外 LED（400nm 左右）與 3 原色（RGB）螢光體相結合，創造出半導體固體白光 目標值 ・外部量子效率（η_e）：40% ・白色 LED 的發光效率： 　60～80lm/W（2003 年） 　120lm/W（2010 年） ・平均顯色評價數（Ra）：90 以上	由日本經產省・NEDO 依據防止地球溫暖化京都議定書制定的節能白光 LED 照明規劃「21 世紀的照明」，以促進藍光・近紫外激發白光 LED 照明的實用化為目的
2001	RGB 白光 LED（382nm LED 激發，24%，101m/W）	「21 世紀的照明」SPIE（USA）第 1 屆固體照明會議召開。（2001 年 8 月，SanDiego）

年代	開發內容	製造企業
2001 ～ 2002	RGB 白色 LED（近紫外 LED 激發）外部量子效率：43% (405nm)	・豐田合成（株）・GE (Gelcore, GE lighting)
2003 2005 2006	30 ～ 60lm/W，Ra > 90 50lm/W（藍光 LED 與 YAG 螢光體）$\eta_e \approx 44\%$ (405nm)，401m/W 以上 Ra > 95	日亞化學工業（株）山口大學 三菱化學（株）
2007 ～ 2008	藍光 LED 與 YAG：Ce 擬似白色 > 100lm/W，Ra ≈ 60（實驗室水平：150lm/W 以上）$\eta_e \approx 70\%$ (450mm)	・日亞化學工業、西鐵城電子 ・Philips Lumileds, Cree ・Osram OS
2008	高顯色 RGB 白色 LED $\eta_e > 50\%$ (450mm)，80lm/W Ra > 99	山口大學、三菱化學（株）第一屆白色 LED 和固體照明國際會議召開（2007 年 11 月，Tokyo）

本章概要地介紹白光 LED 光源的種類及其原理。同時概觀白光 LED 照明技術的最新動向，並簡要介紹應用產品的開發及市場動向。

2.2 白光 LED 照明特徵與最新技術

2.2.1 白光 LED 之種類與特徵

白光 LED 是所謂半導體照明（semiconductor lighing）或固態照明（solid state lighting，SSL）這一新研究領域中的發光元件。到目前為止，已實現產品化並且普及的白光 LED 光源，幾乎都是由半導體 LED 激發光源（藍光，近紫外 LED 晶片）與螢光體相組合而成的。由於並非僅由純粹半導體元件構成，因此 LED 照明及固體照明的概念本身是非常含糊不清的。理論上關於白光 LED 更科學的定義至今還沒有。

目前，使用 LED 實現白光的方法主要分兩大類。一類如圖 2.3(a) 所示，僅由三種半導體 LED 晶片（紅光（R）、綠光（G）、藍光（B））相組合，使之產生白光的方法；另一類分別如圖 2.3(b) 和 (c) 所示，利用 $In_xGa_{1-x}N$（x 是成分比，0 <

$x < 1$）系藍光 LED 或近紫外 LED 發光與受激螢光體發光的混合，獲得白光效果的方法。對於採用 RGB 三色 LED 晶片的情況來說，如圖 2.3(a) 所示，為使其發生白光，各個 LED 都必須配置保證各色光 LED 發光強度相平衡的電源回路。另外，每個 LED 在發光特徵（後述式（2-4）所表示的配光指數 n）是不相同的。一般會在照射面上表現出不均勻的色混合效果，因此，作為照明光是不適合的。

　　圖 2.4 表示利用光的三原色形成白光的效果圖。從圖中可以看出，藉由 RGB 混色以及補色關系的三種光色的組合（藍色與黃色，紅色與海藍色（cyan），綠色與絳紅色（magenta））可產生白色及中間色光。另一方面，眾所周知，由色的三原色〔黃（yellow）、海藍（cyan）、絳紅（magenta）〕經混色和減法混色可以實現黑色。

　　現在，作為砲彈型白光 LED，已經商品化（液晶顯示器背光源（back light unit, BLU），照明，壁面顯示器等）的方式是圖 2.3（b-1）。對於人的眼睛來說，藍光和黃光混合可以看到白光（近似白光）。但如圖 2.4 所示，由於藍色與黃色為補色關係，會出現色相分離效果，顯示很強的色度與溫度、電流的相關性，造成綠色及紅色成分不足，從而產生顯色性不足的問題。可改善這些缺點的組合，如圖 2.3（b-2）所示，是利用藍光 LED 使黃光和紅光螢光體或綠光和紅光螢光體發光的方式。

　　作為光源，要求其發出高質量的光。這是因為，我們觀看物體時，實際上看到的是反射光。光源的光譜作用於物體表面，經反射到達我們眼中。這種現象稱為「顯色」（又稱演色或現色，通常用平均顯色性評價指數（average color rendering index）來表徵）。一般將平均顯色指數簡記做 Ra 或 CRI。如果光源發出的光不與白熾燈泡發出的光或太陽光譜相接近，則物體的色效果就會有別於通常所見。

　　圖 2.3(c) 表示近紫外激發螢光體發光方式白色 LED 的構造和特徵。近紫外激發白光 LED 的發光原理，從利用近紫外光使螢光體發生光致發光過程，變換為可見光這一點講，與三波長螢光管相類似。這種技術可以獲得比利用圖 2.3（b-1）和圖 2.3（b-2）所示方式更高品質的白光。

　　對於上述兩種方式螢光體變換型白光 LED 來說，白光發生原理在本質上是不

同的。藉由藍光 LED 和黃光螢光體的白光方式，從藍光 LED 發出純藍光（頻譜更窄的藍光）對於白色構成是不可缺少的要素，但其受溫度及驅動電流的強烈影響。相比之下，如圖 2.3(c) 所示，由於近紫外光僅是激發螢光體而並不是直接構成白光的成分，因此可以獲得充分的色混合特性及均勻的配光分佈。

圖 2.3 的右邊分別給出藍光 LED 系補色的擬似白光 LED，RGB 擬似白光 LED 以及近紫外 LED 激發型三波長白光 LED 等三種螢光體型白光 LED 的特徵。藉由圖 2.3 所示藍光 LED 激發螢光體的變換方式，可以製作出從「冷」白光（cool white，圖 2.3(b)-1）到「暖」白光（warm white，圖 2.3(b)-2）的白光 LED。對於由近紫外激發方式的白光來說，由於其頻譜覆蓋可見光整個範圍（380～

白光 **LED** 的構造	照射面的效果	特徵 （發光效率：K；平均顯色評價數：**Ra**）
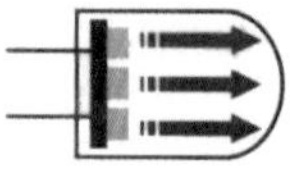 (a)		多個半導體晶片組合方式 · 發自 3 色 LED 的配光各異，發生嚴重的色分離 · 缺乏可見光譜中的某些成分 · 不適合用於照明光源 · $K \approx 30\text{lm/W}$ · Ra ≈ 40
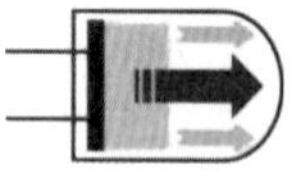 (a)-1		單晶片 + 單螢光體方式 · 由藍光 LED 和黃光螢光體得到近似白色 · 易發生色分離，不能得到均勻的配光 · 作為照明用光源不理想 · $K > 100\text{lm/W}$ · Ra ≈ 60
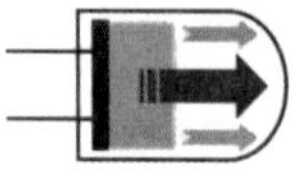 (a)-2		單晶片 + 多螢光體方式 · 由藍光 LED 與黃光、紅光螢光體或與綠光、紅光螢光體組合實現白色 · 與藍光 LED 的特性關係極大 · 沒有短波長（420nm 以下）的光 · $K > 40\text{lm/W}$ · Ra > 90
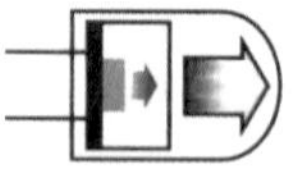 (c)		單晶片 + 多螢光體方式 · 近紫外 LED 激發紅、綠、藍光螢光體發光而實現白色 · 可以得到高顯色性的均勻配光 · 最適合用於照明光源 · 可獲得覆蓋可見光全域（380～780nm）的接近連續譜的發光，顯色性最好 · $K > 80\text{lm/W}$ · Ra ≈ 100

圖 2.3　實現白色發光的幾種方式及特徵

（(a) RGB 三晶片方式，(b)-1、(b)-2 藍光 LED 激發螢光體實現擬似白色方式，(c) 近紫外 LED 激發 RGB 螢光體實現白光轉變方式。）

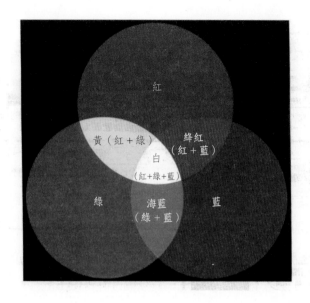

圖 2.4　利用 RGB 三原色藉由加法混色實現白色發光

780nm），因此有可能創造出與白熾電燈相近的連續光譜，特別是，它還像螢光管那樣，含有 405nm 左右的紫光成分。

　　白光 LED 的結構主要由下列材料及部件構成（參照第 3～5，第 7 章）：①散熱基板，②激發用半導體晶片，③螢光體和樹脂材料，④封裝材料，⑤光學透鏡材料等。

　　一般情況下，藉由受激螢光體實現光變換的白光 LED 照明的效率由下式給出

$$\eta_{\text{white}}[\text{lm/W}] = (\eta_{\text{v}} \cdot \eta_{\text{i}} \cdot \eta_{\text{ext}}) \times (\varepsilon_{\text{ph}}^{\text{i}} \cdot \varepsilon_{\text{ph}}^{\text{e}} \cdot \varepsilon_{\text{ph}}^{\text{ex}}) \times \eta_{\text{PKG}} \qquad (2\text{-}2)$$

式中，η_{v} 為 LED 的電壓效率；η_{i} 為內部量子效率；η_{ext} 為光取出效率；$\varepsilon_{\text{ph}}^{\text{i}}$ 為螢光體的內部量子效率；$\varepsilon_{\text{ph}}^{\text{e}}$ 為螢光體的外部取出效率；$\varepsilon_{\text{ph}}^{\text{ex}}$ 為激發光的吸收效率；η_{PKG} 為封裝的光取出效率。

　　隨著波長不同，光在人眼中的視感度不同，因此，發光效率（luminous efficacy）可藉由在式（2-2）右邊第一項（$\eta_{\text{v}} \cdot \eta_{\text{i}} \cdot \eta_{\text{ext}}$）（後述式（2-6）所示的 η_{wp}）再乘以相對視感度係數[*]得到。

---

[*]相對視感度係數：表徵人眼對可見光（380～780nm）感度的係數。將純綠光（555nm）的發光強度（683lm/W）作為 1，該係數表示各波長的相對強度（請參照後述第 2 章圖 3.2 (P74) 和圖 3.24 (P99)）。

　　圖 2.5 表示在螢光燈中利用 Hg 的深紫外線（254.7nm）使螢光材料（R，G，B）發光的原理示意。激發光的能量與螢光體發光能量間有一能量差，稱其為斯托克斯頻移（Stokes shift）ΔE。對於白光 LED 照明光源來說，將這種深紫外線改變為 LED 用藍光或近紫外光即可。如圖 2.5所示，LED 產生的光使螢光體激發，由螢光體發光，因此，提高作為「二傳手」的螢光體的效率是極為重要的。R，G，B 螢光體各自的發光效率（$\varepsilon_{ph}^{i} \cdot \varepsilon_{ph}^{e} \cdot \varepsilon_{ph}^{ex}$ 的乘積）至少要求應在 70% 以上。近年來，基於材料製作和結構研究的進展，螢光體的發光效率已得到明顯提高。除了使用與樹脂混合的粉末之外，還要使用薄膜、單晶體、量子點等形態的材料。如後面（第 4 章）所述，作為螢光體材料，正在研究氧化物、氮化物螢光體。

　　關於螢光體的發光效率，若考慮斯托克斯頻移（$\Delta E_{\lambda o}$），利用式（2-2），例如對綠色發光，可由下式表示

$$K_{\text{green}}[\text{lm/W}] = \eta_{\text{lm}} \times \eta_{\text{s}} \times \eta_{\text{ph}}^{i} \times \eta_{\text{LED}} \times \eta_{\text{PKG}} \qquad (2\text{-}3)$$

式中，η_{lm} 為綠光發光強度的最大值；η_{s} 為斯托克斯損失[*]。

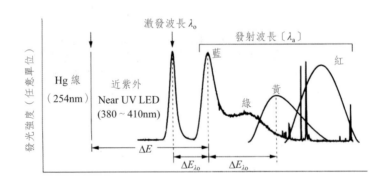

圖 2.5　螢光燈的激發、發光原理與藉由近紫外 LED 激發（激發波長：λ_o）所產生白色發光光譜〔$\Delta E_{\lambda o}$ 表示由斯托克斯頻移（Stokes shift）引起的激發和 R，Y，G，B 發光的能級差（藍：$(Ca，Sr，Ba，Mg)_{10}(PO_4)_6Cl_2$：$Eu^{2+}$；綠：$ZnS$：$Cu，Al$；黃：$YAG$：$Ce^{3+}$；紅：$La_2O_2S$：$Eu^{3+}$（線狀窄譜）和 $CaAlSiN$：Eu^{3+}（寬譜））〕

---

[*]斯托克斯損失：又稱斯托克斯頻移損失。其大小表示由於斯托克斯頻移引起的能量差，或能量損失。

純綠色發光的波長為 555nm，若相對於功率效率為 500lm/W，波長為 405nm 激發藍光的 η_s 為 7.0%，則全發光效率為 350lm/W。因此，若知道式（2-3）中 ε_{ph}^i、η_{LED} 和 η_{PKG} 的值，就能估計實際的發光效率。目前，採用 SrBaSiNEu 系螢光體，也能達到接近 150lm/W 的綠光 LED（波長 528nm）。進一步，採用 SrSi$_2$O$_2$N$_2$：Eu 螢光體，利用 414nm 的激發，已能達到 166lm/W（波長 538nm）的全發光效率。

如上所述，ΔE 大的系統由於其斯托克斯頻移引起的能量損失大，因此對於光源製造是不利的。而且，在多種螢光體混合的情況下，還會增加由於多級激發而造成的能量損失（參照 P102）。

圖 2.6(a)、(b)、(c) 分別表示從 RGB 三原色 LED、藍光 LED 激發的白光 LED、以及近紫外 LED 激發的白光 LED 光源發出光譜的實例。為便於比較，圖 (a) 中還表示出鹵族燈泡 D_{40}（4,000K）及 D_{65}（6,504K）光源的光譜。從圖中可以看出，3 色光 LED 的光譜中有陷落到零的部分，這種光譜作為照明光源來說顯然是不適宜的。如後面所述，相關色溫度（correlated color temperature, Tc）降低時，效率會下降，而平均顯色指數會上升。圖 2.6(b) 表示色溫度（Tc）為 6,000K 時 Ra = 84 的光源光譜，圖 2.6(c) 表示色溫度（Tc）為 3,900K 時 Ra = 96 的光源光譜。這說明發光效率與 Ra 之間存在折衷（trade-off）關係。

現在，日本電燈工業協會確認，RGB 三波長半導體晶片型 LED 所發光譜不適合用於室內一般照明光源。但是，在其他有些國家和地區，正在試驗將發自 LED 的光譜加以擴展，為滿足一般照明應用，對其特性加以改善。圖 2.6(c) 所示的光譜中，含有跨越從紫光到紅光的可見光所有成分，特別是還具有不含紫外線（UV-A，-B，-C）的突出優點。

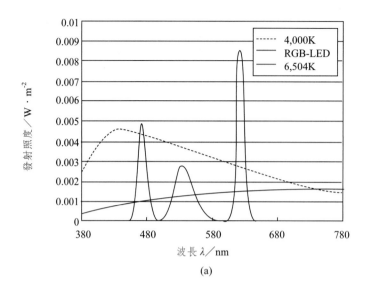

(a)

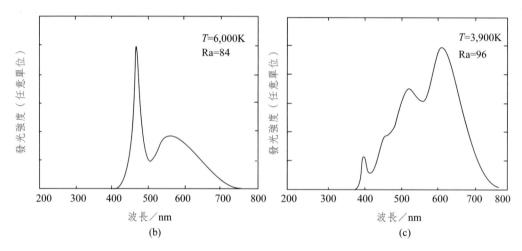

(b)   (c)

圖 2.6　RGB3 原色 LED 的光譜

（(a) D_{40}(4,000K)，D_{65}(6,504K) 光源的光譜，(b) 藍光 LED 激發的白光 LED（T_c = 6,000K），(c) 近紫外 LED 激發的白光 LED（T_c = 3,900K））

2.2.2　構造與配光特性及發光效率

　　LED 的構造與配光特性的概略，分別如圖 2.7(a) 和 (b) 所示。儘管可採用炮彈型、表面安裝型等各種不同形式的 LED 構造，但為了控制配光分佈，出光部分基

本上都要設計成透鏡結構。特別是對於炮彈型 LED 來說，依形狀不同，配光分佈各異，如圖 2.7(a) 中所示，相對於光軸來說具有（θ，ϕ）對稱關係。

因此，從發光波長為 λ 的 LED 發射的發光強度分佈，需要用發射光度函數 $I_R(\theta, \phi, \lambda)$ 表示：

$$I_R(\theta, \phi, \lambda) = I_{Ro}\cos^n(\theta) \times e^{-\frac{1}{2\sigma^2}\left(\frac{1}{\lambda} - \frac{1}{\lambda_p}\right)^2} \tag{2-4}$$

式中，I_{Ro} 為發光強度；n 為配光指數；σ 為發光光譜假設為高斯分佈時的偏差；λ_p 為發光峰位。

另外，與顯示用 LED 不同，在對目標物等照射的情況下，需要用照度〔lx〕，在白色 LED 照明光源的情況下，利用平方反比關係，則照度可表示如下：

$$E_\perp = \frac{I(\theta, \phi)}{r^2}\cos\theta \tag{2-5}$$

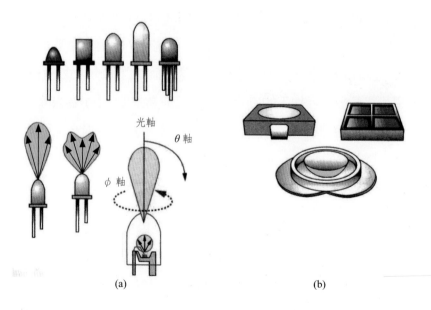

(a)   (b)

圖 2.7　炮彈型 LED 和表面安裝型 LED
（(a) 炮彈型 LED 的構造及其配光分佈，(b) 表面安裝型 LED。）

式中，$E_\perp$ 為垂直成分的照度；r 為光源與物體之間的距離；$I(\theta,\phi)$ 為光度。

　　一般的照明光源，如電燈泡、螢光管等，可以假設為點光源，其配光特性遵守朗伯（Lambert）定律，式（2-5）中的 $\cos\theta$ 等於 1，光度 $I(\theta,\phi)$ 也為常數，因此光源的照度只與距離的平方呈反比關係。

　　LED 光源的效率（wall-plug efficiency: η_{wp}）可由三個效率的乘積來表示，即

$$\eta_{\mathrm{wp}} = \eta_{\mathrm{v}} \cdot \eta_{\mathrm{i}} \cdot \eta_{\mathrm{ext}} \qquad (2\text{-}6)$$

式中，η_{wp} 為光輸出相對於電輸入的效率；η_{v} 為電壓效率；η_{i} 為內部量子效率；η_{ext} 為光向外部取出的效率。

　　一般狀況下，外部量子效率 η_{e} 可用 $\eta_{\mathrm{i}} \cdot \eta_{\mathrm{ext}}$ 乘積表示。圖 2.8 表示對應不同可見光波長之各种 LED 的外部量子效率的報道值（含有未發表的）。除去550nm 的純綠光區域（圖中斜線所標）之外，幾乎在所有的可見光波長區域，η_{e} 均可超過 50%。圖 2.8 中斜線所標的波長範圍（530～560nm）被稱為綠光間隙（green gap）。

　　圖 2.9(a)～(g) 表示現在已實現製品化的 InGaN/GaN MQW 藍光及近紫外（紫外）LED 晶片的構造。最具代表性的晶片，如圖 (a) 所示，在藍寶石基板上生長膜層，將 p 型側和 n 型側電極分別由一根鍵合金絲引出的方式；(b) 是為了提高光取出效果而對基板進行加工的方式，目前已成為主流；(c) 為去除基板，而是貼附反射金屬和金屬散熱板的方式；(d) 和(g) 是為了進一步提高光取出，貼附光陷（photoniek）單晶體的方式；(e) 和 (f) 是使用 SiC 基板的方式，在此種情況下，從電極的引出線只需要一條。

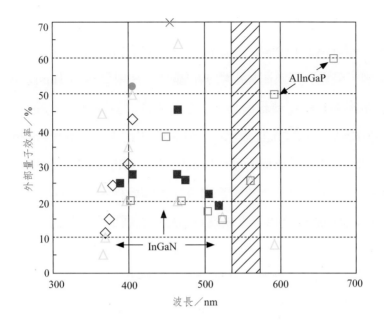

圖 2.8　以 AllnGaP 及 lnGaN 半導體為基礎的近紫外、可見光 LED 外部量子效率（η_e）最高值與報道值。

（×：Osram，△：日亞化學工業（株），□：Philips-Lumileds，■：Cree，◇，●：山口大學・三菱電線工業（株）・三菱化學（株））

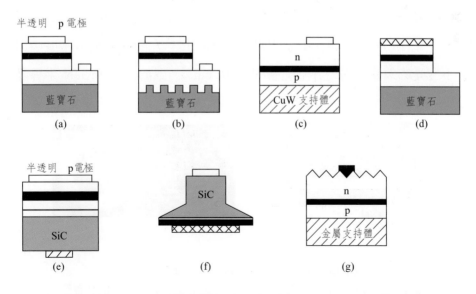

圖 2.9　用於激發螢光體的 GaN 系半導體晶片結構（標準品之尺寸為 $350\mu m^2$ 的方形，高輸出功率之尺寸為 $1mm^2$ 方形。黑線部分（■）表示 MQW 活性層）

圖 2.10(a) 和 (b) 是利用圖 2.9(b) 的晶片，但將晶片反轉，即使用所謂倒裝晶片（flip chip），並由藍寶石基板做為取出光的方式；(b) 是將晶片直接安裝在陶瓷基板上的一例。最近，作為高輸出功率的晶片，採用尺寸為 1mm×1mm，並用雷射使藍寶石基板部分熔化飛濺，進一步在其表面設置紋理（texture）結構（圖 2.9(g)）而採用薄膜構造的狀況逐漸增多。安裝方式正由 Osram、Philips-Lumiless 等公司開發。同時，將這種結構的晶片以倒裝晶片（flip chip）方式安裝，再對 p 型 AlGaN 層的表面進行加工（減薄）的方式也開始採用。薄膜型晶片的實際構造，早在 2002 年就由鄭和田口等人以高效率晶片的理論模型提出，與現在開發的構造相接近。

近年來，LED 晶片發光特性在持續改善中。迄今為止，光的外部取出效率由於受再吸收與內部反射等影響，以 30%為限。如圖 2.8 所示，在可見光全區域，目前外部量子效率已能達到大於 50%。作為照明光源，針對光通量、照度、配光特性等的評價方法也在研發之中。將來，η_e 有可能接近理論極限，達到 80%。

對於 LED 及 LD（半導體激光器）等發光元件來說，內部缺陷是發光陷阱，缺陷數量增多則發光效率下降，因此是商品化的最大難題，在以 GaN 為基板的 InGaN/GaN QW LED 中，一般含有密度約為 $10^8 \sim 10^{10} \mathrm{cm}^{-2}$ 非發光中心。已商品化的 GaAs 系 LED 中非發光中心的密度達 $10^3 \mathrm{cm}^{-2}$ 左右。若缺陷密度增加會造成幾乎不發光的效果，這一界限範圍約為 $10^7 \mathrm{cm}^{-2}$。對於採用 InGaN 半導體材料

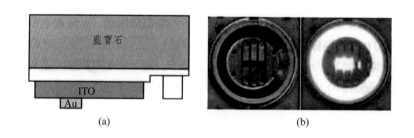

圖2.10　倒裝晶片（flip chip, FC）LED 的結構
(a) 具有 ITO 膜之倒裝片 LED；(b) 在陶瓷基板上安裝倒裝片 LED 實例
（圖 (b) 中左圖：350μm^2 晶片 3 個；右圖：點亮狀態）

表 2.3　發光效率 150lm/W 和光流量 1,000lm 的藍光 LED 激發晶片特性

	現在	將來（預測）
光的取出效率（η_{ext}）／%	85	90
內部量子效率（IQE, η_i）／%	45	80
外部量子效率（EQE, η_e）／%	38	72
順向電壓／V	4.0	3.3
順向電流／mA	350	2.000
電壓效率（η_{wp}）／%	27	60
發光效率／lm／W	62	150
光流量／lm	494	1.000
晶片尺寸／mm^2	1	1

的 LED 來說，即使含有超過此界限的缺陷，仍能高效率地發光。其發光效率的變化仍在研究中，為了解晰發光機制，弄清楚包含點缺陷在內的雜質、晶格缺陷、結構缺陷（位錯、孔洞等）等是必不可少的。因此，評估活性層的內部量子效率（internal quantum efficiency, IQE）是最重要的課題（參照第 4 章 4.3 節（P156））。最近，已能商品化大量供應 GaN 單晶基板，這為同質外延生長的高品質活性層的光物性評價創造了條件。根據 Philips-Lumileds 公司的報道，450nm 附近藍光 LED 晶片（1mm×1mm）的光學特性值的現狀及未來展望在表 2.3 給出。

2.2.3　最新技術動態與節能照明技術

近年來，可見光 LED 的高光度化技術進展令人目不暇接，約從 1964 年開始，僅用了大約 45 年技術就達到幾乎成熟的程度。白光 LED 照明技術具有下述特徵：

①電（電流）—光變換效率高（理論光效可達 200lm/W），消耗電能少（僅為白熾燈泡的 1/8，螢光燈的 1/2）；

②為小尺寸光源，可實現小型／薄型／輕量化；

③超長壽命，可達幾萬小時，傳統光源一般為幾千小時；

④由於非熱、氣體放電發光，因此不需要預熱時間，開、關響應速度快（是白熾燈泡的 200 萬倍）；

⑤供電回路、驅動裝置等結構都很簡單，附屬品少（對節省資源、節約能源、保護環境都有貢獻）；

⑥結構堅固，沒有玻殼、鎢絲等易損部件，發生故障的機率小；

⑦低電壓的直接供電方式，適用於頻繁開關，脈衝工作場合；

⑧為智能、數字化照明光源，容易實現調光和智能控制，可減少人的視神經疲勞；

⑨半永久性使用，在整個壽命期內不產生廢棄物；

⑩不含螢光燈中使用的汞等有害物質。而且，不採用氣體放電所用的氣體。沒有污染，綠色環保。

為透徹理解 LED，從第 3 章以後所述，需要了解：①關於材料、元件的物性，②電氣特性，③光學特性，④壽命特性，⑤熱特性，⑥可靠性、安全性等方面的特性。特別是，電源回路、驅動回路是左右光源特性的重要技術。關於供電方式，無論是定電壓、定電流、數字式控制、還是脈衝寬度調制（pulse width modulation，PWM）控制等，都是基於直流方式的電子回路，與白熾燈泡、螢光管等的交流電方式有本質區別。

圖 2.11 表示典型的 LED 的種類及其特徵：炮彈型 LED 適用於指向性強光發射的情況；表面安裝型 LED 的散熱措施到位，藉由流過大電流而取出高光流量（數十 lm 以上）；積體電路型 LED 由於可在基板上搭載數十個 LED 晶片，也有可能實現緊湊型 LED 積體電路化光源，由此可以製作從數百 lm 以上到大約 1klm 的高光流量 LED 光源。而且，應使用者的要求，也能製作用戶專用型 LED，設計成點、線、面狀光源等。

到目前為止，白光 LED 照明光源的商品化結構，基本上都是以藍光 LED 晶片作為激發光源而實現的。由藍光 LED 與黃光螢光體共同實現的白光 LED，可產生色溫度為 5,000～7,000K 的人們一般所稱的冷白光（cool white），而對高顯色性白熾電燈色（3,000K 以下）白光 LED 的開發，只是在近 1～2 年才開始的。現在，冷白光 LED 單個元件的發光效率已超過 100lm/W，作為器具的綜合效率達到 60lm/W。但是，若像白熾電燈、螢光管那樣，想達到接近 1klm 的高光流量，還需

年代	1963～1993	2000～2010 年以後		2002～2010 年以後
類型	炮彈型 LED	表面安裝型 LED		積體電路型 LED
結構	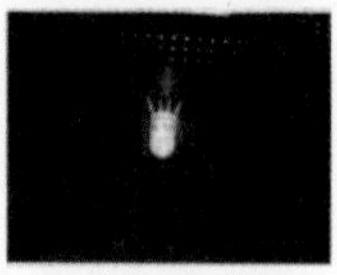 分立元件	 高光流量、高輸出型		 緊湊的多點光源型（混合（hybrid）化）
特徵	· 利用環氧樹脂透鏡（大小為 φ3～φ5mm） · 在 20～30mA 的電流下光流量一般在 1～2lm	· 最容易散熱的方式 · 在 70mA 的電流下可獲得 4lm 以上的光流量	· 需要充分的導熱、散熱對策 · 1mm² 尺寸的晶片，350mA 的電流，可獲得 60lm 以上的光流量 · 有可能達到數瓦級的輸出 · 需要 1A 以上的 PKG 對應	· 需要充分的導熱、散熱對策 · 1A 以上的電流，可獲得 100lm 以上的光流量，藉由多點光源可實現 klm 的高光流量 · 需要配以光學系統 · 也有可能在燈中更換晶片 · 可按顧客的要求生產

圖 2.11　典型 LED 的種類及其特徵

要在晶片封裝等方面下相當大的工夫，要能流過 1A 以上的大電流，發熱是不可避免的，因此，有效散熱是必不可少的技術。

圖 2.12 概略地表示發光效率隨電流密度變化的特性。一方面，只有晶片中流過大電流才能得到高光流量，但另一方面如圖 2.8 所示的那樣，迄今為止，晶片物性隨電流的增加顯示出發光效率急劇減少的傾向。如圖 2.12 中曲線 (a) 所示，稱這種現象為「垂落」（droop）。究其原因，並非因為發熱所致，而是基於在活性層中發生的 Auger 復合過程，產生被稱作 V 露頭（pitch）的貫通錯位等引起的非發光中心所致。

藉由使活性層寬度加厚，使其接近 DH 構造等，再進一步將電極做成點狀或線狀等，有可能抑制這種現象的發生，其特性如圖 2.12 中曲線 (b) 所示。

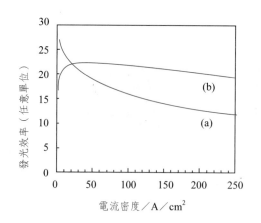

圖 2.12　相對於電流密度的發光效率特徵

(a) 過去的晶片，(b) 利用新型方法外延生長的晶片

2.2.4　色調可變的白光 LED 照明光源

　　白熾電燈和螢光燈的發光原理分別基於熱發射和氣體放電，因此，要得到任意的發光光譜是相當困難的。例如，螢光光源的色溫度是確定的，並且有別於電燈光（3,000K 左右）、溫白光（3,500K 左右）、白光（4,200K 左右）、晝白光（5,000K 左右）、晝光色（6,500K 左右）。如果能從一個光源，獲得色度學座標中沿黑體輻射曲線上的色溫度，則可稱其為理想的白光照明光源。

　　能進行色溫度控制的理想光源，非半導體晶片莫屬。但如前所述，藉由 R（紅）、G（綠）、B（藍）3 色 LED 獲得白色光，儘管白光在全色大屏幕顯示器方面已達到實用化，但由於 LED 所特有的窄譜線寬度和特定的波長，要製作照射物體的配光特性和顯色性均優良的照明光源是不可能的。

　　如圖 2.13 所示，採用螢光體變換型 LED 方式的近紫外 LED（波長在 405nm 附近），分別對 R、G、B 螢光體獨立地進行激發，並使其發光，可製作發光光譜接近連續分佈，而且平均顯色性評價指數高（Ra > 95）的可調型（tunable）光源。由於照射面的光色、色溫度、平均顯色性評價指數、彩度等對於一般照明光源來說最重要的參數及發光效率都可自由控制，因此，是現今最需要關注的技術。

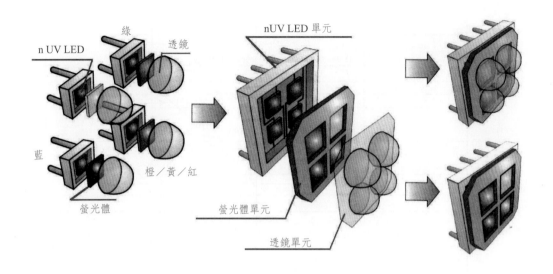

圖 2.13 利用由近紫外 LED 激發的有色 LED 實現色調可變用光源模塊的結構

圖 2.14 表示照明用光源發光效率的演變和推移。圖中分別標記了各種光源的實用化年代，但除了燈泡型螢光管之外，過去數十年間發光效率並未見飛躍性進展。而另一方面，1997 年研發出的白光 LED，雖只用了幾年，其發光效率就提高了約 20 倍（超過 100lm/W）。光源開發和新光源的相繼登場，就是發光效率不斷提高的歷史。進入 21 世紀，人們在與迄今為止靠白熾燈泡和放電管發光完全不同的固體照明光源領域投入全力進行開發。在圖 2.14 中，如箭頭（↓）所示，在白熾燈泡問世（19 世紀 80 年代後半期）之後，每隔大約 60 年（即以大約 60 年為周期），新光源的開發就躍升一個新台階。現在，在藍光 LED 和 YAG 螢光體相組合的方式中，實驗室水平白光 LED 單體的發光效率已達到 150lm/W，即使在近紫外激發方式中，藉由使色溫度變化，發光效率也達到 80～150lm/W，並正在超過高壓鈉燈的水平。儘管單體光源的發光效率正取得驚人的進步，但進一步獲得高光通量和高顯色性照明特性，是一般用白光 LED 照明光源必不可缺的。

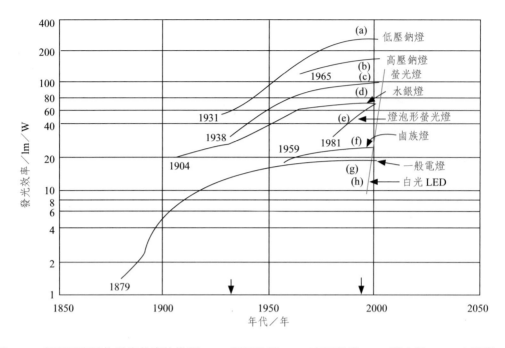

圖 2.14　照明用光源的發光效率的推移：(a) 低壓鈉燈，(b) 高壓鈉燈，(c) 螢光燈，(d) 水銀燈，
(e) 燈泡形螢光燈，(f) 鹵族燈，(g) 一般電燈，(h) 白光 LED

2.3　應用產品與市場動態及技術研展預測

　　藍光、近紫外 LED 晶片的外部量子效率均已超 50%，發光效率的改善仍在進行之中。而且，藍光 LED 的效率實驗室水平已超過 70%，估計不久將接近效率的理論極限。LED 產品的開發需要從前工程（晶片工程）轉向與封裝（package：PKG）、模塊相關聯的後工程，正如第 7 章和第 8 章所述，及時將技術開發的戰略轉向以企業為中心、以市場為導向是極為重要的。

　　由於 LED 市場的成長正從手機背光源向汽車用 LED 頭燈、大型 LCD 背光源（back light unit：BLU）等特殊照明用途和新的應用產品轉移，因此需要新的市場開發戰略。在台灣，LCD 推銷商（vender）建立由 LED 晶片廠商、照明廠商支持的體制，集全地區之力進行整合，這種戰略值得關注。

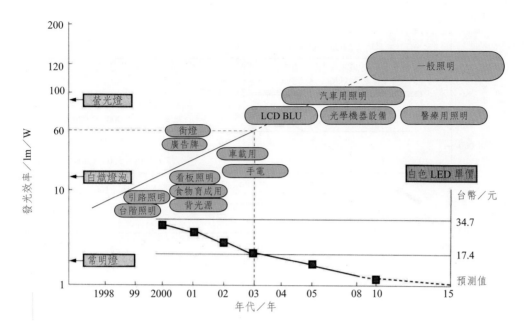

圖 2.15　依時間觀察：有色、白光 LED 照明光源應用商品與價格之預測

　　圖 2.15 表示隨著發光效率〔lm/W〕的提高，彩色及白光 LED 照明光源用途的擴大以及產品和價格的預測，估計到 2011 年販售白光 LED 產品的單價會下降到 4 元台幣以下。

　　LED 照明發燒，據預測，2014 年台灣市場規模上看 708 億美元，即約新台幣 2.14 兆元。

　　日本國內大型照明企業以綜合效率為 60lm/W 以上的產品、器具為目標，正在進行相關技術和應用的探索和開發。目前，用於一般照明的壁壘仍然很高，一般從光通量超越 1,000lm 時期起將開始普及。由日本照明學會「白光 LED 照明特別委員會」制訂的關於面向一般照明的技術促進路線圖（road map）示於圖 2.16。

　　圖 2.17 表示 2006 年度世界主要 LED 廠家所占的市場份額，可以看出，生產可用於白光 LED 的藍光 LED 晶片的少數幾個廠商，占據了主要的市場份額。其中日本國內廠家的勢力很強，在世界 54%的份額中占了 40%。LED 市場擴大的動力當然是白光 LED 需求的增長。從 2002 年到 2004 年，市場需求主要以手機背光源

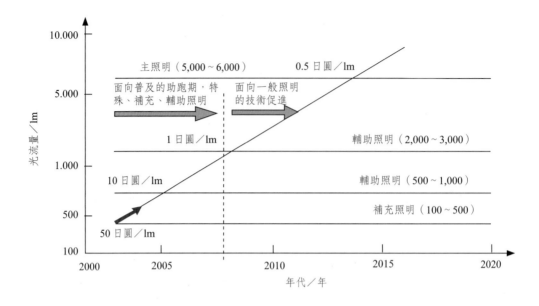

圖 2.16　提高光流量與一般照明和主照明技術促進路線圖

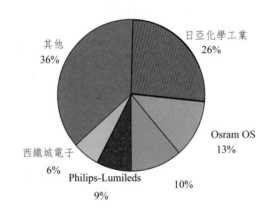

圖 2.17　2006 年全球 LED 市場比率

為中心，據估計曾達到占據市場份額的 70%～80%。但目前由於手機市場的飽和，對相應背光源的需求難以增長。預計 2010 年前後情況將發生逆轉，筆記本 PC 等中型甚至家用 TV 等大型 TFT LCD 用 BLU 的需求將迅速擴大，對今後這方面的動向必須注意。將來，占其餘 36% 的晶片有可能由日本之外的 LED 晶片廠家提供。

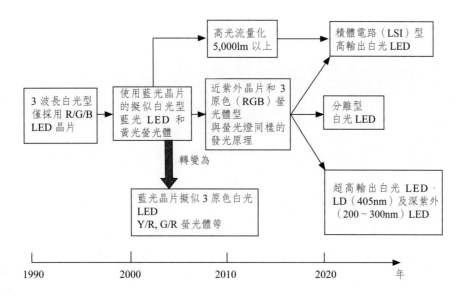

圖 2.18 利用螢光體變換之白光照明光源技術演變史

圖 2.18 表示白光 LED（螢光體變換方式）照明光源技術的開發歷史和今後的預測。從圖中可以看出，2020 年前，僅靠半導體晶片（而不與螢光體相結合）要實現普通照明用白色光源的製作是不可能的。為保證產品品質安全，必須盡快制定產品品質標準。

第三章

白光 LED 照明的種類及其特徵

3.1 以藍光 LED 為基礎的白光 LED

3.2 以近紫外 LED 為基礎的白光 LED

3.1　以藍光 LED 為基礎的白光 LED

　　現在市場上出售的白光 LED，最一般的是採用 InGaN 藍光 LED 晶片與 YAG（yttrium aluminum garnet，釔鋁石榴石）相組合的構造。由 LED 晶片的藍色光激發螢光體，使後者產生黃色發光、藍光與黃光相組合產生所需要的白色。由於形成這種產品需要製作晶片的半導體技術與製作螢光體的化學合成技術相結合，故也被稱為「混合（hybrid）型」發光器件。

　　白光 LED 與藍、綠、紅等其他有色 LED 相比，前者的應用範圍格外廣泛，目前正逐漸擴大為約占可見光 LED 整個市場的大約一半（根據 Strategies in Light 2008，Strategies Unlimited 公司）。在白光 LED 迅速普及的同時，要求其性能進一步提高的呼聲空前高漲，這需要技術上更上一層樓。

　　在此，針對採用藍光 LED 的白光 LED 器件，對其現狀和性能提高正採取的措施進行介紹。

3.1.1　以藍光 LED 為激發源的白光 LED 發光原理與構造

　　追溯 LED 的歷史，始於 20 世紀前半期，當時人們研究在半導體中流過電流時所引起的發光現象，在 20 世紀 50 年代人們開始對 GaP，60 年代開始對 GaAs 等化合物半導體發光材料的開發。現在，成功用於 LED 的除了 GaP 及 GaAs 等二元化合物單晶半導體之外，還有三元混晶[①]如 InGaN、GaAsP、GaAlAs，四元混晶的 AlInGaP 等各種各樣的材料，且均已達到實用化。LED 依所使用的半導體晶體的種類及組成，以及 LED 晶片結構的不同，分別具有特定的帶隙能量 E_g[eV]，一旦 LED 中流過電流，便發射出具有能量與 E_g 相當的特定波長的光。表 3.1 是代表性化合物半導體和發光色一覽。

---

①混晶：泛指由不同元素構成的化合物單晶體。以Ⅲ-Ⅴ族化合物半導體單晶為例，Ⅲ族元素所占的*A*位可以是Al、Ga、In 等，Ⅴ族元素所占的*B*位可以是N、P、As 等。

表 3.1　LED 中主要化合物半導體及其發光色

發光材料	現已實現製品化的代表性發光色（峰值波長：nm）
InGaN	紫外（365），紫色（405），藍色（465），藍綠色（500），綠色（520），橙色（588）
GaP	黃綠色（565），紅色（700）
GaAsP	黃色（583），橙色（610），紅色（630）
AllnGaP	橙色（590），紅色（635）
GaAlAs	紅色（655），紅外（850）
GaAs	紅外（940）

另一方面，對於照明用的 LED 來說，僅有表 3.1 中所列的單色光是不夠的，必須要有白光。白光是由多個光的合成（混色）得到的，因此可以考慮各種不同光的組合。如圖 3.1 所示，為實現 LED 白光，所採用的發光材料及發光方式也不是唯一的。

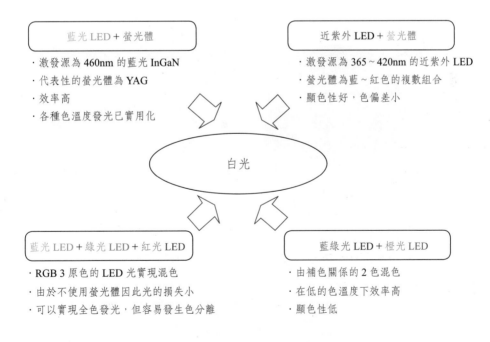

圖 3.1　藉由 LED 實現白光的方式

下面，針對常用的 InGaN 藍光 LED 晶片與 YAG 相組合的方式，進行較為詳細的說明。

圖 3.2 表示代表性的 InGaN/YAG 白光 LED 的構造及發光效率的構成要素。白色發光的原理，是藉由 YAG 螢光體進行波長變換，即利用 LED 晶片發射的藍色光使包覆於晶片周圍的螢光體層激發，並由其產生黃色螢光。由於藍光和黃光處於補色關係，使這兩種光充分地組合，人的眼睛就會看到白色光。白光 LED 的發光效率是由藍光 LED 晶片的效率、螢光體層的效率、以及封裝的光取出效率共同決定的。在圖 3.2 中，將 LED 發射的全光通量〔lm〕被輸入功率〔W〕相除的值，即光源效率（燈泡效率）〔lm/W〕與各構成要素的效率之間的關係，均用計算公式表示出。其中，由於 LED 晶片和螢光體是相互組合的兩個光源，因此二者的效果要用組合的公式表示。

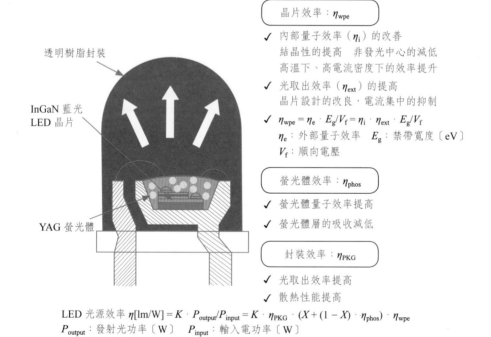

LED 光源效率 $\eta[\text{lm/W}] = K \cdot P_{\text{output}}/P_{\text{input}} = K \cdot \eta_{\text{PKG}} \cdot (X + (1-X) \cdot \eta_{\text{phos}}) \cdot \eta_{\text{wpe}}$

P_{output}：發射光功率〔W〕　　P_{input}：輸入電功率〔W〕

K：發射的視感效果度〔lm/W〕（LER 值——luminous efficacy of radiation）

X：白色光中的藍光成分

圖 3.2　白光 LED 的構造與效率之構成要素

在最初發表這種結構的 1996 年，發光效率只有 5lm/W 的程度，此後針對圖 3.2 所示的發光效率各種構成要素的革新和改良，發光效率獲得引人注目的提高。最新製品的發光效率已達到 150lm/W，這在一般照明用白光源中發光效率也是最高的。與開發當初比較，十餘年效率就提高了 30 倍，從而實現了高效、節能的效果。

圖 3.2 所示的波長變換技術，從很早以前就在螢光燈等中使用，但實際上做成白光 LED，卻是在藍光 LED 出現之後的事。採用螢光體進行波長變換的情況，是使高能量短波長的光變換為低能量長波長的光。因此，為使短波與長波相組合以形成白光，從原理上講，至少採用比藍綠光波長更短的激發光才能實現白光。

而且，即使對於螢光體來說，比之通常螢光管中所用，由汞蒸氣發出的紫外光會激發出很強的發光，若激發光波長比紫外光的波長長，則發光強度會顯著降低。而且，激發光的波長越短，螢光體的選擇範圍越大。

正是基於上述理由，我們現在看到的由非常高輸出的 InGaN 藍光 LED 晶片與可以被相當長波長的藍光激發的 YAG 相組合而成的白光 LED，應該說是最早實現的白光 LED。

圖 3.3 表示一般的 InGaN 藍光 LED 晶片結構。圖中所示是從外延表面一側取出光的面朝上（face-up）型（也稱為外延面朝上（epi-up）型），活性層（發光層）的 $In_xGa_{1-x}N$ 量子阱是由帶隙能量大的 p 型及 n 型材料相夾的雙異質結（DH）結構構成的。另外，在最上層形成 AuNi 及 ITO 等低電阻的透明電極，以輔助電阻率高的 p-GaN 層的電流擴散。而量子阱中空穴-電子之間產生的發光再結合（復合）數與總的再結合數（包括發光和非發光）之比定義為 LED 晶片的內部量子效率。為減少非發光的再結合，使化合物半導體的結晶性提高，盡可能減少點缺陷及貫通位錯等是極為重要的。而且，對于 LED 晶片的發光效率來說，不僅是上述的半導體的層狀結構，而且元件整體的構造及形狀也會產生很大影響。關於晶片的效率，後面的其他章節中在討論白光 LED 的效率時還要多次提到。

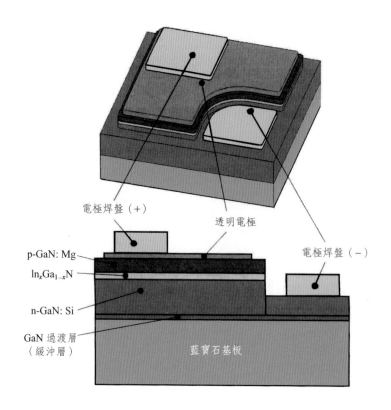

電極焊盤（＋）

透明電極

電極焊盤（－）

p-GaN: Mg

ln$_x$Ga$_{1-x}$N

n-GaN: Si

GaN 過渡層
（緩衝層）

藍寶石基板

圖 3.3　一般的 InGaN 藍光 LED 晶片的結構
（從外延表面一側取出光的外延面朝上型）

　　圖 3.4 針對代表性的Ⅲ-Ⅴ族化合物半導體的氮化物（Al，Ga，In）N 系及磷化物（Al，Ga，In）P 系，表示帶隙能量與點陣常數的關係。對於在藍光 LED 的活性層中所使用的混晶 In$_x$Ga$_{1-x}$N 來說，藉由改變其摩爾比 x，從原理上講發光波長可以從 $x = 0$ 的 GaN（3.4eV，365nm，UV-A）變化到 $x = 1$ 的 InN（0.7eV，1,770nm，IR-B）。

　　除了 GaN 層與作為基板的藍寶石之間具有 16%相當大的點陣常數失配（misfit，又稱晶格失配）之外，位於 GaN 層之上的 In$_x$Ga$_{1-x}$N 層也會由於點陣常數的不同而產生壓縮應變，特別是隨著 In 的摩爾比增加，要獲得良好的單晶越來越困難。因此，在 In 摩爾比大的長波長區域，外部量子效率低下，光譜半高寬也有增大的傾向（圖 3.5）。相反，在波長短的紫外區域，由於光被襯底 GaN 層的吸收變得顯著，效率降低相當明顯（為提高效率人們採取了各種措施，如襯底採用對

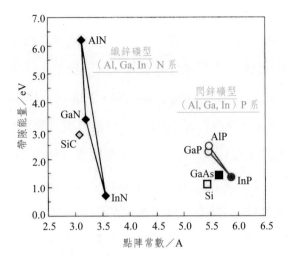

圖 3.4 Ⅲ-Ⅴ族化合物半導體——（Al，Ga，In）N 系，（Al，Ga，In）P 系的帶隙能量
與點陣常數的關係

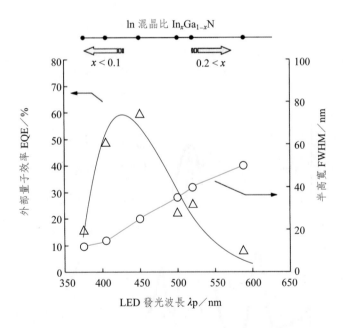

圖 3.5 InGaN 係 LED 的波長、輸出、In 混晶比之間的關係
（外部量子效率會隨著晶片及封裝的設計而變化，
圖中所示為 5mm 炮彈型燈泡（20mA 驅動）的實例）

紫外線透射性良好的 AlGaN 層等）。發光效率在藍光區域最高，最新產品達到 62%（輸出功率 33mW，ϕ 5mm 炮彈型燈泡）。做成大功率 LED，從取出效率這一點講是不利的，因此發光效率沒有這麼高，但即使是大功率 LED，藉由晶片及封裝設計的最佳化，最近也獲得 60%（600mW，350mA）相當高的發光效率。

下面，再針對 InGaN/YAG 白光 LED 的另一重要構成要素——YAG 螢光體進行說明。順便指出，關於 LED 用螢光体，第 4 章還要詳細討論，請讀者參照。這裡所談的 YAG 螢光體是如$(YaGd_{1-a})_3(Al_bGa_{1-b})_5O_{12}$：Ce 表示的具有石榴石結構的穩定的氧化物。在作為 YAG 固體激光材料被大家熟知的 $Y_3Al_5O_{12}$ 的 Y、Al 各位置，被 Gd、Ga 部分地置換，並添加作為發光中心的稀土元素 Ce，便構成 YAG 螢光體。

圖 3.6 表示 YAG 螢光體的發光光譜和激發光譜，以及作為激發光的 InGaN 藍光 LED 的發光光譜。將這幾個光譜匯總於同一張圖中便於發現其間的關係。YAG 螢光體的最大特徵是，在 460nm 附近具有激發峰，在藍光 LED 的發光波長區域，波長變換效率最大。發光色為黃色，在 550nm 附近具有峰值，半高寬約為 120nm，是相當寬的（如圖中紅色光譜所示）。光譜寬，作為照明光源使用時，

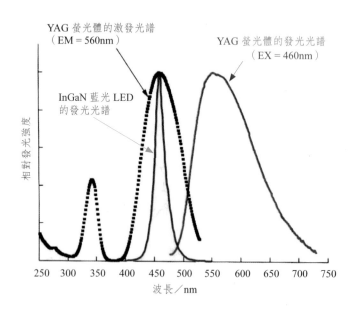

圖 3.6　InGaN 藍光 LED 的發光光譜，YAG 螢光體的發光光譜和激發光譜
（EX：激發波長，EM：測量波長）

從顯色性方面看來是有利的。響應時間（速度）大致在 100ns，這對於螢光體來說算是極快的，溫度特性、耐光性、耐濕性等方面也是很穩定的，組合在 LED 中對 LED 晶片本來的特性不會產生損害。而且，不含對環境造成負擔的有害物質，這一點對於民用商品來說極為重要。

　　圖 3.7 所示色溫度 6,500K 的 InGaN/YAG 白光 LED 的發光光譜。作為比較，同時給出畫光（D_{65}，6,504K）、白熾燈泡（黑體輻射）、3 波長型螢光管（F10，5,000K）的光譜（根據 J15 Z 8719，Z 8720）。同樣是白色光，但各自光譜的差別很大。白光 LED 的場合，藉由調節塗布 YAG 螢光體的濃度和組成，就可以獲得色溫度不同的白色光（圖 3.8）。連接 InGaN 藍光 LED 晶片的色度點（圖中左下方 □ 標記處）與不同 YAG 螢光體各色度點（圖中右上圓弧上各點）的直線上的顏色都可以實現，色溫度從 2,850K 到 15,000K 附近，從紅光成分多、富於溫暖舒適感的暖白光，到藍白色、高輝度、顯得嚴肅高貴的冷白光都可容易地實現。

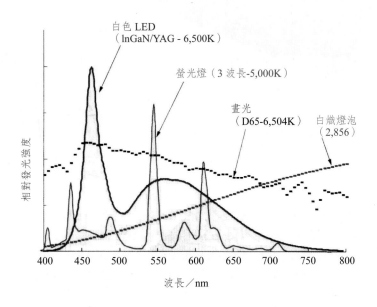

圖 3.7　InGaN/YAG 白光 LED 的發光譜
（5mm 炮彈型燈泡，6,500K）

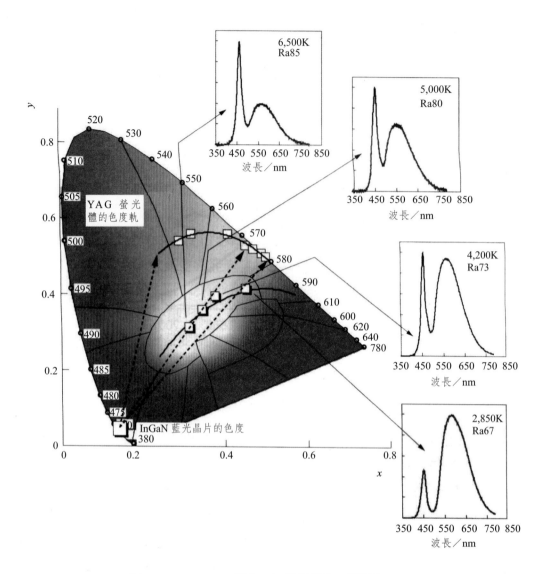

圖 3.8　InGan/YAG 白光 LED 的發光色，光譜及 Ra

〔藍光 LED 晶片的色度（左下方的□）與黃光 YAG 螢光體的各色度點（右上方的圓弧）連線上的色都有可能實現。依 YAG 的組成比不同，其發光色各異（在圓弧上移動）。圖中除給出色溫度為 2,850K 的情況之外，還表示出三種不同組成下的發光色、光譜、色溫度和 Ra。〕

3.1.2　白光 LED 的效率

　　針對前述圖 3.6，若從光譜求出各光源效率〔lm/W〕的理論極限 LER 值[*]，則藍光 LED（460nm）為 55lm/W，YAG 螢光體（555nm）為 440lm/W。因其理論極限處於二者之間。例如，對於色溫度 6,500K 的白光 LED（圖 3.7）的情況，可計算出其理論極限在 300lm/W 左右。實際上，考慮到藉由螢光體進行能量變換的損失（斯托克斯損失，Stokes loss）不可避免，估計其理論極限大致在 250lm/W 上下（因色溫度不同而異）。

　　根據計算，色溫度越低的白光 LED，由於此相對視感度高的光譜成分比例大，因此 LER 值有變高的傾向，但實際的低色溫度製品由於所塗布螢光體的濃度高，藍光 LED 發出的光被螢光體層吸收、衰減，從而造成效率低的相反結果；如果激發光變成紫外等相對視感度低的短波長光源，即使採用低濃度的螢光體，也能實現低的色溫度，但是，由於螢光體的斯托克斯損失及對輝度不起作用（由於是紫外光）的激發光所占比例大，效率不高。

　　圖 3.9 以發光效率為 100lm/W（色溫度 6,500K）的白光 LED 為例，匯總了相對於輸入功率的能量變換路徑。如圖中所示，在輸入的電功率中，藉由 LED 晶片轉化為藍光輸出的比例也能達到 50%。這在發光材料中算是相當高的。由於該藍色光在螢光體晶體內部變換為黃色光的過程中發生斯托克斯損失，以及在封裝內部發生吸收及散射造成的損失等，最終，在外部作為白光取出的只剩下 34%。除了光發射之外就是熱損失，在 LED 晶片的電極部位及 pn 結部位等發生的熱量，通過封裝內部的傳導向外部放出。即便是考慮到由螢光體引發的斯托克斯損失不可避免，但發光效率改善的餘地還是相當大的，隨著今後技術的進一步提高，達到 200lm/W 以上絕非夢想。

---

[*]LER（luminous efficacy of radiatior，輻射的發光效能）。一般稱其為「視感效果度」，用光流量〔lm〕與輻射功率〔W〕之比表示，單位是 lm/W。LER 表示具有該光譜的光源的理論效率極限（與輸入功率 100%變換為光能情況下的值（單位為 lm/W）相當）。

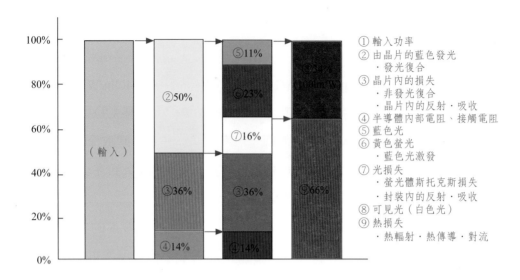

圖3.9　100lm/W 白光 LED（6,500K）的能量變換。

〔針對圖 3.7 所示的 InGaN/YAG 炮彈型燈泡（20mA 驅動，順向電壓 3.1V）的模擬結果〕

　　圖 3.10 以發光效率為 100lm/W（色溫度 6,500K）的 InGaN/YAG 白光 LED、螢光管、白熾燈泡為例，比較了三者的輸入電功率中各自變換為光及熱能的比例。白光 LED 的情況，光的成分幾乎都在可見光區域，紫外及紅外的發射極少，可達忽略的程度。因此白光 LED 向可見光的變換效率達 34%，是相當高的，是螢光管（25%）的 1.4 倍，白熾燈泡（10%）的 3.4 倍。*

　　圖 3.11 是針對 LED 及各種白色光源，在考慮比視感度的條件下，對光源效率（燈效率）〔lm/W〕的比較。

　　隨著 LED 發光效率的迅速提高，現在已具備與傳統光源一爭高下的實力。特別是白光 LED，由於近年來防止地球溫暖化等環保意識的增強，作為下一代的固體照明光源而備受注目，研究開發也取得實質性進展。目前，標準型 LED 發光效率達 150lm/W，功率型 LED（1W）發光效率達 100lm/W 的產品都已問世。

---

*圖 3.10 中給出的百分比表示輻射效率，即從光源發出的各成分的輻射量（全輻射功率〔W〕）除以輸入功率〔W〕得到的百分數。由於白熾燈泡等含有比視感度小的紅色成分多，因此若以眼睛感覺到的亮度做比較，其效果更差（見圖 3.11）

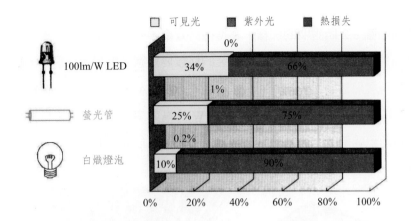

圖 3.10　100lm/W 白光 LED（6,500K）、螢光管、白熾燈泡的能量變換效率的比較

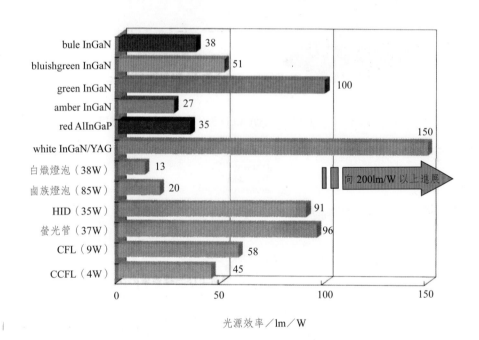

光源效率／lm／W

圖 3.11　LED 及各種白色光源的效率

〔LED：5mm 炮彈型燈泡（20mA），電燈泡：LW-100V-38W-φ55，鹵族燈泡：JD 110V 85W·
N-EH，HID：85V-35W，螢光管：FL 40 SS · EX-N/37-100V-37W-φ28/L1198，緊湊型螢光管
（CFL）：350mm-φ2.4-4W，CCFL：350mm-φ2.4-4W〕

　　在圖 3.12、圖 3.13 中詳細表示了 150lm/W 級白光 LED（色溫度 4,800K）的結構和特性。如前面圖 3.2 所說明的那樣，為獲得高效率，由晶片及螢光體層發出的光無損失地由封裝向外部取出是極為重要的。封裝的種類要適應市場需求來選擇。藉由晶片的低電阻化已實現發熱量的大幅度降低，電流-光通量（mA-lm）特性直到高電流範圍都顯示直接關係，即使到 100mA 也能獲得 119lm/W 的高效率。發熱量的降低對於壽命改善也有效果，目前已能確保 40,000h 以上的壽命（光通量維持在 70%）。

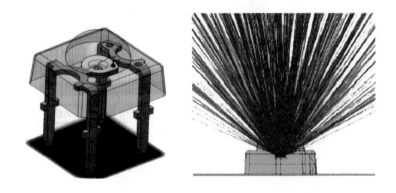

圖 3.12　150lm/W 級白光 LED 的外觀及光線軌跡的模擬

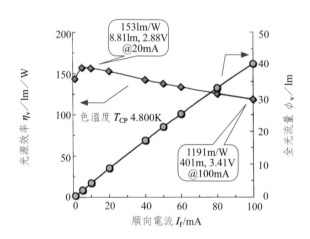

圖 3.13　150lm/W 級白光 LED（4,800K）的輸入電流與效率及光流量之關係

3.1.3　照明用高光通量白光 LED 的開發

　　對於照明這種特別對亮度有高要求的用途，為能獲得所定的光通量，一般是將多個 LED 並排成陣列，做成一體化，即以人們所說的「模塊」形式來使用。但是，與一般照明中使用的白熾燈泡、螢光管、金屬鹵族燈等相比較，像炮彈型元件這種標準型 LED 的光通量是非常小的，因此，為獲得照明中所需要的亮度，勢必需要大量的 LED。雖說 LED 在效率方面占優勢，但對於光源的尺寸及照明器具的設計等受制約的情況，將多個 LED 並排使用困難很大。

　　為了使面向照明用途的 LED 更容易地使用，最近，與效率提高統一考慮，可投入大功率的功率型 LED 的開發正在深入地進行。隨著 1～10W 大額定功率的封裝相繼問世，一顆 LED 也能實現 400～700lm 的光通量，這已與 40～60W 白熾燈泡的光通量不相上下，白光 LED 照明的高效節能效果十分明顯。

　　如果使用這種高光通量的功率型 LED，由於從每單位面積（垂直面積）發射出光的量〔lm/mm^2〕增加，因此，即使對於需要大光通量的用途來說，所搭載的 LED 的數量也有可能減少，這對於照明器具的小型化、輕量化十分有利。而且，對於必要的光通量值，可以將光源尺寸壓縮得更小，作為照明器具來說，由於光被有效利用，從提高器具效率方面講也是有利的。

　　功率型 LED 的具體實例如圖 3.14 所示。作為基本結構有圖中所示的兩大類，一類為單晶片型，另一類為多晶片型。前者採用大尺寸晶片，晶片中流過的電流較大，後者是使多個高效率的小型晶片並列。單晶片型中晶片的搭載模式，除了圖 3.14 中所示的電極面朝上方式之外，還有電極面朝下（flip chip，倒裝片）方式、貼合方式（縱型）等，需要與封裝設計統一考慮，以選擇最佳方式（圖 3.15）。

　　多晶片型與單晶片型相比，前者的允許電流小，但容易獲得高效率。以圖 3.14 所示的產品為例，假設輸入電功率達到 1W，則可獲得 100lm／W 以上（色溫度 5,000K）的高效率（圖 3.16）。

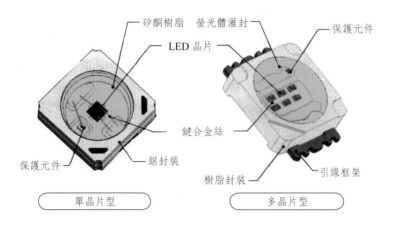

圖 3.14 功率型 LED 封裝的實例（單晶片型和多晶片型）

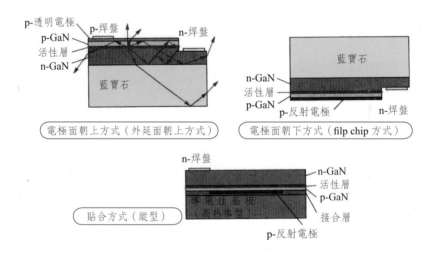

圖 3.15 LED 晶片的各種結構

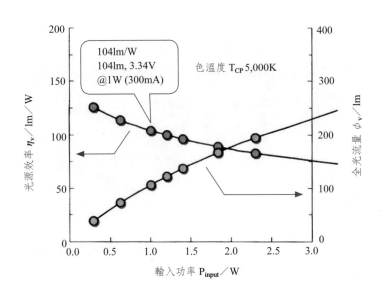

圖 3.16　多晶片型白光功率型 LED（5,000K）的光源效率‧光流量與輸入功率關係

　　圖 3.17 是針對在市場出售的白光 LED 與螢光管、白熾燈泡，參考了廠商的產品樣本，匯總了發光效率與額定功率之間的關係。圖中白光 LED 的數據，涵蓋了額定功率為 0.1W 左右的炮彈型燈泡，0.5W 左右的中等功率型，到超過 1W 的大功率等各種產品。這裡所說的發光效率是針對光源單體而言，在實際使用中，對於 LED 來說還需要考慮直流電源的損耗，對於螢光管來說，也需要考慮鎮流器的損耗等。

　　正如圖中所看到的，額定功率小的標準型白光 LED 的效率，已經達到與螢光管同等以上的水平。但是，對於功率型 LED 來說，隨著輸入功率變大，晶片中的電流密度上升和結溫度上升不可避免，從而效率逐漸下降。令人遺憾的是，在超過 1W 的領域，仍比不上螢光管的效率。

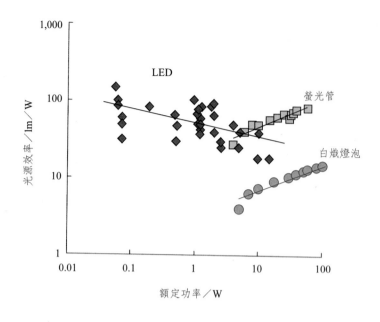

圖 3.17　白光 LED、螢光管、白熾燈泡的額定功率與光源效率的比較

3.1.4　白光 LED 顯色性的改善

如前所述，隨著發光效率及光通量提高而即將符合照明要求的白色 LED，在實用場合下還必須考慮光的質量——光源色和顯色性。

在圖 3.18 中，針對各種白色光源，一覽比較了各自的效率〔lm/W〕和平均顯色評價指數 Ra（CRI：Color Rendering Index）。順便指出，即使同一種類的燈泡，依式樣（色溫度，螢光體，燈泡內封入物等）不同，效率和 Ra 的數據均有差異，故在圖中用黑色直線表示其範圍。Ra 表示當物體受光源照射時，人眼能以何種程度看到物體本來顏色的指標，它的值是由光源的光譜決定的。光譜與相同色溫度的基準光源越接近，Ra 則越高（低於 5,000K 時以黑體輻射為基準，高於 5,000K 時以 CIE 晝光為基準。J18 Z 8126）。

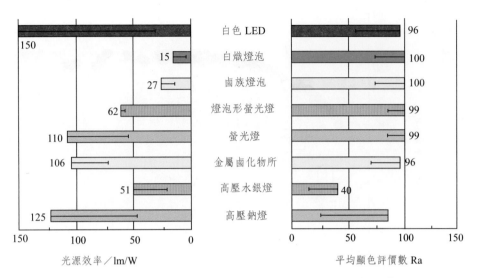

光源效率／lm/W　　　　　　　　平均顯色評價數 Ra

即使同一種類的燈，因式樣不同有可能取不同的值，故用一直線棒表示其取值範圍。

圖 3.18　各種白色光源的效率〔lm/W〕與平均顯色評價數 Ra

　　一般說來，發光效率與顯色性之間存在折衷（trade-off）關係，越是高顯色性的類型，發光效率越是有下降的傾向。普通我們看到的螢光管及金屬鹵族燈，如圖 3.18 中所示，在效率和顯色性二者兼得方面具有優良的綜合特徵。

　　從另一方面講，InGaN/YAG 係的白光 LED 的 Ra 在 60（色溫度 3,200K）～85（色溫度 6,500K）之間，與其他光源相比，並不遜色（圖 3.19）。但是，用於照明，在一般使用的色溫度低的領域，及有高顯色要求的店舖照明及醫療照明等用途，仍有進一步改善的必要。為改善顯色性，光譜中不足的紅光成分，可採用追加螢光體的方法來補充，最近 Ra 達 90 以上的改善製品也已開發出來。

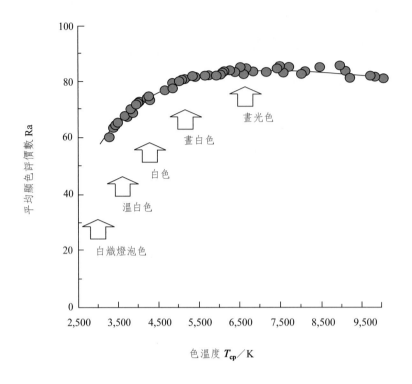

圖 3.19　InGaN/YAG 白光 LED 的顯色性與色溫度的關係
（本驗證中所使用 YAG 的種類是完全一樣，僅由調整塗布 YAG 的濃度來改變色溫度）

　　圖 3.20、圖 3.21 表示高顯色型 LED（色溫度 5,130K）的實例。Ra 從原來製品的 80 提高到 95，表示綠色和紅色顯色性的 R4 和 R9 已得到明顯改善。Ra95 相當於螢光管的顯色性 AAA 級（JIS Z 9112），屬於相當高的值。LED 的情況也與其他光源同樣，隨顯色性變好，而效率有下降的傾向，即使圖 3.20、圖 3.21 所示的實例中，效率也只有 30%，是相當低的。為了在維持效率的同時實現高顯色性，希望開發更高輝度的螢光體，以實現藍綠、綠、黃、紅等各種彩色。

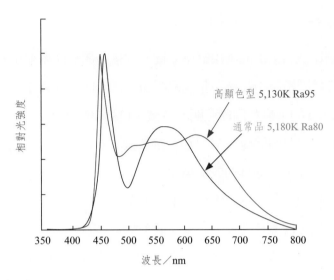

（通常品）YAG：Ce

（高顯色型）YAG：Ce，$Sr_4Al_{14}O_{25}$：Eu(SAE)，$(Ca,Sr)_2Si_5N_8$：Eu(CSESN)

圖 3.20　高顯色型白光 LED 的發光光譜

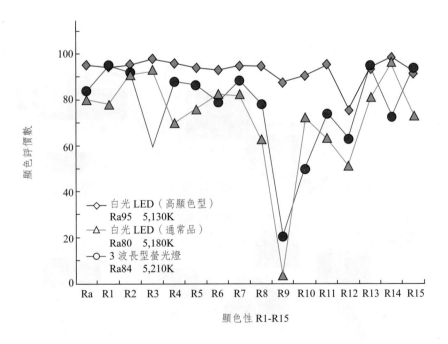

圖 3.21　高顯色型白光 LED 的顯色評價數

3.1.5 正在普及的半導體固體照明

圖 3.22 表示白光 LED 的應用實例。從光通量、額定功率很小的小型照明領域開始，估計半導體固體照明將會在整個照明領域穩步擴大（圖 3.23）。

採用白光 LED 的半導體固體照明的特徵，可列舉如下：

·高發光效率（照明節能，減少 CO_2 排放量）

·小型化（光源小，器具的效率高）

·長壽命、堅固耐用（不用燈絲，不易破損）

·溫度穩定性（低溫及高溫下效率降低少）

·不含紫外線及熱線（特別適合於店舖照明及美術作品照明）

·無鉛、無汞（利於環境保護）

·利於採用新的照明設計及照明概念（例如，充分利用小型、薄型、輕量的特徵，數字式調光控制，配光控制及角度控制，配合特殊亮度及彩色要求的演出，面向高齡群體的安全設施等）。

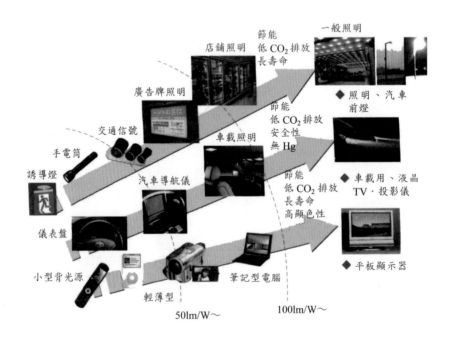

圖 3.22 白光 LED 的高效率化和向新市場的擴展

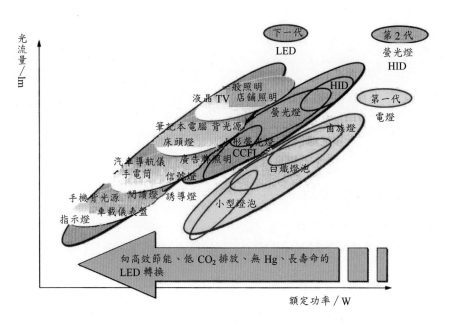

圖 3.23　從傳統光源向下一代照明白光 LED 的轉換

　　另外，表 3.2 列出採用白光 LED 燈泡的照明經濟性評價結果。與白熾燈泡相比，100lm/W 白光 LED 的功率消耗僅為 1/5(=12W/60W)，節省電費的效果明顯，

表 3.2　白色 LED 的經濟性評價

電燈類型 性能	白色 LED 5mm 燈泡	白色 LED 高功率型	白熾燈泡	螢光燈 （燈泡型）
全光流量	800lm	800lm	790lm	810lm
光源效率	100lm/W	70lm/W	132lm/W	62lm/W
電能消耗 （含供電回路）	12W （綜合效率 66lm/W）	17W （綜合效率 46lm/W）	60W （綜合效率 13lm/W）	13W （綜合效率 62lm/W）
額定壽命	40,000h	40,000h	1,000h	6,000h
電燈初裝費* （電燈使用個數）	7,000 日元 （1 個，含供電 回路）	5,000 日元 （1 個，含供電 回路）	32,00 日元 （40 個×@80 日元）	6,300 日元 （7 個×@900 日文）
電費* （23 日元／kWh）	11,100 日元	15,800 日元	55,200 日元	12,000 日元
CO_2 排放量*	267kg	382kg	1,350kg	290kg

*電燈初裝費、電費、CO_2 排放量都是以使用 40,000h 為前提算出的。

這也意味著大幅度消減 CO_2 的排放量。額定壽命很長，一般為 40,000h，燈泡不用頻繁更換，這又節省一部分燈泡費用。如果能進一步抑制初期費用，估計替代白熾燈泡的步伐會加快進行。但從另一方面講，要想替代高效率的螢光管及 HID，在 LED 光源單體效率大幅度超越二者的前提下，包括照明器具及照明設備整体，如何才能將 LED 的特徵充分發揮出來，在設計和結構方面仍有不少問題需要解決。

3.2 以近紫外 LED 為基礎的白光 LED

3.2.1 近紫外激發螢光體變換型白光 LED 研發與光品質

1993 年藍光 LED 實現實用化，由其發射的「珍貴」藍光可以與其他光進行加法混色，由此，能獲得任意發光色的固體光源由可能變為現實。與之相伴，將三原色 LED 晶片相集成的多晶片型白光 LED，於 1997 年利用藍光 LED 晶片與黃光螢光體之間補色關係的擬似白光 LED，相繼被開發出來。此後，作為與螢光管方式最為接近的方式，用近紫外 LED（發光波長為 380～420nm 的 LED）作為激發光源，利用螢光體進行波長變換可獲得覆蓋整個可見光區域發光的白光 LED，本節中，針對近紫外 LED 激發螢光體變換型白色 LED（近紫外激發白色 LED）進行討論。

顯色性是光品質的重要指標。表 3.3 根據 CIE（國際照明委員會：Commission International de I' Éclairage）確定的按用途不同列出顯色性的推荐標準。作為一般照明來說，Ra 達到 80～90 左右就足夠了，但採用三原色 LED 多晶方式及藍光 LED 激發黃色螢光體的方式，要想提高顯色性從原理上講是很難的。而從應用角度講，檢查用，照相攝像用，美術館用，店舖用等，重視色再現的領域對高顯色性提出更高的要求。充分了解各種不同方式白光 LED 的基礎上，針對不同場合和要求，選擇最合適的方式。今後，隨著美國、法國、澳大利亞等相繼停止白熾燈泡的生產、銷售，以及受日本經濟產業省、環境省意向的影響，日本國內大型照明廠商也發表中止白熾燈泡生產的公告。這些都說明，從防止地球溫暖化的觀點，要求由更節約能源的光源來替代的動向正持續在世界範圍內擴展。在這樣的動向中，開發完全像白熾燈泡那樣的在低色溫度下具有高顯色性的光源將越來越重要。

表 3.3　燈具的顯色和用途

顯色性分組	平均顯色評價數的範圍	使用場所		代表性的燈具
		完全勝任	容許使用	
1A	Ra ≧ 90	色比較，監查鑑定，臨床檢查，美術館		螢光燈（高顯色性型）金屬鹵化物燈
1B	90 > Ra ≧ 80	住宅，旅館，飯店，餐廳		螢光燈（高效率／高顯色性型）
		印刷，塗料，纖維以及精密作業的工廠		高壓鈉燈（高顯色性型）金屬鹵化物燈
2	80 > Ra ≧ 60	一般作業的工廠	辦公室，學校	螢光燈（高效率型）高壓鈉燈（高顯色性型）金屬鹵化物燈
3	60 > Ra ≧ 40	粗放作業的工廠，隧道	一般作業的工廠	水銀燈
4	40 > Ra ≧ 20	隧道，道路	顯色性不很重要的作業的工廠	高壓鈉燈（高效率型）

3.2.2　近紫外激發白光 LED 的特徵與其他方式的比較

按上一節的觀點，表 3.4 對利用白光 LED 實現照明光源代表性實例的上述三種方式再次進行比較。儘管在所有的方式中，作為光源色，都可以實現白色發光，但若考慮發光效率、回路構成、材料選擇、特別是作為照明光源素質的光的「質量」，各種方式之間卻存在很大差異。

表 3.4　白光 LED 典型實現方式與照明光源適用性

方式	示意圖	優點	缺點	適用性
三原色 LED 晶片積體電路元件		有高發光效率	目前綠光 LED 的發光效率低，低顯色性，不均勻的配光，回路複雜	低
藍光 LED 激發擬似白光 LED		採用螢光體變換型，具有最大的發光效率，回路簡單	低顯色性，在低色溫度下劣勢（如發光效率低等）明顯，不均勻的配光，相對於溫度、電流的色度變化大	適用於重視照明效率的空間
近紫外 LED 激發 RGB 白光 LED		含有可見光的全光譜，高顯色性，在低色溫度下優勢更明顯，均勻的配光，相對於溫度、電流的色度變化小，回路簡單	發光效率低，多個螢光體的發光色調整複雜，需要耐紫外線性能好的材料	適用於裝飾空間，重視顏色照明

　　對於三原色 LED 晶片積體電路元件白光 LED 來說，LED 晶片效率決定發光效率。原理上與螢光體變換型 LED 相比，前者的發光效率能做到更高。但實際應用上綠光 LED 的發光效率與藍光、紅光 LED 相比是非常低的，即存在所謂「綠陷」問題。這被認為是由於作為氮化物系 LED 材料發光層的 InGaN/GaN 量子阱內發生的 Piezo 電場效應，使電子-空穴對在空間發生分離，從而造成效率下降，而且在 In 成分增加的綠光 LED 內該效果更為顯著。為改善綠光 LED 的外部量子效率，正從結晶學的觀點，針對減低 Piezo 電場效應的結構，活躍地進行研究。即使高效率的綠光 LED 得以實現，由於 LED 發光光譜的半高寬窄，光譜的陷落大，從色再現性的觀點是不利的，一般規定照明用的白光 LED 的分光分佈要大致覆蓋至可見光的全域，且其間不存在光譜陷落部分。由於各 LED 的配光式樣（pattern）

不同，色彩不能均勻混合，只能得到彩色斑駁的照射面。進一步由於藍光、綠色、紅光 LED 的材料各異，LED 的工作電壓也各不相同，使驅動電路複雜化。

藉由藍光 LED 激發的擬似白光 LED，是依靠 LED 發出的藍光與螢光體發出的黃光互為補色關係，從而實現白光發光的方式。由於是靠單一種類的螢光體來獲得白光，因此在螢光變換型的 LED 中，它的效率可以達到最高。由於採用的 LED 晶片只有一種，因此驅動電路簡單。但是作為照明光源，這種方式存在下述缺點：

(1) 由於可見光 LED 激發光藍光是組成白光的一部分，當螢光體的配光與 LED 的配光不一致時，便會發生藍光和黃光的色分離現象。且隨著電流增加及溫度上升，有可能導致藍光成分和黃光成分失衡，或發生色斑駁，或發生色調變化。

(2) 顯色性低，難以正確看到被照射觀察物的實際顏色（因環境而異，還會給人造成不快感）。

(3) 由於缺少紅光成分，難以實現低色溫度的白色化。

正是基於上述缺點，藍光 LED 激發擬似白色 LED 方式應考慮應用於顯色性要求不高，但要求高效率的場合。

近年來，為補救顯色性不足的缺點，採用藍光 LED 激發方式也能作為一般照明光源而使用，正在開發以藍光 LED 作為激發光源，採用綠光、紅色螢光體的多螢光體方式的白光 LED。這種方式與下面將要討論的採用近紫外 LED 和多種螢光體的方式相近，但採用多種螢光體時，由於多級激發損耗及伴隨向長波長變換的斯托克斯頻移損耗增加，還有比視感度低的紅光成分增加（都要在後面討論）等，發光效率低下不可避免。而且，作為激發光的藍光也是構成白色的成分，因配光偏差會引起分離，伴隨電流增加、溫度上升會發生色度點的變化等，仍存在大量有待解決的課題。進一步講，採用這種方式，原理上講不含比藍光波長更短的光，因此不能覆蓋可見光譜的全域。

近紫外 LED 激發白光 LED，是採用發光波長位於可見光區域短波長端附近的近紫外～紫外 LED，並與多種螢體相組合而實現白色發光的方式。作為激發光源的近紫外 LED 的發光波長，多採用 Blu-ray 盤的光發送等，作為民用已被廣泛使用

的 405nm 附近的發光。與其他方式的白光 LED 相比,由於這種方式中激發光的光子能量高,因此從原理上講,伴隨向長波長發光變換的斯托克斯頻移損失大,從發光效率觀點是最不利的,再加上需要使用多種螢光體,由於後述的螢光體間的多級激發(cascade excitation,又稱級聯激發),會進一步降低發光效率。且相應於短波長發光而選用反射率、透射率高的材料,相應於高能量激發而選用耐久性好的部件及材料等,材料方面的門檻也更高。藉由選擇適當的螢光體,可以無缺損地獲得覆蓋可見光譜全域的白色發光,對於實現自然的顯色來說無以倫比。特別是加入適量的紅光螢光體,就能獲得可代替具有低色溫度、高顯色性白熾燈泡的充分特性。由圖 3.24 所示國際照明委員會(CIE)確定的比視感度曲線也可以看出,採用與可見光相比,比視感度低幾個數量級的近紫外光作激發光,激發光對發光色幾乎不產生影響。其結果,就能控制電流及溫度引起的色度點變化以及配光偏差等。藉由這些優良的照明特性,不僅可用於一般照明,而且對於店舖照明、醫療照明、美術照明等特殊照明領域,也可滿足長期使用的要求。

同樣,也有人嘗試採用更短波長紫外光 LED(380nm 以下)來製作白光 LED。有可能使用的螢光體的選擇範圍增大了,依場合而異,普通螢光管中採用的螢光體也有可能使用。在這種情況下,由於激發光譜與發光光譜的間隙太大,從而不會發生多級激發,而且具有藍光螢光體的激發效率高等優點。但是,紫外光 LED 的效率眼下還不高,由於激發光源的短波長化致使斯托克斯頻移損失進一步增大,再加上耐紫外光材料的開發門檻高等一系列問題,目前要想在照明領域應用,困難還很大。

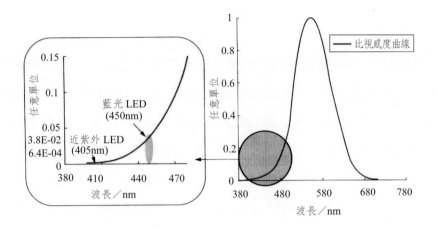

圖 3.24　由國際照明委員會（CIE）確定的比視感度曲線

（可以看出，在近紫外激發中所用的 405nm 附近的比視感度，與可見光的相比，前者要小得多。）

3.2.3　近紫外 LED 及其所激發的白光 LED 應需要的材料特性

　　紫外光與可見光的分界線一般取在 380nm。紫外線（10～380nm）按波長還可進一步分為近紫外線（320～380nm）、深紫外線（200～320nm）、真空紫外線（100～200nm）、極端紫外線（10～100nm）等幾類。另外，按照從生體反應及環境觀點出發的分類法，紫外線可分為 UV-A（315～380nm）、UV-B（315～280nm）、UV-C（< 280nm）等三個區域。太陽光線中的 UV-A 穿透大氣層照射在地表，並對人的皮膚造成損傷。太陽光線中的 UV-B、UV-C 幾乎都在臭氧層被吸收。近紫外激發方式的白光 LED 中所用激發光源的發光波長在 380～420nm 範圍內，這種靠近可見光邊緣的近紫外線與紫色的可見光域相當。藉由這種波長選擇，可使斯托克斯遷移損耗減到極小，還可減小對白光 LED 發光色的影響。在近紫外激發方式白光 LED 中，作為激發光源而被用於 LED 的中心波長在 405nm 附近，該波長在上述的分類中屬於紫色的可見光。這種光已在民生領域廣泛應用，在自然光、螢光管等傳統光源中也含有這種波長的帶域，提到紫外這個詞，往往給人造成危險的感覺，其實並非如此。但是，就對生物體的影響等而論，關於光源的安全

性，不管是近紫外、藍光等何種激發光源，從輝度、能量密度等觀點進行充分討論還是完全必要的。

下面，再討論近紫外 LED 的外部量子效率。近年來有報道稱在額定直流 20mA 工作時，達到接近 50%的外部量子效率。圖 3.25 表示近紫外 LED 典型的外部量子效率與注入電流間的關係。從圖中可以看出，在比額定電流低的電流值（10～15mA）下工作時，外部量子效率逐漸達到峰值，然而即使在額定電流下工作時，也幾乎維持同等的效率。也有報道稱，使發光波長 407nm 的大型晶片在 350mA 以脈衝方式（f = 200Hz，duty = 1%）工作時，外部量子效率可超過 60%。

利用晶體生長技術及適合於近紫外 LED 材料的開發，以及藉由與其相伴的光取出技術的革新，人們期待近紫外 LED 也能獲得非常高的發光效率。為了進一步改善近紫外 LED 的外部量子效率，希望降低晶體的缺陷密度，開發高折射率、高透射率，且在熱、光作用下性能劣化少的樹脂材料，以及具有高反射率和高熱導率、耐環境性優良的基板材料。

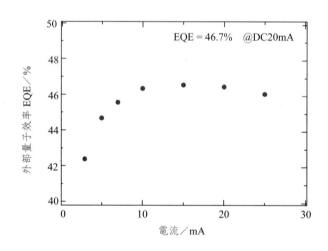

圖 3.25　近紫外 LED 的外部量子效率與電流的相關性
（在額定電流（直流 20mA）下，可獲得 46.7%的外部量子效率）

3.2.4　近紫外激發白光 LED 的發光效率和損失

由單位功率所產生的光通量來定義的發光效率〔lm/W〕，可以表示為構成白光 LED 的各種部件效率的乘積。

$$\eta[\text{lm/W}] = \eta_{\text{lumi-max}} \times \eta_{\text{PCE}} \times \eta_{\text{PKG}} \qquad (3\text{-}1)$$

式中，η（即 η_{wallplug}）為 LED 的輸入電功率效率（wallplug efficiency）；η_{PCE} 為激發光藉由螢光體進行能量變換時的效率，即螢光體的能量變換效率（phosphor conversion efficiency）；η_{PKG} 為由基板的形狀及反射率、樹脂的折射率及透射率、螢光體濃度及配置等決定的封裝效率（packaging efficiency）；$\eta_{\text{lumi-max}}$ 為由每單位發射流量的光流量〔lm/W〕求出的最大發光效率（maximum luminous efficacy），它的大小可由光譜的分光發射流量 $S(\lambda)$ 和由 CIE 確定的比視感度曲線 $V(\lambda)$，利用式（3-2）求出

$$\eta_{\text{lumi-max}} = \frac{K_{\text{m}} \int_{380}^{780} V(\lambda) \times S(\lambda)\,\mathrm{d}\lambda}{\int S(\lambda)\,\mathrm{d}\lambda} \qquad (3\text{-}2)$$

式中，積分範圍因考慮到白光 LED 的特性，只取黑體輻射的可見光區域；K_{m} 為比視感度取最大的波長（$\lambda = 550\text{nm}$）下的發光效率，其大小為 685〔lm/W〕。

另外，LED 的電功率效率 η_{wallplug} 及外部量子效率分別由下式給出

$$\eta_{\text{wallplug}}[\%] = \eta_{\text{vollage}} \times \eta_{\text{IQE}} \times \eta_{\text{ext}} = \frac{P_{\text{output}}}{I \times V} \qquad (3\text{-}3)$$

$$\eta_{\text{EQE}}[\%] = \eta_{\text{IQE}} \times \eta_{\text{ext}} = \frac{P_{\text{output}}}{I \times E} \qquad (3\text{-}4)$$

$$E[\text{eV}] = \frac{1239.5}{\lambda\,[\text{nm}]} \qquad (3\text{-}5)$$

式中，P_{output} 為從 LED 器件的光發射功率；η_{IQE} 為向 LED 晶片注入的電子-空穴對變換為光子的比值，即內部量子效率（internal quantum efficiency）；η_{ext} 為從 LED 晶片內部到晶片外部的光取出效率（light cxtraction efficiency）；I 為向 LED 的注

入電流；η_{voltage} 為考慮電極及半導體內的電壓降的電壓效率（voltage efficiency）；V 為作用於 LED 的順向電壓；E 為光子的能量；λ 為光的波長。

由 $\eta_{\text{lumi-max}}$ 與 η_{wallplug} 之積即可求出 LED 發光效率的情況不同，在螢光體激發型白光 LED 中，發光效率還與螢光體的配置以及伴隨波長變換的損失相關。

以下將針對構成近紫外激發白光 LED 的幾個關鍵要素：①採用近紫外 LED；②使多種螢光體激發；③具有可置換白熾燈泡的低色溫度的發光色；討論造成發光效率低下的本質原因。

1. 斯托克斯頻移損失

在螢光體變換型白光 LED 中，藉由螢光體發生波長變換時，激發光與螢光體發光的能量差變為熱而發生的損失稱為斯托克斯頻移損失。為簡單化，僅考慮從單一波長向另一單一波長變換的情況，根據光的波長與相應能量間的關係（見式（3-5）），在激發光變換為螢光體的發光時，同激發光的波長（λ_1）與螢光體的發光波長（λ_2）之差相當的能量 ΔE 將變成熱而損失掉。這便是所謂的斯托克斯損失，並由式（3-6）表示

$$\Delta E = \frac{1239.5}{\lambda_1} - \frac{1239.5}{\lambda_2} = \frac{1239.5}{\lambda_1}\left(1 - \frac{\lambda_1}{\lambda_2}\right) \tag{3-6}$$

式中，由於斯克斯頻移損失是由（$1 - \lambda_1/\lambda_2$）決定的，因此，λ_1/λ_2 的比值就可以作為從激發光變換為螢光體發光時，伴隨能量變換的能量效率（波長變換效率 η_{WCE}：wavelength conversion efficiency）。式（3-1）右邊的螢光體的能量變換效率 η_{PCE}，如式（3-7）所示，可表示為螢光體的外部量子效率（$\eta_{\text{EQE-Phos}}$：external quantum efficiency of phosphor）與波長變換效率的乘積，即

$$\eta_{\text{PCE}} = \eta_{\text{EQE-Phos}} \times \eta_{\text{WCE}} \tag{3-7}$$

在討論螢光體的能量變換效率時，需要將斯托克斯頻移損失考慮在其中，而激發光的波長與實際上要使螢光體發光的波長之差越大，斯托克斯頻移損失也越大。與以汞的放電（$\lambda = 254\text{nm}$）作為激發光的螢光管相比，白光 LED 的斯托克斯頻移

損失要小。即使都是白光 LED，採用近紫外光激發螢光體的情況，與採用藍色光激發的情況相比，斯托克斯頻移損失要大，而與採用深紫外光激發的情況相比，斯托克斯頻移損失要小。而且，依靠 LED 晶片自身的發光構成白光的情況，斯托克斯頻移損失幾乎為零。由此看來，由斯托克斯頻移引起的效率低下是與激發光相關連，並由其決定的，是不同激發方式中所固有的。

2. 多級激發損失

白光 LED 要能替換白熾燈泡（儘管後者的生產已經在國內外受到越來越廣泛的限制），高發光效率、高光通量自不待言，還必須在低色溫度的同時，具有高顯色性。為了藉由近紫外激發白光 LED 獲得高顯色性的白光，需要使用多種螢光體。而且，即使是在藍光激發白光 LED 中，作為高顯色性的形式，也正在越來越多地採用多種（而非僅發出黃光的一種）螢光體。由於多種螢光體的混合，螢光體的激發吸收光譜與發光光譜會出現重疊部分，從而造成螢光體間的吸收。圖 3.26 示意性地表示螢光體的激發光譜與發光光譜之間關係的一例。在二者發生重疊的情況下，從螢光體的發光（相對短波長）就會激發其他的螢光體，從而產生多級激發發光。例如，藍光螢光體的發光激發綠光螢光體，綠光螢光體的發光激發紅光螢光體就屬於此。如 圖 3.27 所示，在使多種螢光體在樹脂中均勻分散並灌封的情況下，相鄰的螢光體間的多級激發便很容易發生。圖 3.28 分別表示發生多級激發的

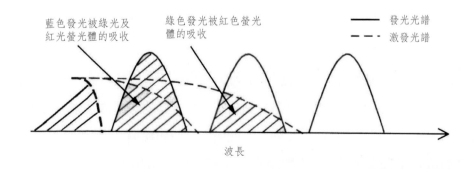

圖 3.26　螢光體的激發光譜和發光光譜的一例
（在二者發生重合的情況下，由螢光體的發光會使別的螢光體激發而產生多級激發。）

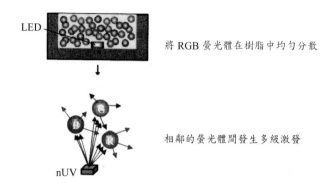

將 RGB 螢光體在樹脂中均勻分散

相鄰的螢光體間發生多級激發

nUV

圖 3.27　將多種螢光體在樹脂中均勻分散時發生的多級激發

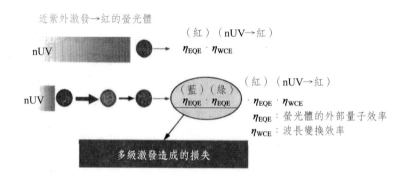

近紫外激發→紅的螢光體

nUV　（紅）（nUV→紅）
$\eta_{EQE} \cdot \eta_{WCE}$

nUV　（藍）（綠）（紅）（nUV→紅）
$\eta_{EQE} \cdot \eta_{EQE}$　$\eta_{EQE} \cdot \eta_{WCE}$

η_{EQE}：螢光體的外部量子效率
η_{WCE}：波長變換效率

多級激發造成的損失

圖 3.28　RGB 螢光體在近紫外 LED 中受激發時的能量傳遞路徑和螢光體的能量變換效率
（上圖為不發生多級激發的情況，下圖為發生多級激發的情況。）

情況與不發生多級激發的情況下，能量傳遞路徑的兩個實驗。圖中，上方是近紫外光直接激發紅光螢光體，而不發生多級激發的情況，下方是按近紫外光激發藍光螢光體、藍色光激發綠光螢光體、綠色光激發紅光螢光體的順序依次激發的情況。無論哪種情況最終得到的都是紅色發光，因此斯托克斯頻移損失是相同的。經歷多種螢光體而發射光的情況，由螢光體的外部量子效率造成的損失相乘（在圖 3.28 的下方，藍色螢光體、綠色螢光體的外部量子效率部分，與直接激發紅色螢光體的場合相比，前一種情況的損失更大）。也就是說，螢光體的外部量子效率低的情況，

多級激發的影響更顯著。

多級激發導致的效率低下，不僅在近紫外 LED 激發 RGB 白光 LED 中，而且在藉由 LED 激發多種螢光體型的白光 LED 中普遍存在。容易想象，以藍光 LED 作為激發光源，採用綠光、紅光螢光體的多螢光體方式的白光 LED 中，也同樣發生這類的效率低下。

為了抑制多級激發，在設計螢光體時希望避免螢光體的激發光譜與發光光譜相重疊，盡可能採用像螢光管中所用的那種激發與發光能級差大的螢光體。對於在可見光附近進行激發的白光 LED 光源來說，這樣的設計是相當困難的。即使在這種情況下，通過使多種螢光體在空間上分離來抑制多級激發還是有可能的。詳見 3.2.5 節的討論。

3. 由於色溫度變化而引起的發光效率低下（因比視感度而引起的損失）

白色光源在色度圖上有確定的色度點，而白色光源的色溫度就是與其具有同樣的色度點的普朗克（Planck）黑體輻射的溫度。溫度為 T 的普朗克黑體輻射由式（3-8）給出

$$I(\lambda, T) = \frac{2\pi hc^2}{\lambda^5} \cdot \frac{1}{\exp\left(\frac{hc}{k_B} \cdot \frac{1}{\lambda T}\right) - 1}[\text{W}] \qquad （3\text{-}8）$$

式中，h 為普朗克常數；c 為光速，k_B 為玻耳茲曼常數。溫度 T 由絕對溫度給出，隨著溫度上升，發光色逐漸按紅色、橙色、黃白色、白色、藍白色的順序變化，發光光譜的峰位也向著長波長側遷移（圖 3.29）。為了獲得低色溫度的發光光譜，而使發光波長向長波長側遷移（使紅色成分增加），則發光效率下降，這從圖 3.24 所示的比視感度曲線（右半支）也可以看出。為了具體顯示發光效率隨色溫度的變化傾向，相對於各色溫度的黑體輻射譜（輻射強度按波長 λ 的分布），利用式（3-2），求出最大發光效率 $\eta_{\text{lumi-max}}$，其結果示於圖 3.30 中。

從圖 3.30 可以看出，與黑體輻射相似的 LED 的最大發光效率，與色溫度密切相關，在 5,000K 附近達到最高，以其為中心，向低色溫度和向高色溫度側，最大發光效率均呈下降趨勢，特別是在低色溫度一側，下降十分顯著。

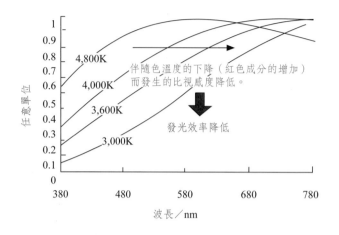

圖 3.29　對應各種不同色溫度的黑體輻射譜

（隨著色溫度下降，紅色成分增加。）

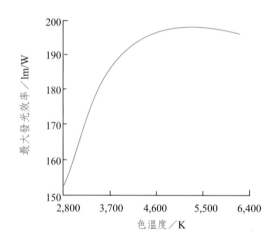

圖 3.30　由黑體輻射譜計算得到的發光效率與色溫度的關係

　　像這種由於色溫度而產生的效率低下，人的眼睛不可避免地會感覺到。這些是依據與黑體輻射譜相似的譜經計算得到的結果，但實際白光 LED 的發光譜的形狀要複雜得多。即使同屬白色光源，光譜形狀不同，也會對最大發光效率產生影響，對此必須注意。

3.2.5 高顯色性近紫外激發白光 LED 的現狀

也正如 3.2.3 節（P99）已介紹的那樣，決定發光效率的近紫外 LED 的外部量子效率，得到實質性提高。且藉由近紫外光高效率的激發，加之內部量子效率高，溫度消光、熱劣化小的，以藍、綠、光為中心的螢光材料的開發也在進行中。樹脂、封裝等周邊部件及材料也從耐近紫外照射性，高折射率化，散熱性等方面進行了各種各樣的技術改善。到 2002 年度末「21 世紀的照明」國家計劃終結時，在額定 20mA 電流下，達到 30lm/W（@Ra90，RGB 螢光體）～40lm/W（@Ra93，Orange Yellow GB 螢光體）左右的發光效率，至此發光效率取得明顯改善。在本節，針對近紫外激發白光 LED 的開發現狀進行介紹。

如 3.2.4 節所述，藉由近紫外 LED 對多種螢光體激發以實現低色溫度白光 LED 的方式，在引起其效率低下的原因中，由斯托克斯頻移、比視感度引起的效率低下是本質上不可避免的，但是由於多級激發而引起的效率低下，卻可以藉由 LED 構造的變化得以減輕。實際證明，採用使螢光體間難以發生（盡可能使其分離）激發的配置，效果就很好。

圖 3.31 分別給出螢光體積層型白光 LED 和螢光體分離型白光 LED 的示意圖。在圖(a)所示的螢光體積層型白光 LED 中，是從激發 LED 晶片一例（圖中下方）開始，按波長遞減的方式積層。這樣，如圖 3.32 所示，近紫外光首先激發最下層的紅光螢光體，按順序再激發綠光、藍光螢光體。最下層的紅光螢光體的發光，不會激發上層的綠光螢光體、藍光螢光體。同樣，綠光螢光體的發光也不能激發上層的藍光螢光體，儘管它可以部分地激發下層的紅光螢光體。從藍光螢光體的發光僅能部分地激發下層的綠光螢光體、紅光螢光體。這樣，就可以使多級激發的發生幾率大幅度降低，使效率低下難以發生。

大量實驗研究證明，藉由使螢光體的濃度發生變化等其他方法，與螢光體均勻分散的情況相比，也可大幅度改善效率。

近紫外 LED 激發 RGB 螢光體積層型白光 LED，在直流 20mA 時的發光效率列於表 3.5，通電發光狀態照片如圖 3.33 所示。發光效率 70lm/W 以上，平均顯色

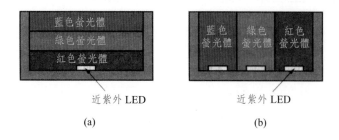

(a)   (b)

圖 3.31　(a) 螢光體積層型白光 LED (b) 螢光體分離型白光 LED 的示意圖

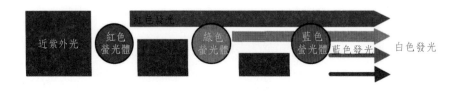

圖 3.32　螢光體積層白光 LED 的發光過程示意圖
（紫外光從下層的螢光體依次激發。由於下層紅光螢光體發出的光不能
激發上層的綠光螢光體、藍光螢光體，因此可以抑制多級激發。）

評價指數 Ra90 以上的高效率、高顯色性的白光 LED 已在寬廣的色溫度範圍內實現。發光效率的最大值已超過 80lm/W。白光 4,057（K）的近紫外 LED 激發 RGB 螢光體積層型白光 LED 的發光效率隨注入電流的變化關係如圖 3.34 所示。在注入直流 5mA 時，可獲得最大 88.6lm/W 的發光效率。在維持高顯色性的基礎上，已達到「21 世紀的照明」國家計劃當時發光效率的 2.5 倍以上。與白熾燈泡相比，發光效率達 5 倍以上，與螢光管相比，也達到毫不遜色的水平。而且，採用同樣的方式，藉由使 15 個 LED 晶片集成，實現大功率輸出的白色光源，在輸入功率 984mW 時的發光效率達到 61.4lm/W，相關色溫度 3,964K，在維持平均顯色指數 Ra 94 這一高顯色性的同時，每個封裝的光流量達 60.5lm，實現了大光流量化的應用目標。

表 3.5 近紫外 LED 激發 RGB 螢光體積層型白光 LED 的特性

特性 顏色	相關色溫度 / K	發光效率 / lm / W	平均顯色評價數Ra
白熾燈色	3,177	70.3	95
溫白色	3,711	73.8	90
白色	3,904	70.8	94
	4,057	81.6	91
晝白色	4,724	77.4	91
晝光色	6,324	79.1	93

＊直流電流 20mA

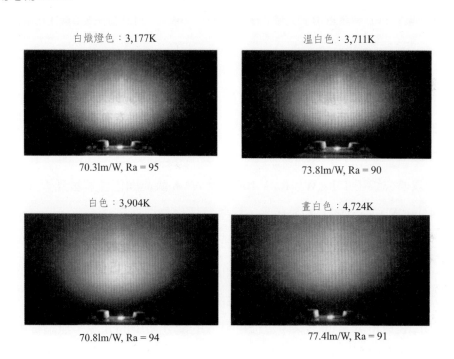

白熾燈色：3,177K
70.3lm/W, Ra = 95

溫白色：3,711K
73.8lm/W, Ra = 90

白色：3,904K
70.8lm/W, Ra = 94

晝白色：4,724K
77.4lm/W, Ra = 91

圖 3.33 近紫外 LED 激發 RGB 螢光體積層型白光 LED 通電發光狀態
（在保證高效率、高顯色性的前提下，可獲得各種不同色溫度的發光色。）

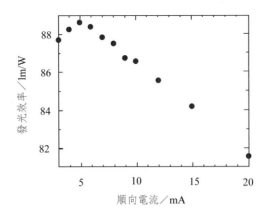

圖 3.34　近紫外 LED 激發 RGB 螢光體積層型之白光（4057K）LED 發光效率與注入電流之關係

　　進一步聚焦於顯色性，藉由選擇最佳的螢光體層，近紫外激發白光 LED 的 Ra
提高到 99.1，達到與白熾燈泡不相上下的高顯色性。這種白光 LED 的發光光譜示
於圖 3.35 中。該白光 LED 的發光效率為 58.9lm/W，相關色溫 5,322K，特定顯
色評價指數 R9 為 97.4，其他的特定顯色評價指數也都超過 95，因此，作為白熾燈
泡（發光效率大致在 15lm/W，Ra = 100）及 AAA 級高顯色性型螢光管（發光效率
大致在 45lm/W，Ra = 99）的替代品，這些特性也是相當充分的。

　　圖 3.36 作為典型實例，分別表示出近紫外 LED 激發 RGB 螢光體積層型白光
LED 所發射主要色的配光特性。從圖中可以看出，儘管近紫外（nUV）光的配光
具有一定的指向性，但可見光的配光已全部接近 Lambertian（餘弦）分佈。由於近
紫外光的比視感度非常低，採用這種可見光的配光集中的光源，無論從哪一方向
看，發光色都不會發生變化，從而被照射面的發光色是均勻的。如上所述，近紫外
LED 激發 RGB 螢光體積層型白光 LED，作為具有高顯色性的一般照明光源，具有
優良的特性。

　　圖 3.31(b)所示的螢光體分離型白光 LED，原本是以製作有可能控制色調的光
源為目的而進行研究的，但由於每個螢光體在發光區域都是分離的，因此同時作
為抑制多級激發的結構也是有用的。圖 3.37 表示近紫外 LED 激發螢光體變轉型的
紅光、綠光、藍光 LED 的發光狀態的照片。這種近紫外 LED 激發螢光體變轉型，

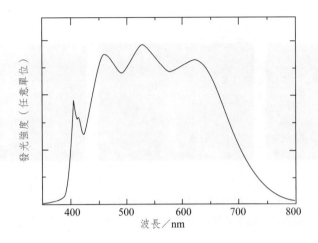

圖 3.35　Ra99.1 近紫外 LED 激發 RGB 螢光體積層型白光 LED 發光光譜

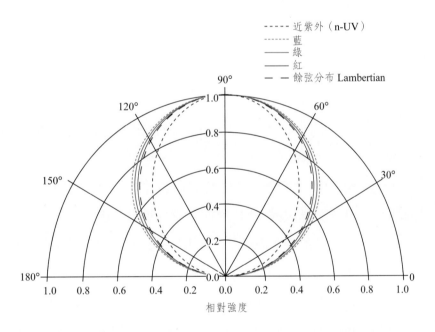

圖 3.36　近紫外 LED 激發 RGB 螢光體積層型白光 LED 所發射主要色的配光分佈特性

（儘管近紫外的配光有一定的指向性，但可見光的配光已全部接近 Lambertian（餘弦）分佈。由於配光的一致性好，因此照射面的發光色均勻。）

在直流 20mA 工作時可獲得的發光效率，對於紅光 LED 來說為 40lm/W，對於綠光 LED 來說為 130lm/W，對於藍光 LED 來說為 24lm/W。特別是，螢光體變換型綠

40lm/W   130lm/W   24lm/W

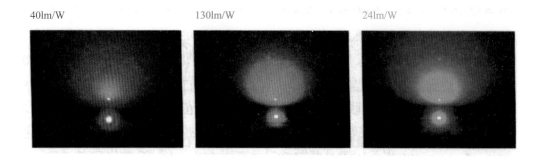

圖 3.37　近紫外LED激發螢光體變換型紅色 LED、綠色 LED、藍色 LED 通電發光狀態的照片。（圖上方的數字分別表示在直流 20mA 工作時的發光效率。在螢光體變換型 LED 中，綠色 LED 可獲得令人驚異的發光效率。）

光 LED 的 130lm/W 這一發光效率，已超越綠光 LED 晶片的發光效率，藉由螢光體變換型的綠色 LED，實現了作為綠色 LED 器件的最高效率。藉由使這些近紫外 LED 激發螢光體變換型三原色 LED 相組合以獲得白光 LED 的方法，儘管與三原色 LED 晶片集成型的白光 LED 相類似，但二者決定性的區別，在於能否獲得均勻的照射面。為了獲得均勻的照射面，二者的 LED 的配光都必須是一致的，但對於晶片 LED 來說，由於晶片形狀及封裝精度的差異，配光特性肯定是各不相同的。與之相對，對於近紫外 LED 激發螢光體變換型 LED 來說，可見光的配光全部都要經由螢光體而被平均化，其結果獲得均勻的照射面。而且，儘管作為激發光的近紫外線的配光會因注入電流等的變化面變化，但由於近紫外光的比視感度低，因此對三原色各個 LED 的發光色及照射面的均勻性幾乎不會產生影響。圖 3.38 給出由近紫外 LED 激發螢光體變換型 LED 陣列所形成白色光源的均勻照射面效果。該光源通過對近紫外 LED 激發螢光體變換型的紅光、綠光、藍光 LED 的注入電流進行控制，就可以實現由 RGB 螢光體的發光及近紫外光這四個色度點所圍的色度空間內任意色度點的發光。

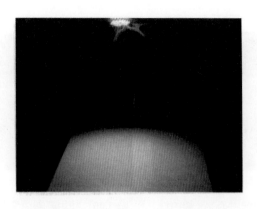

圖 3.38　近紫外 LED 激發螢光體變換型 LED 排列構成的白色光源（上方），
　　　　　及照射形成的均勻照射面（下方）

3.2.6　高附加值光源

　　近紫外 LED 激發白光 LED 具有高顯性的優勢，這方面的應用前景廣闊。本節將簡要介紹一般照明用途以外的應用實例。

　　已有人發表關於使用近紫外 LED 激發白光 LED 製作實體顯徵鏡用自然光 LED 照明的成果。實體顯微鏡中使用的照明以螢光管及鹵族燈為主流，但若使用具有高顯色性的白光 LED，就有可能正確地觀察到生物樣品本來的顏色。而且，由于從 LED 發出的光不含熱線，故不會對被觀察對象產生損傷，這有益於對生物樣品的觀察。所採用的白光光源的平均顯色評價指數為 98，觀察區域的照度是採用鹵族燈時的 2.5 倍，而功率消耗僅為鹵族燈的 1/10，表現出相當高的性能。

　　圖 3.39 表示近紫外 LED 激發白光 LED 用於美術館照明的實際效果。本照片於 2006 年在日本山口縣立美術館舉辦的「雪舟展」上，用於實際的水墨畫照明的一例，其充分利用近紫外 LED 激發白光 LED 色再現性高的優勢。照片中的 (a) 所表示的是，在 $280cm \times 20cm^2$ 的光源內，集成 560 個高顯色性白光 LED，由這樣兩個光源便可以僅對設置於 2.0m（高）×3.6m（寬）×1.0m（深）展框內的水墨畫進行均勻照射。設置水墨畫的畫框中央的照度為 80lx，相應的耗電功率（28W）僅為用 AAA 級螢光管照明（照片中的 (b)）情況下約 1/10，屬於低功耗型。

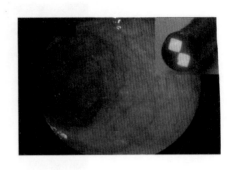

圖 3.39　在美術館展覽的應用 (a) 高顯色性　　圖 3.40　利用高顯色性 LED 內視鏡觀察到的大腸
白光 LED 照明，(b) AAA 螢光燈　　　　　　　　內壁照片，右上角插圖為內視鏡前端

圖 3.40 所示是利用由近紫外 LED 激發白光 LED 為光源而構成的大腸內視鏡，本照片由日本山口大學醫學部拍攝，是世界上最早觀察到的人體大腸內壁照片。圖中右上角的插圖為 LED 大腸內視鏡前端部的照片。由於利用了 LED 光源，可以不用光纖，內視鏡直徑更細，對人體的損傷和影響更小，電源也可以做到小型化等。由於採用了高顯色性 LED 光源，與採用傳統鹵化物光源的內視鏡相比，也能獲得毫不遜色的清晰而明亮的觀察圖像。

如上所述，在完全依賴人眼進行判斷的現場，需要無限接近自然光的光源，因此，以高顯色性為主要特徵的近紫外 LED 激發白光 LED 的用途極為廣泛。

本節中首先介紹了近紫外 LED 激發螢光體變換型白光 LED 激發螢光體變換型白光 LED 的開發經歷。對近紫外 LED 激發白光 LED 與其他方式的白光 LED 的特徵進行了比較，針對近紫外 LED 激發白光 LED 作為照明用光源所必要的光「質量」的角度，介紹了其優點。為了由近紫外 LED 激發白光 LED 代替白熾燈泡，以製作高顯色性、低色溫度白光光源，需要解決發光效率低的問題。造成發光效率低的主要原因有：①斯托克斯頻移損失；②多級激發損失；③色溫度變化造成的發光效率低下等，對此都進行了討論。其中，為了抑制②項的多級激發損失，需要在 LED 封裝構造方面採取措施。與此同時，對目前近紫外 LED 及近紫外 LED 激發白光 LED 的特徵進行了討論。最後特別指出，近紫外 LED 激發白光 LED 對於日常照明及特別重視色的高附加值領域是非常有價值。

第四章

白光 LED 照明之關鍵技術

4.1 螢光體

圖 4.1 表示日本國內按螢光燈之類型所統計的年生產量之變化。現在除了傳統的直管形及環形燈以外，燈泡形等各種各樣的螢光燈都已達到實用化，但它們的工作原理和基本結構並無本質差別，都是藉由水銀蒸氣的氣體放電，將電能變換為主要是 253.7nm 的紫外線發射，進一步藉由螢光體，將紫外線變換為白光。

水銀是歐盟已立法的 RoHS 指令（2006 年 7 月 1 日生效）所限制的六種有害物質之一，儘管螢光燈中的水銀仍在豁免範圍之內，但不久的將來螢光燈也必然會包括在 RoHS 指令所限制的範圍之內。據估計，一旦有新的替代技術問世，螢光燈將會迅速退出歷史舞台。

目前看來，代替技術中，最引人矚目的產品為白光 LED。說起白光 LED，必然想到高發光效率和輕量薄形等優點，它在手機等小型液晶背光源等中已廣泛使用，作為完全固體化的新型白光光源，在日常生活中已占據一席之地。現在，由 LED 發出的光幾乎隨處可見，中、小型及至大型液晶背光源、信號標誌、大型全色顯示屏及廣告用照明板、還有要求大功率輸出的照明光源等大都已實現實用化，

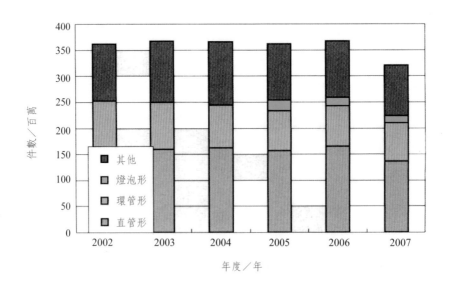

圖 4.1　日本國內螢光燈種類與年生產量變化

日常生活用的手電筒、汽車頭燈、體育設施用照明直到路燈等也日益普及。直到幾年前，人們對採用白光 LED 的一般照明光源等，在價格高和發光效率低等問題上還議論紛紛，認為要達到實用化尚需較長時日。但是，隨著世界範圍內節省資源與能源以及有害物質禁用等環保意識的增強，特別是近幾年 LED 發光效率的飛躍改善，預估今後照明光源將加速被 LED 所置換。

以下針對白光 LED 領域中最重要的材料之一——LED 用螢光體的介紹。

4.1.1　從螢光體看白光 LED 的歷史

1993 年是InGaN 系藍光發光 LED 達到實用的一年，將其與綠光 LED 和紅光 LED 相組合，或使其與螢光體相組合都可獲得白光。此後，白光 LED 一步步從概念變為現實。實際上，採用螢光體技術而達到實用化產品的是在 1996 年，當時使藍色發光 LED 與黃色發光的 $Y_3Al_5O_{12}$：Ce（釔鋁石榴石：鈰，簡稱 YAG：Ce）螢光體相組合，利用補色關係實現了白光 LED。當時，以手機和數碼相機為代表的便攜設備正處於急速發展之中，作為便攜設備用小型液晶顯示器用的全色化背光源，由於具有輕薄短小、高速響應性等最適用的性能，從而對這種白光 LED 形成巨大市場。對於汽車業界來說，白光 LED 在輕薄短小的基礎上，再加上高效率、高可靠性、低電壓驅動等優點，作為汽車用白光光源而備受注目。此外，作為儀器顯示屏用光源，在 1998 年前後也開始使用。進入 21 世紀，針對藍光 LED，人們在傳統主流小尺寸晶片（$350\mu m \times 350\mu m$）的基礎上，開發出具有大約 10 倍發光面積的大尺寸晶片（1mm×1mm），將可輸入 1～5W 電功率的高輸出白光 LED 投入市場，從而為白光 LED 在照明光源的應用奠定了基礎。

另外，作為照明用途而使用的 LED，對其白光光譜的品位要求極高。不僅要求其具有從晝光色～白熾燈泡色的各種各樣的色溫度，而且還必須改善其平均顯色性指數 Ra。因此，除了靠藍光 LED 激發發光的 YAG 系以外，還對其他螢光體進行了廣泛的開發，已經公開發表的有硫化物系（sulfide）、硫鎵酸鹽系（thiogallate）、矽酸鹽系（silicate）、鋁酸鹽系（aluminate）等各種

各樣的螢光體。特別是 2001 年以後，作為 LED 用新的在母體中含有氮的氮化物系（nitride），及以 α-SiAlON（α-サイアロン）螢光體為代表的氧氮化物系（oxynitride）螢光體都得到成功開發並達到實用化。2003 年有報道指出，在藍光 LED + YAG 基礎上，並與$(Sr, Ca)_2Si_5N_8$：Eu 系紅色螢光體相組合，使白熾燈泡色 LED 達到實用化。利用這種技術，不僅解決了採用 YAG 的白色 LED 中一直存在的發光光譜中紅色成分不足的問題，而且提供了改善低色溫度白光區域發光效率低這一問題的可能途徑，而這兩個問題對於照明應用來說是致關重要的。由此，為在一般照明領域的應用鋪平了道路。其後，還對氮化物系螢光體進行了各種各樣的開發和報導。2004 年開發出的 $CaAlSiN_3$：Eu 系紅光螢光體，平均顯色性指數達到 85 以上，從而進一步加速高顯色性白光 LED 打入市場。

另一方面，除了藍光 LED 激發方式之外，各家 LED 公司及研發單位也在進行高輸出的紫外或近紫外 LED 的開發，使其與藍（blue）、綠（green）、紅（red）發光的螢光體或其中間色發光的螢光體相組合的白光 LED 的研究開發正在活躍地進行之中，其中部分已在照明用達到實用化。

4.1.2 白色 LED 的構成及特徵

現在，由 LED 獲得白光的方法，主要包括以下的三大類：

1. 藍光 LED 晶片，與黃光螢光體或綠光及紅光螢光體相組合的方法

這是最一般的方法，現在市售的照明用白光 LED 幾乎都是按此構成的。由 LED 晶片發出的藍光，除了激發螢光體使其發光之外，還有一部分作為透射光組成白色的藍色成分，因此並不會發生大的能量損失，作為白光 LED 的效率能達到很高，這是該方法的最大優點。特別是，由於具有 10 年以上的製作和使用業績，在可靠性方面也不亞於其他方式。如前所述，藉由氮化物系螢光體的成功開發，其白光的色品位也在明顯提高。圖 4.2 表示一般白光 LED（藍光 LED + 螢光體）的簡單原理圖。

2. 紫外或近紫外 LED 晶片，與藍～紅光的多種螢光體相組合的方法

這種方法，可選擇螢光體的範圍大，從原理上講，除了可設計白光 LED 之外，光譜設計的自由度比藍光 LED 激發方式更大。此外，由於不用發自 LED 的透射光，因此還具有白光 LED 個體之間的發光色差異小，LED 製造時的色調均勻性得到改善等優點。但是，由於所有的可見光都必須經由螢光體變換獲得，從發光效率角度講是不利的。可使用能量更高的激發源（紫外或近紫外光），顯然更容易造成 LED 構造材料及部件的劣化，從而會對可靠性產生不利影響。

3. 採用三原色 LED 的方法

這種方法由於不採用螢光體，因此不存在螢光體造成的能量損失，從效率講應該是高的，但由於綠光 LED 的效率不充分，對高效率化來說也存在很大的問題。而且，各色 LED 的驅動條件、溫度特性及壽命等各異，用於發光的控制電路複雜，要實現真正意義上的照明用白光，困難是相當大的。

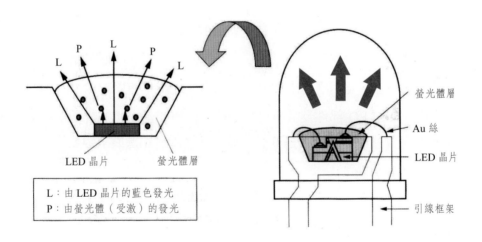

圖 4.2　LED（藍光 LED + 螢光體）模式圖

4.1.3 白光 LED 照明用螢光體之性能

1. 發光效率

螢光體必須高效率地吸收發自 LED 晶片的藍、紫外或近紫外光並轉換為所需要的光。螢光體的這一功能對於 LED 性能中最重要的項目——輝度和光流量有決定性的影響。常用的 LED 往往輕薄短小，要求其盡量緊湊，由於塗佈螢光體的範圍受限，要求其在盡可能少量使用的情況下，能進行多種光色變換也是極為重要的。

2. 溫度特性

通常，螢光體層幾乎都是在 LED 晶片的正上方佈置，如圖 4.2 所示。這樣，螢光體就會受到 LED 晶片發熱的烘烤。而且，螢光體由高能量的光變換為低能量的光（斯托克斯頻移）時，二者的能量差也會以熱的形式發生。因此，螢光體是在非常高的溫度下發光的，這樣就要求螢光體在超過 100℃ 的高溫條件下也能高效率地發光。特別是，對單位面積的亮度有很高要求的汽車前燈用 LED 來說，考慮到苛刻的工作環境和外界氣氛溫度，螢光體層的溫度有可能超過 150℃。

3. 耐久性

對於白光 LED 照明應用來說，要求應與螢光燈具有同等以上的壽命特性。儘管螢光體以外的 LED 部件及材料也應如此，但對於螢光體來說要求能承受數萬小時的長期使用。當然，使用環境還需要充分考慮高溫和高濕，因為在這些環境下的耐久性也是很重要的。

4. 顯色性的改善

對於照明來說，色的品質即顯色性是重要的研究。如同傳統的螢光燈那樣，改善 LED 照明平均顯色性指數 Ra 的關鍵因素是螢光體。藍光螢光體 + YAG 方式的 Ra 最高為 80 左右，在美術館、醫療用、商場廣告照明等要求 Ra 在 95 以上並不算高，開發高效率發光的深紅光螢光體、藍綠光螢光體是極為重要的。

5. 價格

與小型液晶背光源用 LED 相比，照明用 LED 的尺寸（體積）要大得多，以此

推測螢光體的使用量也多得多。如何廉價、大批量地製作目前價格很高且難以大量製作的氮化物等螢光體，或開發氮化物螢光體的代替品也是極為重要的。

6. 色調及配光控制

對於採用螢光體的所有照明用途來說，製品的色調及配光控制是重要的考慮因素。特別是在使用藍光 LED 的情況下，由於部分藍光必須透過螢光體作為照明白光的組成部分，螢光體層的均質性就顯得更加重要。若螢光體層的厚度不均勻，則每個 LED 之間的色調會有差異，即使是同一個 LED，晶片上如果不能均勻涂布，則配光特性變差，在不同角度上的色調會發生很大變化。假如涂布方法不能變更，則應盡量避免螢光體的粒徑、粒子形狀及分散性等方面的非一致性。

4.1.4　對應於藍光 LED 的螢光體

4.1.4.1　YAG 系螢光體

使藍光 LED 與發黃光的 YAG 相組合，最早達到了 LED 的實用化，即使在今天，這種方式在照明領域仍為主流。圖 4.3 表示藍光 LED + YAG 方式的發光光譜，圖 4.4 表示 YAG 螢光體的受激發光光譜。YAG 螢光體對藍光 LED 發出的 460nm 附近的藍光可高效率地吸收並受激發出黃光，有報道指出其內部量子效率可達 90% 以上。下面針對 YAG 系螢光體的若干優點做簡要介紹。

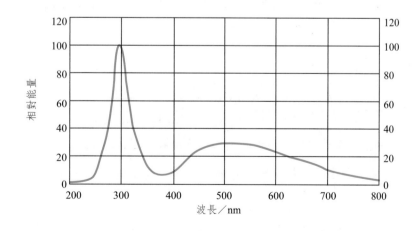

圖 4.3　藍光 LED + YAG 的發光光譜

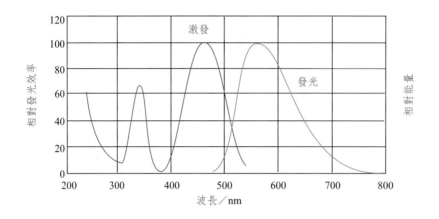

圖 4.4　YAG 螢光體的激發和發光光譜

1. 可以在寬廣的範圍內對發光色進行控制

　　藉由在 YAG 中用 Gd、Lu、Tb 等置換一部分 Y，用 Ga 置換一部分 Al，在發光效率不下降的前提下，有可能使其發光波長在 500～580nm 範圍內變化。儘管要達到位於純粹黑體輻射軌跡上的白熾燈泡的發光色很難，但除此之外的白光範圍，由 YAG 單體還是可以實現的。順便指出，發光光譜和激發光在用 Gd 和 Tb 置換的情況下向長波長，而用 Lu 和 Ga 置換的情況下向短波長方向移動。圖 4.5、圖 4.6 分別表示 YAG 中經元素置換後的發射光譜和激發光譜的變化情況。

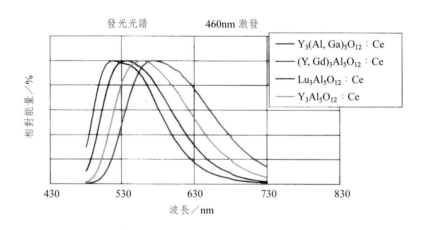

圖 4.5　YAG 中經元素置換後發射光譜的變化

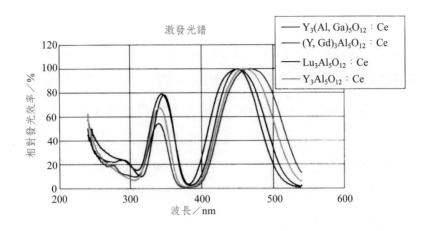

圖 4.6　YAG 中經元素置換後激發光譜的變化

2. 晶體結構的穩定性

晶體結構為稀土類元素的鋁石榴石結構，結構穩定，即使在嚴酷的環境下也幾乎不會發生劣化。實際上，YAG 晶體在固體激光材料、高壓水銀燈及特殊布勞恩管（CRT）用螢光體等已成功使用多年，在耐久性方面有可靠保證。

3. 更寬的發光譜

因構成元素的不同，發光光譜的半高寬多少有些變化，但基本的白光 LED 用 YAG 發光光譜的半高寬在 120nm 前後，屬於相當寬的光譜，作為照明光源一般認為是比較合適的。圖 4.7 是針對使 460nm 的 LED 與 YAG 螢光體相組合的白色光

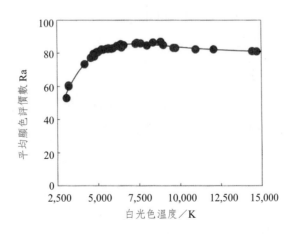

圖 4.7　利用 YAG 單體的白光 LED 平均顯色性評價數 Ra

LED，彙總表示出在不同色溫度下的平均顯色性指數 Ra。可以看出，在畫白色及畫光色等色溫度高的白光下，平均顯色性指數 Ra 都在 80 前後，是相當高的。

4. 賦活劑 Ce 的發光響應速度

Ce 具有非常短的殘光（$10^{-8} \sim 10^{-7}$s），響應速度極快，這是因為 Ce 的 d→f 電子層遷移屬於奇偶（parity）遷移，而且是自旋允許的遷移。由於這種遷移響應速度極快，即使對於 YAG 來說，相對於 ON、OFF 具有高的線性響應，從而可用於與顯示器相關的領域。

5. 製造工藝簡單，價格便宜

YAG 螢光體的製作方法已基本確立，可以安全且簡單地進行批量化生產。一般的製作工藝是，在一定配比的 Y_2O_3、Al_2O_3、CeO_2 混合粉體中，定量混入 BaF_2 助劑（flux），在大氣氣氛或還原性氣氛中 1,500℃ 溫度下，經數小時燒成而獲得。由於主原料採用 Y_2O_3 和 Al_2O_3，在 LED 用螢光體中屬於比較低價的產品。

4.1.4.2 矽酸鹽系螢光體

1. $(Ba, Sr)_2SiO_4$：Eu 系螢光體

在受藍光激發而發光的 YAG 以外的黃光螢光體中，這種矽酸鹽系螢光體引人注目。由於螢光體母體為氧化物，因此製作也比較容易，而且與 YAG 具有同等程度的高發光效率。而且，藉由微調同屬於鹼土金屬的 Ba 和 Sr 的組成比，與 LED 晶片相組合，就能獲得寬廣範圍內屬於白光的發光色。基本說來，Sr 較多時會向長波長，Ba 較多時會向短波長移動。圖 4.8 表示與 YAG 相比較的黃光矽酸鹽螢光體的發光、激發光譜，從圖中可以看出，發光光譜的半高寬比 YAG 的窄，因此黃光附近的視感度高的部分發光多，屬於有利於高輝度、高光流量的光譜。但是，對於幾乎與光流量成折衷關係的平均顯色性指數來說，具有不利影響。而且，溫度特性也略差，目前還難以用於高輸出型的 LED。圖 4.8 中所表示的就是與 YAG 相比較的溫度特性數據。

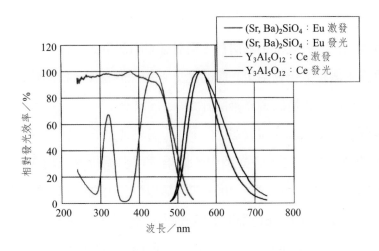

圖 4.8　矽酸鹽螢光體的激發光譜與發光光譜

2. $Ca_3Sc_2Si_3O_{12}$：Ce 系螢光體

屬於矽酸鹽系，但晶體結構為石榴石型且以 Ce 為賦活體，因此具有與 YAG 相近的特性。峰值波長在 505nm 附近，發綠光，且有寬的發光光譜。其用途主要是與 YAG、紅光螢光體相組合，以改善照明用 LED 的顯示性等。

4.1.4.3　用於白熾燈泡色、高顯色性的螢光體

在上述的 YAG 系及矽酸鹽系螢光體中，藉由改變組成使其發光波長向長波長移動，則白光 LED 的色調有可能做到白熾燈泡色。這樣做的結果使螢光體的發光效率下降，進而 LED 輸出下降，而且如圖 4.7 所述，平均顯色性指數 Ra 會大幅度降低到 50 左右。所以僅僅靠這些螢光體，實現白熾燈泡色及高顯色性照明用是難以勝任的。為了解決上述問題，需要在 LED 中搭載高效率的紅光系螢光體。

採用通常的氧化物系螢光體，由藍光激發不能實現紅光的高效率發光。因此，從開發初期人們就一直探尋其他的可見光激發發光螢光體，例如 (Ca, Sr)S：Eu 及 (Sr, Ca)Ga$_2$S$_4$：Eu 等硫化物系螢光體等。但是，這些硫化物系加水易分解，存在耐久性差的問題。其他母體晶體的螢光體的改良，特別是以氮化物（nitride）系為中心，對各種特殊的螢光體進行了開發。氮化物系螢光體的特徵是，由於氮的存在，共價鍵性增大，進而 Eu 等賦活體的受激及發光的波長向長波長變化，從而

得到硫化物系組成以外不能實現的藍光激發紅色發光。另外，由於強固的化學結合，母材的耐久性一般說來更為優良，而且在材料設計方面自由度也更大些。正是基於上述理由，儘管氮化物系螢光體的歷史不長，但各種各樣的螢光體在積極活躍地開發之中。現將代表性的螢光體簡介如下。

1. (Ca, Sr)$_2$Si$_5$N$_8$：Eu 系螢光體

在有數的幾種氮化物系螢光體中，最早實現製品化且成功在 LED 中搭載的是 (Ca, Sr)$_2$Si$_5$N$_8$：Eu 系螢光體。2003 年白熾燈泡色 LED 及高顯色性 LED 投入市場，標誌著這種螢光體在 LED 照明領域的應用已取得實質性進展。藉由成分中 Ca 與 Sr 之比變化，可使發光光譜峰位移動，僅含 Ca 的情況為 610nm，僅含 Sr 的情況為 620nm，而 Ca 與 Sr 之比大致為 1：1 的情況為 650nm，此時的波長最長。這種氮化物系螢光體具有其他的以 Eu 為賦活中心的鹼土類金屬化合物所未見報道的特性。(Ca, Sr)$_2$Si$_5$N$_8$：Eu 系螢光體的發光光譜如圖 4.9 所示。

另外，圖 4.10 表示採用 Y$_3$(Al, Ga)$_5$O$_{12}$：Ce 等短波長 YAG 與(Ca, Sr)$_2$Si$_5$N$_8$：Eu 系螢光體獲得的白熾燈泡色 LED 的 Ra = 75 的高發光效率型和 Ra = 85 的高顯色型的發光光譜。兩種不同的 LED 在於所使用的紅光螢光體發光色的差異。

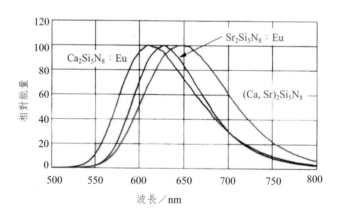

圖 4.9　(Ca, Sr)$_2$Si$_5$N$_8$：Eu 系發光光譜

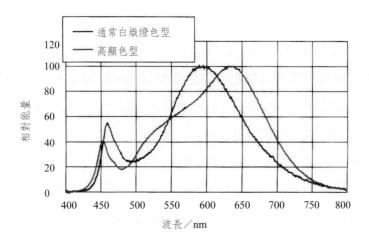

圖 4.10　高效率、高顯色型白熾燈色 LED 的發光光譜

2. (Ca, Sr)AlSiN$_3$：Eu 系螢光體

在氮化物中，受到關注的另一種螢光體是 CaSiAlN$_3$：Eu 螢光體，一般簡稱其為 CASN。藉由將組成中的 Ca 由 Sr 所置換，可使發光峰位移動，僅含 Ca 的情況為 650nm，僅含 Sr 的情況為 610nm。圖 4.11 表示 CaSiAlN$_3$：Eu 螢光體的激發發光光譜。與前面談到的 (Ca, Sr)$_2$Si$_5$N$_8$：Eu 系螢光體同樣，(Ca, Sr)AlSiN$_3$：Eu 系螢光體已成功搭載於白熾燈泡色 LED 及高顯色性 LED 中。

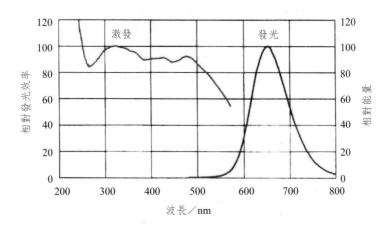

圖 4.11　CaSiAlN$_3$：Eu 之激發光譜與發光光譜

3. 氮氧化物系螢光體 $Cax(Si, Al)_{12}(O, N)_{16}$：Eu

依母體元素的 Si-Al-O-N 排列（網絡）和晶體結構，稱之為 α-SiAlON 螢光體，依組成不同，可以獲得從黃色到橙色的發光色。特別是，成分對應在 590nm 附近的橙色發光效率最高，在使用上已可以實現高發光效率的白熾燈泡色。圖 4.12 表示 $Cax(Si, Al)_{12}(O, N)_{16}$：Eu 的激發和發光光譜。

作為這些氮化物系、氧氮化物系螢光體的合成方法，主要採用的是氮化物原料 Ca_3N_2、Sr_3N_2、Si_3N_4、AlN、EuN、$CaCO_3$、$SrCO_3$ 等，但由於也要用到在大氣中不穩定的危險材料，因此需要在非活性氣氛中操作。按所定比率稱量混合，在氮氣氣氛或還原氣氛中，在 1～10 個大氣壓及 1,400～2,000℃ 溫度下燒成，經合成之後，得到的螢光體在大氣中是穩定的。

4.1.4.4　其他的螢光體

除了以上所介紹的螢光體之外，還有以硫化物系（sulfide）、硫鎵酸鹽系（thiogallate）、矽酸鹽系（silicate）、鋁酸鹽系（aluminate）、氮化物系（nitride）、氧氮化物系（oxynitride）為中心的多種螢光體。表 4.1 中匯總了這些螢光體的代表性組成和發光色。

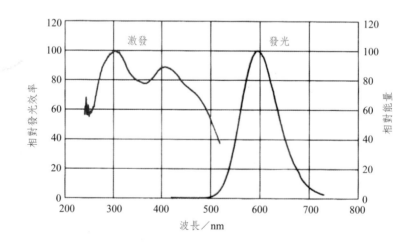

圖 4.12　$Cax(Si, Al)_{12}(O, N)_{16}$：Eu 的激發光譜與發光光譜

表 4.1　由藍光激發發光之螢光體的組成與發光色

種類	化學組成	發光色
硫化物（sulfide）	$(Ca, Sr)S：Eu$	橙紅（orange ~ red）
	$ZnS：Cu, Al$	綠（green）
硫鎵酸鹽（thiogallate）	$CaGa_2S_4：Eu$	黃（yellow）
	$SrGa_2S_4：Eu$	綠（green）
矽酸鹽（silicate）	$(Ba, Sr)_2SiO_4：Eu$	綠（green）
	$Sr_2SiO_4：Eu$	黃（yellow）
	$Ca_3Sc_2Si_3O_{12}：Ce$	綠（green）
	$Ca_8MgSi_4O_{16}Cl_2：Eu$	藍－綠（blue-green）
鋁酸鹽（aluminate）	$SrAl_2O_4：Eu$	綠（green）
	$Sr_4Al_2O_{25}：Eu$	藍－綠（blue-green）
氮化物（nitride）	$(Ca, Sr)_2Si_5N_8：Eu$	紅（red）
	$(Ca, Sr)AlSiN_3：Eu$	紅（red）
	$CaSiN_2：Eu$	紅（red）
氮氧化物（oxynitride）	$BaSi_2O_2N_2：Eu$	藍－綠（blue-green）
	$(Sr, Ca)Si_2O_2N_2：Eu$	黃－綠（yellowish-green）
	$Cax(Si, Al)_{12}(O, N)_{16}：Eu$	橙（orange）
	$(Si, Al)_6(O, N)_8：Eu$	綠（green）
	$Ba_3Si_6O_{12}N_2：Eu$	綠（green）

在上述各類螢光體中，例舉以下實例，詳細地加以介紹。

1. $(Ba, Sr, Ca)Si_2O_2N_2：Eu$ 系螢光體

在 $(Ba, Sr, Ca)Si_2O_2N_2$ 母體組成中，加 Eu 賦活，即可得到由藍色光激發的螢光體。藉由選擇鹼土金屬之種類與比率，發光色可以從藍綠光到黃光之間變化。僅含 Ba 的 $BaSi_2O_2N_2：Eu$ 的發光光譜在其峰值波長 495nm 附近顯示出銳峰，可用於高顯色 LED 的藍綠光發光成分。而對於 $(Sr, Ca)Si_2O_2N_2：Eu$ 來說，Ca 略多的組成顯示黃色發光，有可能作為 YAG 及矽酸鹽系螢光體的代用螢光體。圖 4.13 中給出具有代表性組成的 $BaSi_2O_2N_2：Eu$ 和 $(Sr, Ca)Si_2O_2N_2：Eu$ 的激發與發光光譜。

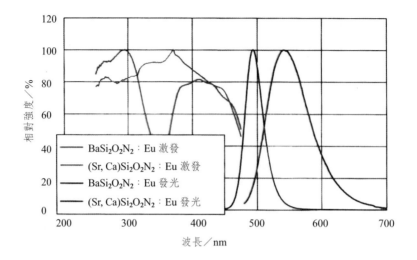

圖 4.13　$BaSi_2O_2N_2$：Eu 和 $(Sr, Ca)Si_2O_2N_2$：Eu 的激發（PLE）光譜與發光（PL）光譜

2. $Ca_8MgSi_4O_{16}Cl_2$：Eu 系螢光體

這種螢光體顯示出在 500～525nm 附近具有發光峰值的藍綠色光（圖 4.14）。在使用上屬可用於高顯色 LED 的藍綠光發光成分。

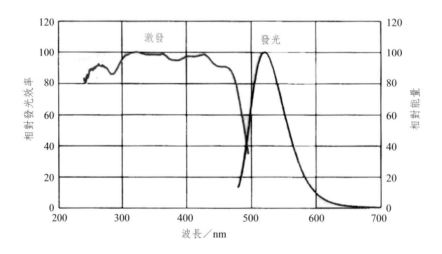

圖 4.14　$Ca_8MgSi_4O_{16}Cl_2$：Eu 的激發光譜與發光光譜

3. SrAl$_2$O$_4$：Eu 和 Sr$_4$Al$_{14}$O$_{25}$：Eu

發綠色光的 SrAl$_2$O$_4$：Eu 和藍綠色發光的 Sr$_4$Al$_{14}$O$_{25}$：Eu 正在研究開發之中。這些組成，以蓄光螢光體的母體構造，在 15 年前，作為可見光激發螢光體受到注意。在使用上可用於高顯色性 LED 的藍綠光發光成分。

4. 硫化物系螢光體

長時間以來，人們已發現很多硫化物系螢光體，都可用於可見光激發發光。特別是，紅色發光的 CaS：Eu 系和綠～黃色發光的 (Sr, Ca)Ga$_2$S$_4$：Eu 系螢光體，藉由藍光激發具有很高的發光效率。但是，這些硫化物系易分解，不穩定，存在耐久性差等問題。因此，硫化物系螢光體至今仍未引起人們的足夠重視。

4.1.5　對應於紫外或近紫外 LED 的螢光體

這是將紫外或近紫外 LED 的發光全部由螢光體進行變換的方式，這種方式當然可採用前面已介紹的螢光體，但也可採用表 4.2 中所列出的螢光體。這裡所例舉的只是其中的一部分，由於這類螢光體的選擇性很大，相應 LED 元件的色調可進行自由設計。特別是對於高顯色性白光 LED 的設計來說，這一優勢更加明顯。與前面所述的採用透射光的藍光激發白光 LED 不同，由於色調不受 LED 晶片上所存在的螢體量的多少來左右，因此，這種由紫外或近紫外 LED 晶片與螢光體相組合的 LED 個體間的色調偏差小，但目前從效率和壽命方面觀察仍處於不利狀態。但是，隨著今後技術革新的進展，白光 LED 將逐漸成為主流。過去已知的螢光體也有很多，但實際搭載於 LED 中的實例並不多，因此各螢光體的詳細數據不在此贅述。

表 4.2　由紫外光或近紫外光激發發光的螢光體之組成與發光顯色

種類	化學組成	發光色
磷灰石（apatite）	(Ca, Sr)$_5$(PO$_4$)$_3$Cl：Eu	藍（blue）
	(Ca, Sr)$_5$(PO$_4$)$_3$Cl：Eu, Mn	藍～橙（blue ~ orange）
磷酸鹽（phosphate）	Sr$_2$P$_2$O$_7$：Eu	藍（blue）

種類	化學組成	發光色
鋁酸鹽（aluminate）	$BaMgAl_{10}O_{17}$：Eu	藍（blue）
	$BaMgAl_{10}O_{17}$：Eu, Mn	藍～綠（blue～green）
硫氧化物（oxysulfide）	Y_2O_2S：Eu	紅（red）
	Gd_2O_2S：Eu	紅（red）
	La_2O_2S：Eu	紅（red）
氮氧化物（oxynitride）	$(Sr, Ba)Si_9Al_{19}ON_{31}$：Eu	藍（blue）
	$LaAl(SiAl)_6N_9O$：Ce	藍～綠（blue～green）
矽酸鹽（silicate）	$(Sr, Ba)_3MgSi_2O_8$：Eu, Mn	藍～紅（blue～red）
其他（others）	$3.5MgO \cdot 0.5MgF_2 \cdot GeO_2 \cdot Mn$	紅（red）
	Zn_2GeO_4：Mn	帶黃的綠（yellowish-green）
	$LiEuW_2O_8$	紅（red）

　　在這種系統的 LED 中，由於必須導入在採用藍光 LED 晶片時所不必要的高效率藍光系螢光體，因此，需要對以往螢光燈中正使用的 $(Ca, Sr)_5(PO_4)_3Cl$：Eu，$BaMgAl_{10}O_{17}$：Eu 及 $Sr_2P_2O_7$：Eu 等進行改良，對新開發的 $LaAl(SiAl)_6N_9O$：Ce，$(Sr, Ba)Si_9Al_{19}ON_{31}$：Eu 及 $(Sr, Ba)_3MgSi_2O_8$：Eu(Mn) 等藍光螢光體的特性做進一步的改善。若否，所得到的白光 LED 的效率會很低。作為高效率的實現方法有：UV-LED + 藍光螢光體 + 黃光螢光體或者是 UV-LED + 藍綠光螢光體 + 紅光螢光體；作為高顯色性的實現方法有：UV-LED + 藍光螢光體 + 綠光螢光體 + 紅光螢光體（依狀況不同 + 藍綠光螢光體 + 橙光螢光體），使二者相組合，得到的白光 LED 效果最佳。

　　採用藍光 LED 的白色照明，儘管每一個晶片的光流量很小，但也開發出 150lm/W 級的高效率 LED。這一發光效率已與鈉燈的不相上下，作為照明光源，已達到效率的最高值，並大大超過主要的白光照明產品三波長螢光燈 100lm/W 的發光效率。藉由螢光體的選擇，儘管可能引發發光效率下降，已完全能實現平均顯色性評價指數 Ra 大於 95 的高顯色性。

　　另外，即使對於高輸出功率的開發，針對汽車前燈及投影儀光源（光學引擎）等的應用，正逐漸達到接近 Xe 燈、HID 燈的輸出功率。

在短短的幾年之中，白光 LED 得益於跳躍性的技術革新，作為白光照明光源被一直困擾的問題，正逐步解除。照明市場的發展趨勢對於白光 LED 來說依然嚴峻，急切要求其在提高輸出功率、發光效率、輝度、增加壽命、降低價格等方面更上一層樓。特別是為了擴大市場，降低價格是必不可缺的關鍵因素。其中作為螢光體改良、開發的要點，正如前文所述，主要包括高溫條件下的發光效率（溫度特性）、耐光性、耐熱性、化學穩定性、以降低色度偏差為目的粒徑和形狀的控制，低價格化及批量生產效率的提高等。上述無論哪個原因，對於白光 LED 在照明市場的擴展都是必不可缺少的技術。

4.2　LED 材料

4.2.1　作為 LED 材料的螢光體

在手機背光源廣泛使用的白光 LED 中，是由 GaN 系藍光 LED 作為激發光源，由該藍光激發黃光螢光體，從螢光體發出黃色螢光。藉由藍光 LED 發出的藍色光與螢光體發出的黃色光混色，可由此獲得近似白光。

即使在作為照明使用的白光 LED 中，作為色溫度 5,000K 附近的照明光源，也還是主要使用 GaN 系藍光 LED 和黃光螢光體的組合。而且，除了白光之外，色溫度大約在 2,800K 的白熾燈泡色 LED 也已有產品面市。在白熾燈泡色 LED 中，為了增加降低色溫度的紅光成分，除了黃光螢光體之外，還要使用紅光螢光體。

為了使照明用白光 LED 更快更普及，除了使每個 LED 的光流量上升以提高輸出效率及提高發光效率之外，盡量保證被照射物體的色感覺與自然光照射的狀況相符，即改善顯色性，抑制發光色的偏差及降低售價等也是必不可少的。

藉由藍光 LED 與綠光螢光體和紅光螢光體相組合，以使顯色性大幅度提高的白光 LED 已達到產品實用化。

在其他方面，不僅是為了提高顯色性，而且為了抑制發光色的偏差，還提出了

使紫外、近紫外 LED 與紅光、綠光、藍光三色螢光體相組合而構成白光 LED 的方案。

4.2.1.1　白光 LED 照明用螢光體應具備的特性

1. 激發光譜

對白光 LED 照明用螢光體所要求的激發光譜，首先要在 GaN 系 LED 的發光波長區域內有大的激發強度。欲提高螢光體的激發強度，應先提高螢光體對激發光的吸收效率，螢光體中需添加的賦活劑的濃度與螢光體的粒徑是重要的控制因子。

賦活劑的添加量多，吸收效率高。如果賦活劑的添加量過剩，則由於濃度消光，吸收效率盡管高，但內部量子效率低下，結果不能得到高亮度的螢光體。因此，需要在吸收效率和內部量子效率之間取得平衡（trade-off），使賦活劑的添加量取得最佳值。

另一方面，從 LED 發出光的吸收效率，隨著螢光體粒徑的增大而同時上升，因此，螢光體的粒徑越大，白光 LED 的發光效率越高。但是粒徑過大，容易造成螢光體與樹脂混合而成的漿料內部的螢光體沉降分離現象，並容易引發噴射器噴嘴的堵塞等問題。因此，螢光體的粒徑也有一個最佳值範圍。

2. 發光光譜

作為照明而使用的白光 LED 應具有的發光光譜是：帶域要寬，在其照明之下人感覺到的物體顏色與任何自然光照射的狀況相比較，都要盡可能一致，作為評價這一特性的參數（尺度），即顯色性評價指數要高。對於現在多為採用的擬似白光 LED 來說，由於藍綠光成分和紅光成分不足，平均顯色性評價指數為 78，與太陽光的 100 相比，還顯得較低。為提高顯色性，需要特別增加紅光成分，一般是在黃光螢光體中添加紅光螢光體。

但從原理上講，白光 LED 顯色性的提高與亮度的提高二者之間存在平衡（trade-off）關係，因此要分別針對強調顯色性的用途和強調亮度的用途，對所使用螢光體的種類和量進行變換和調整。

3. 溫度消光特性

白光 LED 工作時螢光體溫度會上升至 80~120℃。因此，對於將螢光體塗布

於 LED 晶片正上方等方式，從而容易造成螢光體溫度上升的情況，需要恰當選擇所使用螢光體的種類，以抑制伴隨溫度上升所造成的色偏（分）離和輝度下降等現象。

為此，可藉由與藍光 LED 具有同等溫度消光特性的螢光體與其組合，可以對上述現象進行抑制。而且，在多種螢光體組合使用的場合，應盡量保證每種螢光體與藍光 LED 具有同等的溫度消光特性，這樣可使色偏（分）離變小。

另一方面，對於由近紫外 LED 激發而獲得白光 LED 的情況，由於近紫外 LED 的發光幾乎對輝度不產生影響，如果所使用的幾種螢光體間的溫度消光特性一致，則色偏（分）離問題不容易發生。

4. 粒徑

白光 LED 中所使用的螢光體的粒徑，需要根據其使用狀況進行有效控制。對於在封裝杯底部使 LED 晶片引線鍵合，在其上部流入均勻分散有螢光體的封裝樹脂，再經加熱使樹脂硬化的環境，要求螢光體不能在樹脂中沉降，需要盡量使用小粒徑的螢光體。但是，粒徑越小對激發光的吸收效率則越低，進而內部量子的效率也會降低。因此，粒徑減小也應有一個限度。

另一方面，在 LED 晶片鍵合之後，使螢光體在其正上方沉降而塗佈的薄層，可以使用粒徑較大的螢光體。由螢光體對發自 LED 光的吸收效率和內部量子效率，隨螢光體粒徑的增加而提高，故在一定範圍內，螢光體的粒徑越大，白光 LED 的發光效率越高。

此外，螢光體中的大顆粒粒子容易引起佈料器的注射器堵塞，需要在螢光體的製造工程中預先去除。

5. 耐久性

造成螢光體輝度下降的主要原因有以下三個，對於螢光體來說，需要對這些輝度的下降具有良好的耐久性。

①在白光 LED 製作及使用時，螢光體被曝露的氣氛與環境使其分解而引起輝度下降。

②在白光 LED 內部，螢光體受 LED 晶片所發光的照射而引起光劣化，進而引

發輝度下降。

③在白光 LED 發熱蓄積的環境，由於熱劣化而引發相應的輝度下降。

4.2.1.2　藍光 LED 激發用螢光體

1. 綠光螢光體

以提高白光 LED 照明的顯色性為目的，作為受藍光 LED 發出的光激發而產生強發光的綠光螢光體，已被開發的化合物有 $Ca_3Sc_2Si_3O_{12}$：Ce 和 $CaSc_2O_4$：Ce 這兩類綠光螢光體。Ce 作為 3 價的離子被賦活，但在母體晶體中進行位置置換時，並不取代同屬 3 價的 Sc 位置，而是占據離子半徑相近的 Ca 位置。

如圖 4.15 及圖 4.16 所示，這些螢光體受藍光 LED 發光的激發，相應於向 Ce^{3+} 的兩個基態能級的躍遷，在產生藍綠色發光的同時，也能看到綠色發光，發光帶域較寬。因此，如果將這些綠光螢光體與紅光螢光體同時使用，則可以獲得輝度和顯色性平衡良好的白光 LED 照明。如圖 4.17 所示，由於幾乎不發生溫度消光，即使螢光體的溫度上升，輝度也不下降。因此，相對於環境溫度變化，白光 LED 的色偏差較小。

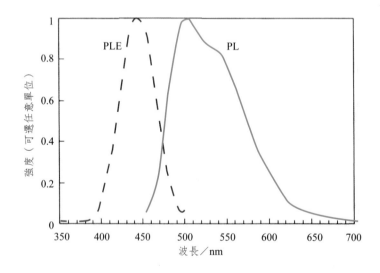

圖 4.15　$Ca_3Sc_2Si_3O_{12}$：Ce 的激發光譜（虛線）與發光光譜（實線）

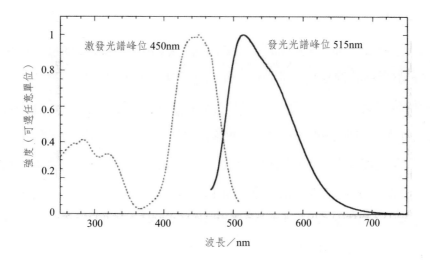

圖 4.16　$CaSc_2O_4$：Ce 的激發光譜（點線）與發光光譜（實線）

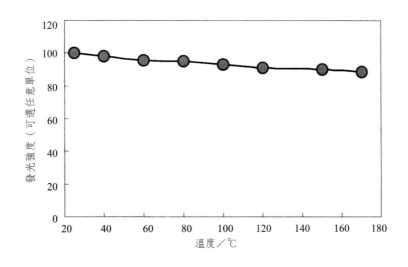

圖 4.17　$Ca_3Sc_2Si_3O_{12}$：Ce 的溫度消光特性

　　若選用微量的二價 Mg 置換 $Ca_3Sc_2Si_3O_{12}$：Ce 中三價的 Sc，與置換二價 Ca 位置的三價 Ce 以一定的關係進行電荷補償，則可使長波長側的發光峰強度提高，使輝度有約 40% 的上升。這些綠光螢光體在溫度、光、熱作用下，完全未觀測到劣化發生，顯示出非常良好的耐久性，可用於長壽命白光 LED 照明。

2. 黃光螢光體

受發光波長範圍 445～465nm 的 GaN 系藍光 LED 所發藍光激發，在黃光帶域發光的 Ce 賦活鋁酸鹽系黃光螢光體，作為電子束激發用螢光體已被成熟使用。這種螢光體的化學組成，具有代表性的是 $Y_3Al_5O_{12}$：Ce。藉由將 Y 的一部分被 Ga 置換，可以獲得紅光成分多的螢光體，而將 Al 的一部分被 Ga 置換，有可能得到綠光成分多的螢光體。藉由藍光 LED 所發的藍光與由藍光使該螢光體激發而發的黃光混色，可以獲得擬似白色發光（參照 4.1 節）。

作為顯示類似激發特性和發光特性的螢光體，正在開發的有組成為 $Tb_3Al_5O_{12}$：Ce 的黃光螢光體。

作為與上述兩種鋁酸鹽系黃光螢光體具有同樣發光特性的氧化物螢光體，鹼土矽酸鹽系螢光體 (Sr, Ca, Ba)$_2$SiO$_2$：Eu 早已被人們所熟知。採用這種螢光體，通過改變鹼土類金屬的化學組成比，可以獲得從綠色光到橙色光的各種顏色的發光。而且，這種螢光體與鋁酸鹽螢光體不同，前者不僅能由藍光，而且也能由波長範圍為 380～410nm 的近紫外光激發。

3. 紅光螢光體

作為白光 LED 用的紅光螢光體，已開發的有化學成分為 $CaAlSiN_3$：Eu 和 (Sr, Ca)AlSiN$_3$：Eu 的兩種螢光體。這類螢光體如圖 4.18 所示，不僅能由藍光激發（參照圖 4.11），而且也能由近紫外光激發，發光在波長 630～660nm 之間顯示峰值，半高寬為 80～90nm，為寬帶域發光。

因此，在藍光 LED 周圍，使綠光螢光體及黃光螢光體相組合，進一步再與上述紅光螢光體相組合，使用這種組合螢光體，就有可能製作出紅光成分多、顯色性優良的白光 LED 照明及白熾燈泡色 LED 照明元件。

例如，如圖 4.19 及圖 4.20 所示，採用藍綠光～綠光的寬帶域發光的氧化物螢光體 $Ca_3Sc_2Si_3O_{12}$：Ce 與氮化物紅光螢光體 $CaAlSiN_3$：Eu 相組合的螢光體，就能得到平均顯色性評價指數高達 92 的白光 LED。

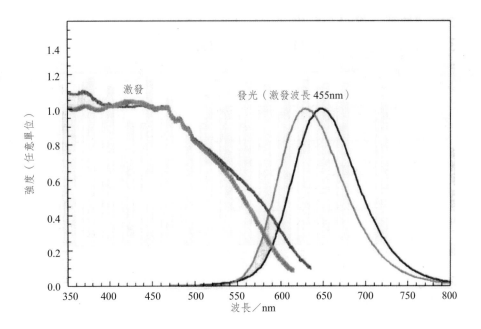

圖 4.18　CaAlSiN₃：Eu（紅線）和 (Sr, Ca)AlSiN₃：Eu（橙線）的激發光譜和發光光譜

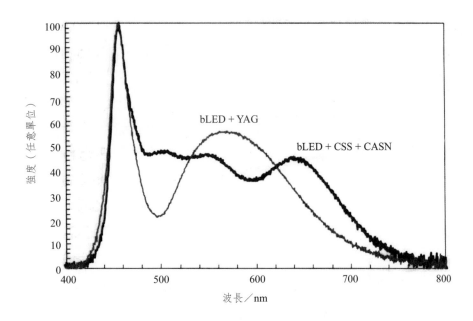

圖 4.19　由藍光 LED 與 Ca₃Sc₂Si₃O₁₂：Ce 及 CaAlSiN₃：Eu 相組合成白光 LED 的發光光譜（藏青色曲線）與由藍光 LED 與 Y₃Al₅O₁₂：Ce 相組合的白光 LED 的發光光譜（紫色曲線）

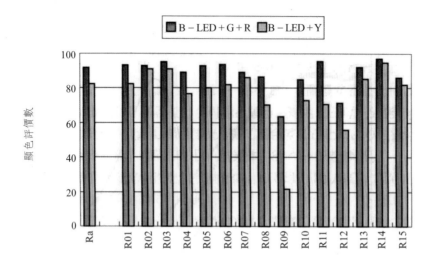

圖 4.20 藍光 LED 與 $Ca_3Sc_2Si_3O_{12}$：Ce 及 $CaAlSiN_3$：Eu 相組合的白光 LED 的顯色評價數（B –
LED + G + R）和由藍光 LED 與 $Y_3Al_5O_{12}$：Ce 相組合的白光 LED 的顯色評價數（B –
LED + Y）

　　如圖 4.21 所示，這些紅光螢光體的溫度消光特性良好。正因為如此，在作為
白光 LED 而被使用的場合，隨螢光體溫度的上升輝度的降低少，從而白光 LED 照
明的色偏差較小。

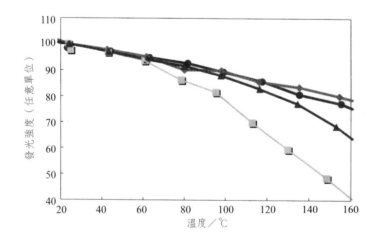

圖 4.21 $CaAlSiN_3$：Eu（紅線），(Sr, Ca)$AlSiN_3$：Eu（橙線），$Sr_2Si_5N_8$：Eu（紫線），
$Y_3Al_5O_{12}$：Ce（黃線）的溫度消光特性

由濕度、光、溫度而引發的劣化可能完全無法觀測到，顯示出非常良好的耐久性，可以獲得長壽命的白光 LED 照明。這些螢光體在耐久性方面，比另一種氮化物系紅光螢光體 $Sr_2Si_5N_8$：Eu 更好。

4.2.1.3　近紫外 LED 激發用螢光體

1. 藍光螢光體

作為近紫外 LED 激發用藍光螢光體，在螢光燈及等離子電視（PDP TV）等中已成熟使用的 Eu 賦活鹼土類金屬鋁酸鹽螢光體 $BaMgAl_{10}O_{13}$：Eu 的基礎上，藉由選擇賦活劑 Eu 的濃度，使之應對近紫外 LED 最佳化，而且採用合適的粒徑，如圖 4.22 所示，可使激發波長帶域向長波長變化，進而提高近紫外光的吸收效率，從而可以滿足白光 LED 照明使用。

原來已成功用於螢光燈和等離子電視等的螢光體中，作為賦活劑 Eu 的濃度比較低。但是，對於白光 LED 用途來說，需要採用比原來高得多的賦活劑濃度，並使之最佳化，才有可能使近紫外 LED 的發光高效率地變換為藍光。也就是說，作為近紫外 LED 激發用，與短長激發的傳統應用相比，由於前者的賦活劑濃度高，因此易引起濃度消光，為適應這種用途要求，要保證賦活劑的濃度最佳化。

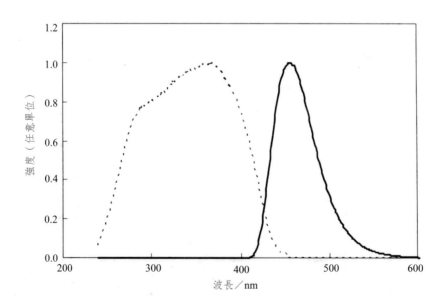

圖 4.22　$BaMgAl_{10}O_{17}$：Eu 的激發光譜（點線）和發光光譜（實線）

這種螢光體的溫度消光特性,如圖 4.23 所示,是比較好的。且對於濕度、光、熱等的耐久性也較好。

2.綠光螢光體

作為近紫外 LED 激發用綠光螢光體,最近開發出的是以 Eu 為賦活劑的氧氮化物螢光體 $Ba_3Si_6O_{12}N_2$:Eu。如圖 4.24 所示,這種螢光體受近紫外光和藍光激發,發光帶域的峰值在 525nm 附近,半高寬為 68nm 左右。

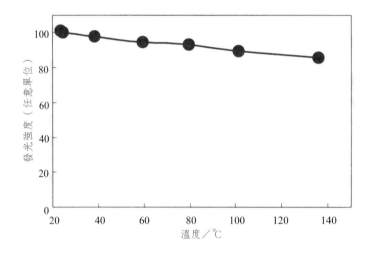

圖 4.23　$BaMgAl_{10}O_{17}$:Eu 的溫度消光特性

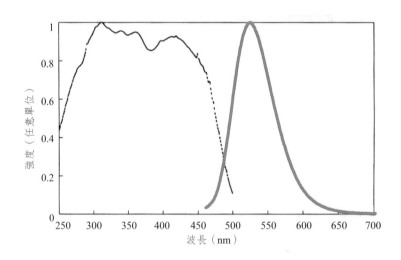

圖 4.24　$Ba_3Si_6O_{12}N_2$:Eu 的激發光譜(點紅線)和發光光譜(實藍線)

這種綠色螢光體的溫度消光特性如圖 4.25 所示，與具有類似發光光譜的鹼土金屬系矽酸鹽系綠光螢光體 (Sr, Ba)SiO$_4$：Eu 相比，前者要好得多。因此，應對環境溫度的變動，可以獲得色偏差（離）小的白光 LED 照明。

以這種螢光體的耐久性考量，也比鹼土金屬矽酸鹽系綠光螢光體更好些。

3. 紅光螢光體

作為白光 LED 用紅光螢光體，已開發出比之 CaAlSiN$_3$：Eu 及 (Sr, Ca)AlSiN$_3$：Eu，黃綠色發光成分更多的寬帶域發光的紅光螢光體 CaAlSiN$_3$-Si$_2$N$_2$O：Eu。

圖 4.26 表示這種螢光體的激發光譜和發光光譜，與圖 4.18 所示的 CaAlSiN$_3$：Eu 及 (Sr, Ca)AlSiN$_3$：Eu 的相應譜線相比，綠色光較難激發，藍光也有些較難激發，而近紫外光激發則比較容易，因此當以近紫外 LED 作為激發源對藍光、綠光、紅光三色螢光體進行激發的場合，可以實現效率高的白光 LED 照明。

另外，如圖 4.27 所示，藉由調整 CaAlSiN$_3$-Si$_2$N$_2$O：Eu 的化學組成，可使發光光譜的短波長成分增加，從而有可能提高白光 LED 照明的顯色性。

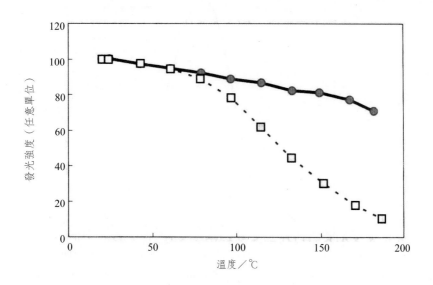

圖 4.25　Ba$_3$Si$_6$O$_{12}$N$_2$：Eu（實線）和 (Sr, Ba)$_2$SiO$_4$：Eu（虛線）的溫度消光特性

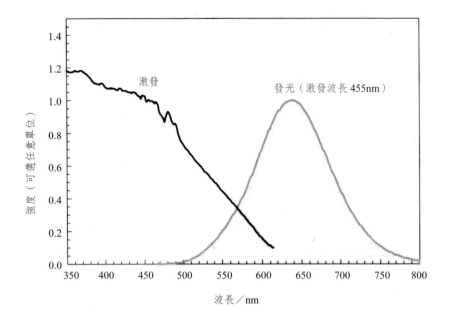

圖 4.26 $CaAlSiN_3$-Si_2N_2O：Eu 的激發光譜（藍線）和發光光譜（黃線）

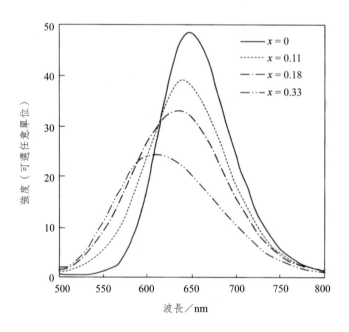

圖 4.27 $(1-x)CaAlSiN_3 \cdot xSi_2N_2O$：Eu（$x = 0 \sim 0.33$）的發光光譜

上述紅光螢光體的溫度消光特性與耐久性，與 $CaAlSiN_3$：Eu 和 $(Sr, Ca)AlSiN_3$：Eu 不相上下，是相當好的。

若將近紫外 LED 與前述改良的藍光螢光體 $BaMgAl_{10}O_{17}$：Eu 和新開發的綠光螢光體 $Ba_3Si_6O_{12}N_2$：Eu 以及新開發的紅光螢光體 $CaAlSiN_3\text{-}Si_2N_2O$：$Eu$ 相組合，由此制成的白光 LED 平均顯色性評價指數達 97，而作為紅色成分含量指標的 R9 在 80 以上，即可達到顯色性很高的照明效果。

4.2.2 灌封用樹脂材料

自從高輝度藍光 LED 開發成功以來，白光 LED 在性能飛速提高的同時，逐步向實用領域擴展。隨著向 LED 晶片單位輸入電流的光輸出增加而不斷實現高輝度，白光 LED 的用途迅速增加，在液晶屏背光源應用方面，從手機擴展到電視，而且，各種照明器具也逐步開始採用。隨著白光 LED 用途的擴大，在要求高輝度的同時，對光質（如光譜等）的要求也多樣化，為此人們提出各種應對方案，如藍光 LED 與綠光螢光體、紅光螢光體相組合，近紫外 LED 與藍光、綠光、紅光螢光體相組合等。

另一方面，作為需要解決的問題，有如何實現長壽命化（數萬小時），以便在進一步提高輝度的同時，期待白光 LED 能實現免維修。作為白光 LED 構成的一例，擔當佈線及散熱功能的封裝中安裝晶片，晶片周圍是封裝材料，而螢光體分散在封裝材料中。封裝材料除擔當從晶片高效率地取出光並變換為白光 LED 照明光之外，還對晶片、鍵合金絲、凸點等起保護作用，對螢光體起保持、保護作用。一旦封裝材料與晶片等剝離，發生裂紋等，不僅會喪失光學耦合，還會因熱、光、氧化、水分等外部因素，使其變色、變混濁等，從而對白光 LED 的壽命產生重大影響。隨著白光 LED 向高輝度化、高光能輸出化方向進展，封裝材料的負荷進一步增加，因此要求其具有更好的耐久性。

下面，針對白光 LED 用封裝樹脂材料中的所使用的各類材料的特性，對其性能的要求，以及封裝材料的發展趨勢，做簡要介紹。

4.2.2.1　白光 LED 用封裝樹脂材料的種類及特徵

　　作為白光 LED 用封裝樹脂材料，應選擇無色透明、具有適當的強度、與基體結合性好、絕緣性優良、價格便宜、容易加工處理的樹脂。其主流為環氧樹脂和矽樹脂等。對於今天面向高輸出、高輝度的白光 LED，更趨向於使用耐熱、耐 UV 性能優良的矽樹脂。

4.2.2.2　環氧樹脂

　　由於環氧樹脂在結合性、絕緣性、硬度等方面特性優良，從開始就作為 LED 封裝樹脂而使用。代表性的是雙酚 A（bisphenol A）型環氧樹脂（圖 4.28）。

　　但是，由於普通雙酚 A 型環氧樹脂的耐光性、耐熱性較差，材料容易變色，在白光 LED 的連續點亮試驗中會慢慢變暗，在可靠性方面存在問題。由於著色（劣化）是芳香族環在基點發生的，因此，現在正對其改良，開發芳香族環不發生二重聚合的脂環式環氧樹脂（圖 4.29）。

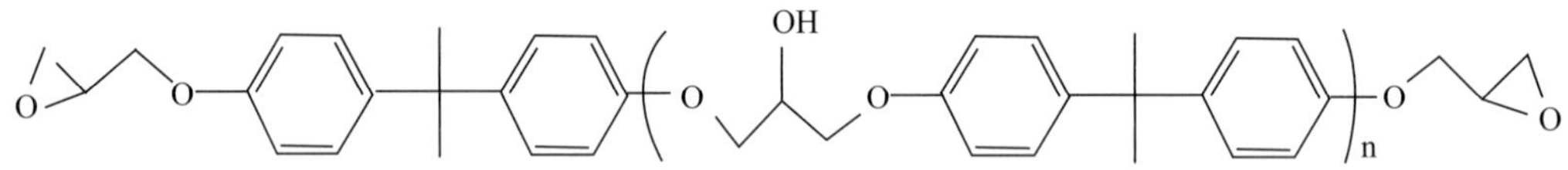

圖 4.28　雙酚 A（bisphenol A）型環氧樹脂

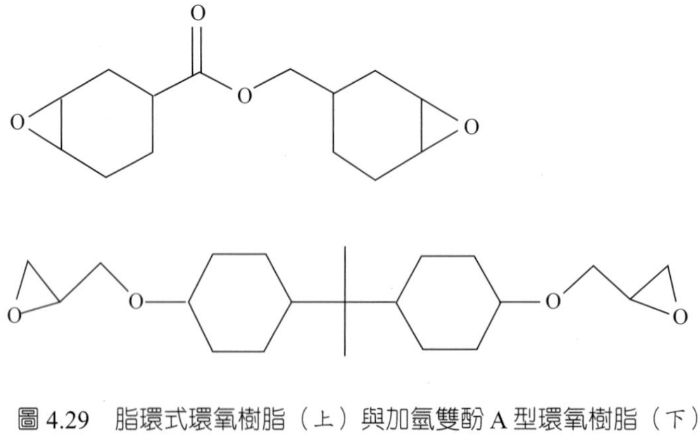

圖 4.29　脂環式環氧樹脂（上）與加氫雙酚 A 型環氧樹脂（下）

環氧樹脂的劣化（著色）主要從以下結構位置開始並加速反應：

①樹脂成分中有機官能基的變性；

②觸媒及硬化促進劑等的添加劑；

③未硬化官能基部位。

通過變更為圖 4.29 所示的化合物等回避①點，通過適當選擇氨（絡）系或酸酐系固化劑、磷系固化促進劑等避免②、③兩點問題的發生，現在這方面的材料設計正在進行之中。由於環氧樹脂的硬度較高，在切削較容易的同時，另一方面，在 T_g（玻璃化溫度）以下，會有內應力作用，進而對晶片及金絲等產生應力，從而發生斷線等故障。對於這種傾向比較強的脂環式環氧樹脂，正在繼續對斷裂和剝離等問題進行改良。另一方面，對於加氫雙酚 A 型環氧樹脂，正在對 T_g 較低的缺點進行改良。

4.2.2.3　矽樹脂

環氧樹脂不僅作為 LED 用封裝樹脂材料，也作為黏片膠（die attach，封裝 LED 晶片的黏結劑）而使用。此外，作為透鏡材料也使用丙烯酸樹脂。

但是，對於 1W 以上驅動的高輸出 LED 及近紫外（380～420nm）激發的白光 LED，在目前的散熱環境下，採用現有的有機樹脂材料，難以確保數萬小時的耐久性。基於此，人們正採用耐熱性更好，耐光性更佳的矽樹脂代替現有這些有機樹脂。進一步，基於環境保護和利於健康的要求，焊接溫度在 260℃ 以上的無鉛焊料的使用正在擴大，在此背景下，矽樹脂的應用不斷擴展。

矽樹脂是以由 Si（矽）和 O（氧）組成的聚矽氧烷為主骨架的高分子，與以 C（碳）、H（氫）、O（氧）、N（氮）為主成分的從前的有機系樹脂不同，一般說來，前者的耐熱性和耐光性優良。但從另一方面，它也存在水蒸氣透過率高，黏結性低的缺點。圖 4.30 表示矽樹脂的一般組成與結構。

矽樹脂可以按黏度、硬度等進行分類，但鑒於這裡是針對 LED 用封裝材料而討論的，故按折射率、固化物硬度和固化反應機制進行分類並表示其特徵。

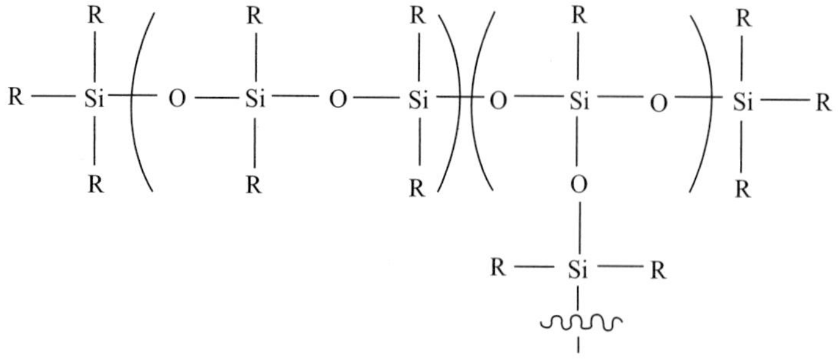

圖 4.30　矽樹脂的基本組成與結構

1. 折射率

為提高從 LED 晶片的光取出效率，要求封裝材料的折射率與晶片的折射率盡量接近。白光 LED 發光部分的材質是 GaN，其折射率大約為 2.4，而基板採用藍寶石的情況，後者的折射率大約為 1.8。與之相對，最普通矽樹脂 PDMS（poly dimethyl siloxane，聚二甲基矽烷）的折射率大約為 1.4，由於與發光部位的折射率相差很大，光取出效率難以做得很高。

為提高矽樹脂材料的折射率，一般是導入苯基而替代 PDMS 的甲基。特別是最近，以研究進一步提高折射率為目標，也在研究開發添加高折射率納米顆粒的方法。其結果，折射率已提高到大約 1.6 的程度。一般說來，苯基含量高可提高折射率，但材料的耐熱性、耐光性會下降。

圖 4.31 表示以二甲基矽為主骨架的矽樹脂塑封料（圖 (a)），和將 25mol/% 左右的甲基變更為苯基的矽樹脂塑封料（圖 (b)），分別經固化而成的自立膜（厚度均為 1mm），在空氣中 200℃ 溫度下，經過耐熱試驗前後的 UV 光譜的對比。對於圖 (a) 所示以二甲基矽為主骨架的矽塑封料來說，即使經 500h 後，也不發生著色，透射率幾乎不發生變化；與之相對，對於圖 (b) 所示含苯基的矽塑料來說，在波長低於 550nm 左右的較短波長範圍內，透射率大幅度下降且發生顯著的著色現象。由以上結果可以看出，含苯基的矽樹脂的耐熱性較差。

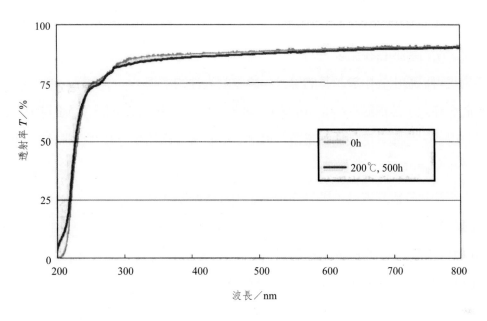

(a) 二甲基矽系樹脂塑封料

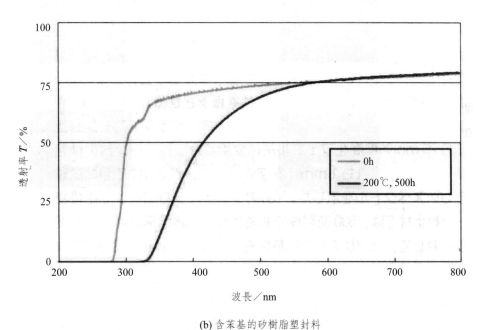

(b) 含苯基的矽樹脂塑封料

圖 4.31 矽樹脂塑封料的耐熱性（透射率變化圖）

另外，在圖 4.32 中顯示，用 250nm 以上的 UV 光對固化物照射進行耐光性加速試驗時，所得到的目視結果。

從中也可以看出，由於苯基的導入，導致耐光性的下降。

因此，在追求矽樹脂材料高折射率的同時，維持更高的耐久性，做到「熊和魚掌可以兼得」，是頗具挑戰性的議題。現在，一些大公司都在全力進行研發。

2. 固化物硬度

矽樹脂塑封料按其硬度，可分為下述 3 類（參照表 4.3）：

(a) 凝膠（體）狀型

(b) 橡膠狀型（JIS Type A 型硬度計，10～70 左右）

(c) 硬質型（JIS Type A 型硬度計，大約 70 以上）

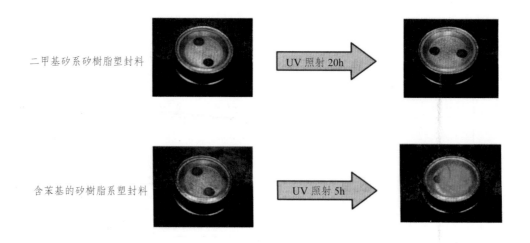

二甲基矽系矽樹脂塑封料　　UV 照射 20h

含苯基的矽樹脂系塑封料　　UV 照射 5h

圖 4.32　在有、無苯基情況下，耐光性加速試驗結果對比
（利用沒有安裝晶片的銀表面 LED 封裝內黏接並固化的試樣進行評價。）

表 4.3　矽樹脂的硬度

矽樹脂	硬度*
凝膠（體）狀型	JIS Type A 型硬度計，小於 10
橡膠狀彈性體型	JIS Type A 型硬度計，10 以上，70 以下
硬質型	JIS Type A 型硬度計，70 以上

＊根據 JIS K 6,253 標準實施

其中 (a) 類凝膠（體）型狀極軟，採用 JIS Type A 型硬度計難以測量其硬度。由於應力緩和能力強，迄今為止仍作為緩衝材料及防振材料用途而多有使用。在用於 LED 方面，充分利用其高應力緩和能力，特別是作為透鏡搭載型 LED 的內填充材料而廣泛使用。但是，基於作為凝膠（體）狀型特徵的黏著性（膠黏性）而易發生雜質附著及造成器件黏連等問題，因此不能作為側視（sideview）型及頂視（topvies）型 LED 表層材料而使用。而且，因其柔軟，在傳輸過程中受攝取（pick-up）反應等作用而受到直接的物理外壓時，為避免造成內部器件及佈線的破壞，在選擇封裝材質及透鏡等的加固方面需要一下番工夫。

對於 (b) 類橡膠狀型來說，是指硬度在 Type A 型硬度計可測量範圍內的材料，屬於具有彈力性的橡膠。橡膠狀型與凝膠狀型相比，前者固化後的表面膠黏性（tackiness）低，作為側視（sideview）型及頂視（topview）型 LED 的封裝材料正廣泛使用。

特別是硬度在 20～50 範圍內（採用 Type A 型硬度計測量）的橡膠狀型矽樹脂，由於表面膠黏性低，在具備能防止器件發生物理破壞的強度的同時，還具有充分應力緩和的功能，因此，包括用於近紫外激發的白光 LED 封裝，在矽樹脂封裝材料中，該類型應用的最為廣泛。

對於 (c) 類硬質型來說，作為替代環氧樹脂的封裝材料，在用於砲彈型 LED 封裝及透鏡製作方面已得到開發。而且，隨著近幾年利用摩擦（scrubbing）及切割（cutting）方法實現製品化的製作工藝的普及，(c) 類硬質型矽樹脂作為 LED 用封裝材料的用量與年俱增。採用二甲基矽系封裝材料可以實現高硬度，但與此同時脆性會急劇增加。為此，在由 Type A 型硬度計測得的超過 70 的材料中導入相當量的苯基，可使其韌性提高。高硬度的硬質型矽樹脂塑封料主要是作為藍光激發的白光 LED 封裝材料而使用的，而現在各公司正在針對提高耐久性、防止裂紋及斷裂發生的對策，進一步改良和開發。

3. 固化反應機制

作為 LED 封裝材料而使用的矽樹脂，全部為加熱固化型。加熱固化型就反應機制而論，分為加成型和聚合型兩大類。

(1)加聚型

作為封裝材料的矽樹脂，使用最廣泛的是利用加聚型（氧基甲矽烷化反應）反應機制來使其固化的。就以圖 4.33 所示，使碳 ＝＝ 碳雙鍵與矽 ── 氫單鍵在採用鉑等觸媒使其偶合（coupling，聯接）的反應而論，儘管依參與反應的原料種類及觸媒量的不同而異，但通常在 150℃，經 1～5h 的反應就可實現固化。

作為加聚型矽樹脂的供給形態，一般有一液型和二液型兩種，但作為 LED 封裝材料而廣泛使用的，都是二液型。這是由於，一般說來二液型貯存穩定性有保證，特別是在剛好使用前便於混入螢光體等，這些是一液型遠不能比的。

(2)縮聚型

由於存在深部固化性不足的問題，與加聚型相比，縮聚型的使用範圍受到限制。但是，隨著近幾年的技術進步，已經能夠做到使縮聚反應時發生的揮發性成分大幅度減少，進一步藉由使這種揮發性分子變化為如氫和水分子等這類小分子，即使在近似密閉系統的狀態下，很厚的膜層也能相當快地實現固化（圖 4.34）。

基於此，縮聚型矽樹脂的優點重新引起人們的重視。今後，作為追求更加耐久性的近紫外激發高輝度白光 LED 及紫外 LED 用封裝材料，縮聚型矽樹脂成為主流的可能性相當高。縮聚型矽樹脂的特長列舉如下：

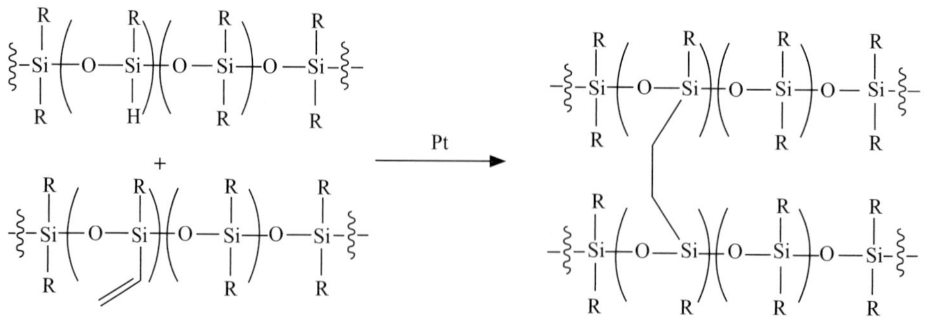

圖 4.33　氧基甲矽烷化反應

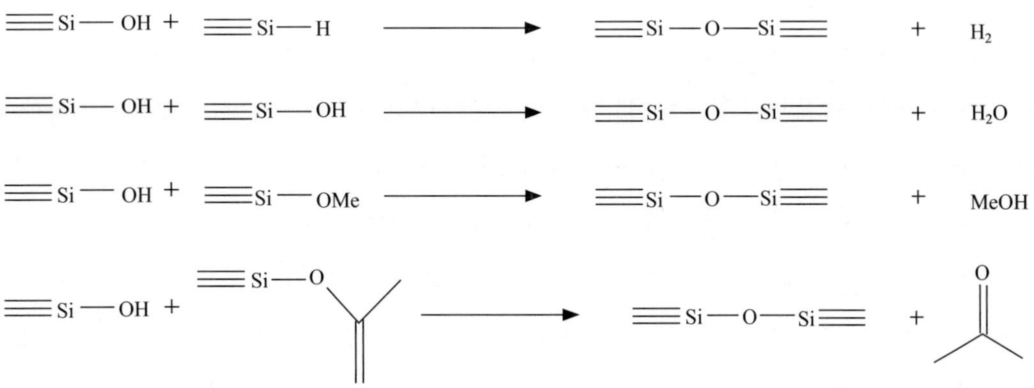

$$\equiv\!\text{Si}\!-\!\text{OH} + \equiv\!\text{Si}\!-\!\text{H} \longrightarrow \equiv\!\text{Si}\!-\!\text{O}\!-\!\text{Si}\!\equiv + \text{H}_2$$

$$\equiv\!\text{Si}\!-\!\text{OH} + \equiv\!\text{Si}\!-\!\text{OH} \longrightarrow \equiv\!\text{Si}\!-\!\text{O}\!-\!\text{Si}\!\equiv + \text{H}_2\text{O}$$

$$\equiv\!\text{Si}\!-\!\text{OH} + \equiv\!\text{Si}\!-\!\text{OMe} \longrightarrow \equiv\!\text{Si}\!-\!\text{O}\!-\!\text{Si}\!\equiv + \text{MeOH}$$

$$\equiv\!\text{Si}\!-\!\text{OH} + \equiv\!\text{Si}\!-\!\text{O}\!-\!\!\overset{\displaystyle \parallel}{\underset{}{}}\!\! \longrightarrow \equiv\!\text{Si}\!-\!\text{O}\!-\!\text{Si}\!\equiv + \text{（丙酮 C=O）}$$

圖 4.34　代表性的縮聚型反應實例

①由於可以做到像無碳－碳鍵合那樣的分子設計，因此可以獲得比加聚型矽樹脂更好的耐熱性和耐久性。

②即使與可能令白金（Pt）觸媒失效那類的含硫化合物、含氮化合物、含磷化合物、含有機金屬化合物、具有碳 —— 碳多重鍵的化合物共存，也能發生固化，可選擇的螢光體種類多，範圍寬。

③不僅採用苯基，而且還採用含硫官能基，因此可實現高折射率。

④不必要使用高價的貴金屬觸媒。

⑤藉由反應性極性官能基（羥基等），使作為矽樹脂封裝材料課題的黏結性不足的問題得到解決。

4.2.2.4　將來的 LED 用封裝材料

　　LED 的商品形態日新月異，千變萬化。作為廉價的炮彈型 LED 用封裝材料，在今後相當長的時間內，仍會主要考慮使用環氧樹脂。而且，如同手機背光源用 LED 那樣的小型但不要求高輝度的白光 LED，多採用藍光晶片 + 黃光螢光體形式，這種器件一般由改良環氧樹脂或加聚型矽樹脂作為封裝材料進行封裝。另外，針對近年來正快速進入市場的 PC 及電視用液晶屏背光源及照明應用，綜合考慮其高輝度、高出力、高顯色性、高可靠性與產品價格的平衡，預計不久的將來會採用使藍光晶片與綠光、紅光螢光體相組合的系統，及使近紫外晶片與紅、綠、藍螢光

體相組合的系統。用於這些領域的封裝材料要求有更高的耐久性，因此，縮聚型二甲基矽系樹脂將是未來首選。

進一步，作為滿足高耐久性要求的封裝材料的候選，比如低熔點無機玻璃等，目前以玻璃廠商為中心正積極對此進行研究開發。

以上，針對作為白光 LED 用封裝材料，就目前在用的各種材料以及不久將來所要求的封裝材料的特性進行了論述。封裝材料，除了使從晶片的光取出效率提高，使 LED 器件發出白色光之外，還具有對晶片、金絲及凸點的保護，對螢光體的保持、保護等功能，而且在使白光 LED 製品長壽命化等方面也有貢獻。從滿足高耐久性要求看，矽樹脂是最令人注目的材料。它不僅用於封裝，對於透鏡製作、固晶貼片等，也可能是將來的最佳候選材料，各公司正在大力研究開發。

現今大公司為適應快速變化的市場需求，以聚合物型矽樹脂為中心，正在開發高耐（水）熱性、高耐光性材料的開發。滿足各種白光 LED 要求的封裝材料即將面市。

4.3 內部量子效率之評價方法

4.3.1 LED 的效率

作為表徵半導體發光二極管（LED）特性的性能指標之一，是「外部量子效率」（external quantum efficiency, η_{EQE}）。

所謂外部量子效率，是指輸入 LED 的電能中變換為光能且能向外部取出的比率，它是表徵 LED 能量變換效率的物理量。為了更正確地定義，外部量子效率 η_{EQE} 可定義為，相對於由外部注入 LED 的電子－空穴對數 N_{in}，向外部發射的光子（photon）數 N_{out} 的比率，即

$$\eta_{EQE} = \frac{N_{out}}{N_{in}} \tag{4-1}$$

此外部量子效率可劃分為以下兩方面：①內部量子效率（internal quantum efficiency, η_{iQE}）；②光的取出效率（light extraction efficiency, η_{ext}）。

關於內部量子效率 η_{iQE}，定義為在注入 LED 的電子－空穴對數 N_{in} 中，在發光層中發生的光子數 N_{rad} 所占的比率，即

$$\eta_{iQE} = \frac{N_{rad}}{N_{in}} \tag{4-2}$$

另一方面，關於光的取出效率 η_{ext}，定義為在活性層中所發生的光子數 N_{rad} 中，向外部發射的光子數 N_{out} 所占的比率，即

$$\eta_{ext} = \frac{N_{out}}{N_{rad}} \tag{4-3}$$

因此，內部量子效率 η_{iQE} 與光的取出效率 η_{ext} 之積即為外部量子效率 η_{EQE}，即

$$\eta_{EQE} = \frac{N_{out}}{N_{in}} = \frac{N_{rad}}{N_{in}} \times \frac{N_{out}}{N_{rad}} = \eta_{iQE} \times \eta_{ext} \tag{4-4}$$

內部量子效率主要決定於構成 LED 的半導體晶體的品質，該值的大小由源於貫通位錯等非輻射複合中心的密度所左右。另一方面，光的取出效率與 LED 的器件結構相關，該值的大小受 LED 的表面形狀及電極形狀的影響極大。在此需要提請注意的是，外部量子效率是藉由實驗有可能測定的物理量，其評價技術正逐步確立，與之相對，內部量子效率和光取出效率的實驗評價方法目前仍未確立。

實現 LED 的高效率化，必須對構成外部量子效率的兩個效率——內部量子效率和光取出效率雙方都要設法提高，同時建立各自的評價實驗方法也極為重要。

4.3.2　內部量子效率的導出法

4.3.2.1　傳統的方法及需要解決的課題

迄今為止，關於 LED 的內部量子效率是如何評價的呢？

關於求解內部量子效率近似值的評價法，迄今為止廣泛利用的實驗方法，都是

建立在光致發光（photoluminescence, PL）譜與溫度相關性的基礎之上。所採用的方法是，從極低溫到室溫，在同一條件下測定 PL 譜與溫度的相關性，求出室溫發光強度與極低溫發光強度的比值，再由該值求得內部量子效率。也就是說，若採用這種方法，假定在極低溫下的內部量子效率為 100%，利用伴隨溫度上升發光強度的衰減率，可求出室溫下的內部量子效率。極低溫下內部量子效率假定為 100% 的根據是，在極低溫度下，起因於貫通位錯等的非輻射複合中心完全凍結。因此，為了求得 AlGaAs 系及 AlInGaP 系等結晶品質較高的半導體試件以及利用這些材料製成的發光器件構造的內部量子效率，這種方法被認為是有效的近似方法。

而對於 InGaN 系半導體來說，其發光器件構造中所含貫通位錯密度（大約 $10^8 cm^{-2}$），與 AlGaAs 及 AlInGaP 系半導體的情況（$10^3 cm^{-2}$）相比，高幾個數量級，據此，人們對上述「極低溫下內部量子效率為 100%」的假定是否有效產生疑問。即使在極低溫下非輻射複合中心未完全凍結的場合，該發光強度也與激發功率密度，即由於光激發而產生的載流子密度密切相關。

因此，利用 PL 譜與溫度相關性而導出的內部量子效率的近似值，同激發功率密度等測試條件關係極大。換句話說，對於同一試樣，在弱激發條件下測試與強激發條件下測試，得到的內部量子效率的結果是不同的。

4.3.2.2 內部量子效率新的評價法

為了解決上述問題，有研究者提出可將激發功率作為測試參數一併加以考慮。下面，簡要介紹這種新提出的內部量子效率的評價法。

首先，在極低溫和室溫兩種情況下，測定 PL 譜同激發功率密度的相關性。接著，對各激發功率密度下得到的 PL 譜的積分發光強度除以其激發功率密度，定義該商值為單位激發功率密度的發光強度，即發光效率。再進一步，以極低溫下發光效率的最大值作為 100% 規格化。其結果，就能求出在極低溫和室溫兩種情況下，與激發功率相關的內部量子效率。其觀念圖如圖 4.35 所示。

在此觀念圖中，是以極低溫（LT）下，非輻照複合中心完全凍結為前提的。在極低溫且強激發的前提下，伴隨著激發功率密度的增加，內部量子效率的值減小。這一效率的減小，反映出在強激發下由於光激發而生成的過剩載流子，致使寄

與輻射複合的狀態達到飽和。

　　從另一方面討論，此觀念圖同時反映出，在室溫（RT）伴隨溫度上升而與熱能作用的同時，會使非輻射複合中心活性化。在室溫且弱激發條件下，內部量子效率隨激發功率密度的增加而增大。這種效率的增大，反映出由光激發而生成的載流子引起的非輻射複合中心達到飽和。而在強發光側效率降低的原因，與極低溫情況的相同。

　　如上所述，藉由將激發功率密度作為測定參數一併考慮，可以求出比過去更反映真實情況的近似值。圖 4.35 所示的效率曲線，是以極低溫下非輻射複合中心凍結為前提的。

　　但是，當器件構造中所含的貫通位錯密度高，在極低溫下也不能無視非輻射複合中心影響的情況下，這種影響會使效率曲線發生什麼樣的變化呢？圖 4.36 給出表示該變化的概念圖。

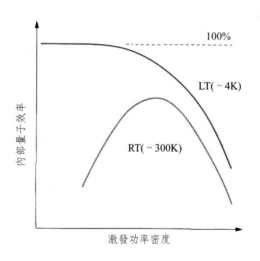

圖 4.35　極低溫（LT）與室溫（RT）條件下內部量子效率與激發功率密度之關係

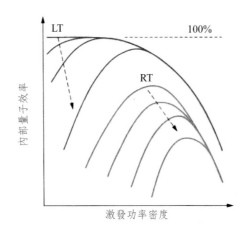

圖 4.36　非輻射（非發光）複合中心對效率曲線
（內部量子效率與激發功率密度的相關性）

在必須考慮非輻射複合中心影響的情況下，即使在弱激發狀態也不能認為內部量子效率為 100%。若注意到極低溫（LT）且弱激發側的效率曲線，可以看出非輻射複合中心的影響越大，內部量子效率的值會從一定值（100%）「逃逸」，越呈下降趨勢。

圖中的虛線箭頭表示，伴隨著非輻射複合中心的影響增大，效率曲線的變化趨勢（方向）。與該極低溫下的效率曲線的變化相並行，室溫（RT）下的內部量子效率也按虛線箭頭所指的方向減小。

4.3.3　內部量子效率導出方法的檢測實驗

為了驗證上述關於內部量子效率評價法的妥當性，準備了三種不同的 LED 構造，其中貫通錯位密度，即非輻射複合中心的影響不是同的，再用實驗方法評價這些構造的內部量子效率。如圖 4.37 所示的那樣，每種試樣都是在量子阱活性層中利用 $In_xGa_{1-x}N$ 混晶的近紫外 LED，其發光波長大約為 380nm。

就三種試樣的構造而論，僅是生長用的基板（substrate）不同，除此之外的元件構造全部是相同的。以下，針對三種試樣，分別稱在 GaN 基板上製作的為 GaN

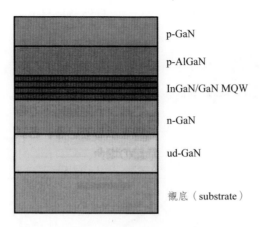

p-GaN

p-AlGaN

InGaN/GaN MQW

n-GaN

ud-GaN

襯底（substrate）

圖 4.37 近紫外發光二極管的結構

380，在加工藍寶石（sapphire）基板上製作的為 LEPS 380，在通常平面藍寶石基板上製作的為 Norm 380。這些試樣中的貫通錯位密度分別為：GaN 380 中為 $5.0 \times 10^6 \mathrm{cm}^{-2}$，LEPS 380 中為 $1.5 \times 10^8 \mathrm{cm}^{-2}$，Norm 380 中為 $4.0 \times 10^8 \mathrm{cm}^{-2}$。

4.3.3.1 效率曲線的評價

首先，在圖 4.38 中給出上述三種不同試樣效率曲線（內部量子效率同激發功率密度的相關性）的測定結果。儘管測定時是使溫度從 30K 到室溫變化的，但圖中所示 60K 時的測定結果。PL 測定的激發光源中，採用的是 Xe-Cl 準分子激光（發振波長：308nm）和色素激光（發振波長：370nm）。在使用 Xe-Cl 準分子激發使 p-GaN 和 p-AlGaN 包覆層發生帶間激發的條件下，和使用色素激光選擇激發 InGaN 量子阱活性層的條件下，分別對內部量子效率進行評價。

針對上述三種試樣，圖 4.38 上排圖表示帶間激發得到的效率曲線，下排圖表表示選擇激發得到的效率曲線。各試樣室溫時內部量子效率的最大值，帶間激發的情況為

(a) GaN 380：49%；

(b) LEPS 380：39%；

(c) Norm 380：34%。

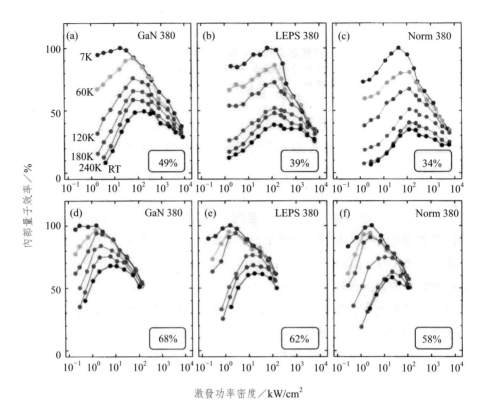

圖 4.38　生長基板不同的三種 LED 結構（GaN 380, LEPS 380, Norm 380）之效率曲線（內部量子效率與激發功率密度的相關性）與溫度的相關性

可以看出，隨著貫通錯位密度的增加，內部量子效率減小。也可以認為，起因於貫通位錯的非輻射複合中心的增加，導致了內部量子效率的下降。

　　而對於選擇激發的情況，也有

　　(d) GaN 380：68%；

　　(e) LEPS 380：62%；

　　(f) Norm 380：58%。

上述兩種情況的傾向是相同的。進一步對所有試樣來說，比之包覆層帶間激發的場合，活性層選擇激發的情況顯示出更高的內部量子效率。

　　如圖 4.39(a) 所示，對於選擇激發 InGaN 量子阱活性層的情況來說，由於光激發而生成的載流子在活性層中直接生成，因此可以認為內部量子效率僅僅反映活性

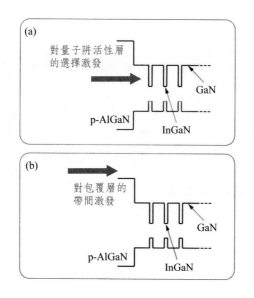

圖 4.39　能帶結構模式圖
（(a) 對 InGaN 量子阱活性層進行選擇激發的情況
(b) 對 p-AlGaN 包覆層進行帶間激發的情況）

層的光學品質。與之相對，如圖 4.39(b) 所示，對於對 p-GaN 和 p-AlGaN 包覆層進行帶間激發的情況來說，光激發而生成的載流子幾乎全部都在包覆層內生成，從這裡向活性層注入的載流子才會寄與發光複合。在這種情況下，內部量子效率的值不僅反映活性層光學的品質，而且也反映包覆層的光學品質。因此，選擇激發下和帶間激發下得到的內部量子效率之差，正是反映了包覆層中所引起的效率的下降。結果，僅反映活性層光學品質的選擇激發情況下，顯示出更高的內部量子效率。

　　另外，為了更詳細地考察圖 4.38 所示的效率曲線，僅取出各試樣在低溫 7K 下的效率曲線，並示於圖 4.40 中，其中圖 (a) 為選擇激發的情況，圖 (b) 為帶間激發的情況。

　　首先，請注意圖 4.40(a) 所示的選擇激發情況下的效率曲線，發現 GaN 380 的效率曲線在弱激發側大致顯示一定的值。這如同圖 4.35 所示的那樣，若非輻射複合中心完全凍結，弱激發側的效率就會保持一定。這樣，對於 GaN 380 來說，低溫下內部量子效率的值，就幾乎不受非輻射複合中心的影響。

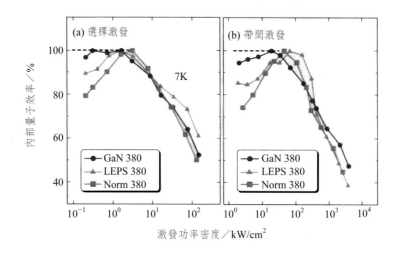

圖 4.40　三種不同 LED 結構（GaN 380, LEPS 380, Norm 380）在低溫 7K 下的效率曲線（內部量子
效率與激發功率密度的相關性）的對比
（(a) 對活性層激發的情況。(b) 對包覆層帶間激發的情況。）

　　而對於 LEPS 380 和 Norm 380 來說，由於元件結構中所含的貫通錯位密度
高，即使在弱激發一側，效率值也會減小，可以發現從效率曲線的一定值（虛線所
示）產生顯著的逃逸。究其原因，正如圖 4.36 所示，由於貫通錯位密度增加，對
內部量子效率所產生的非輻射複合中心的影響變大所致。這種在弱激發側表現出的
效率曲線變低的傾向，對於圖 4.40(b) 所表示的帶間激發的情況來說，可以更明顯
地觀測到。

　　因此，圖 4.40 所示的極低溫下效率曲線與貫通錯位密度相關性的測定結果表
明，在測量內部量子效率的實驗方法中，將激發功率作為測試參數一併加以考慮，
得到的結果更加符合實際情況。

4.3.3.2　內部量子效率的相關性評價

　　下面，進一步討論各試樣內部量子效率的溫度相關性，圖 4.41(a) 表示選擇激
發情況下，圖 4.41(a) 表示帶間激發情況下得到的測定結果。首先，從帶間激發包
覆層情況下得到的內部量子效率的溫度相關性（圖 (b)）看，對於所有試樣來說，
從低溫到到室溫，隨溫度上升，內部量子效率單調減小。這被認為是，從低溫開

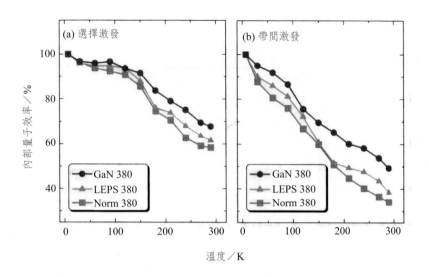

圖 4.41　三種不同 LED 結構（GaN 380, LEPS 380, Norm 380）的內部量子效率與溫度之相關性
（(a) 對活性層選擇激發的情況。(b) 對包覆層帶間激發的情況。）

始，伴隨溫度上升，非輻射複合中心發生活性化，因此對效率降低產生貢獻。與此相對，再看選擇激發活性層情況下得到的內部量子效率與溫度的相關性（圖 (a)），對於所有試樣來說，從低溫到 120～150K 左右，內部量子效率的值幾乎保持一定。此後，在 150K 以上的溫度區域，伴隨溫度上升，內部量子效率開始減小。這種傾向被認為是，在低溫領域抑制了非輻射複合中心的活性化，而在 150K 以上的高溫區域，非輻射活性中心的活性化開始，進而對效率降低產生貢獻。如此，通過測定內部量子效率與溫度的相關性，就能知道非輻射複合中心活性的溫度範圍。而且，如上所述，藉由對帶間激發情況和選擇激發情況進行比較，還有可能對包覆層和活性層中非輻射複合中心的活性化差異進行討論。

4.3.3.3　內部量子效率的最大值與貫通錯位密度的關係

　　最後，討論各試樣室溫下內部量子效率的最大值與貫通錯位密度的關係，見圖 4.42。

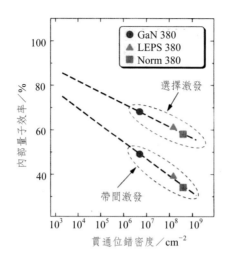

圖 4.42　生長基板不同的三種發光二極管結構（GaN 380, LEPS 380, Norm 380）
（在室溫下內部量子效率的最大值與貫通位密度的相關性。）

　　圖中用虛線表示的直線，是根據內部量子效率的測定點，藉由最小二乘法擬合得到的。無論是對於帶間激發包覆層的情況還是選擇激發活性層的情況，都顯示出內部量子效率與貫通錯位密度之間具有明顯的相關性。

　　直線的斜率，即伴隨貫通錯位密度的減少，內部量子效率增加的比率，相對於選擇激發的情況來說，帶間激發的情況更大。這種差別，反映了包覆層中非輻射複合中心的影響。

　　圖 4.42 中所示的測定結果，是針對發光峰值波長 380nm 的近紫外 LED 得到的，但利用這種明確的相互關係，如果知道元件構造中所含的貫通錯位密度，就能同時確定其內部量子效率。起因於貫通錯位等的非輻射複合中心的密度，是左右內部量子效率值的主要因素這一結論，也得到存在上述明確相互關係的支援。

　　反過來講，內部量子效率與貫通錯位密度之間存在明確的相互關係的實驗事實，說明將激發功率作為測試參數一併加以考慮的實驗評價法更符合實際情況。

　　如上所述，藉由使 PL 譜的激發功率密度相關性與溫度相關性相組合進行測定，就能對 LED 的內部量子效率進行定量的評價。這種評價法基本上屬於非破壞性測定，在元件加工前，膜層外延後，即在裸晶片的狀態下就可以測定。而且，由

於得到的是與 PL 測定激發波長相關的內部量子效率，據此也可以證實所選擇的激發分光是否合適（激發效率是否足夠高等）。也就是說，為了評價 LED 及雷射二極管等由多層結構所構成元件構造的光學品質，除了使其構造最佳化之外，看來上述內部量子效率的評價法是極為有效的測試手段。

4.4　封裝材料與封裝技術

LED 封裝的構造，如前面圖 2.7 所示，可分為炮彈型（shell-type 或 directional lamp）和表面安裝（surface-mounted device, SMD）型兩大類。

本節中，首先介紹炮彈型，關於 SMD，分別介紹 COB（chip on board，板上晶片）型（參照圖 7.9）和功率 LED 型。

圖 4.43(a) 和 (b) 分別表示炮彈型和表面安裝型 LED 封裝的構造圖。

對於炮彈型 LED 來說，首先將晶片安裝在金屬框架上的碗形凹坑之內，再在其上方封裝樹脂和螢光體。元件周圍用環氧樹脂等做成的透鏡覆蓋，除了保持作用之外，最重要的作用是利用該透鏡的形狀對發射光進行控制。透鏡形狀依元件的用途不同在外形上有各種式樣，但顧名思義，通常如圖 4.43(a) 所示，形如炮彈的炮彈型最為普遍，其具有非常高的光取出效率。由於光的指向性強，在指示燈及照射

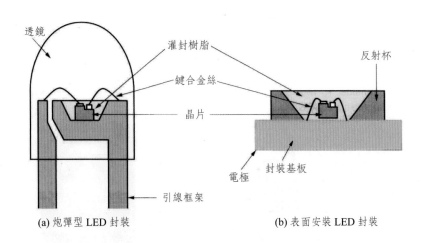

(a) 炮彈型 LED 封裝　　　　　(b) 表面安裝 LED 封裝

圖 4.43　LED 封裝的構造圖

燈（如手電筒）等中使用最多。但是，若使用這種結構，由於晶片及封裝的積體電路化難度高，從晶片產生的熱難以向外發散，因此不太適用於照明等要求高光流量的用途。

對於表面安裝型 LED 來說，晶片被安裝在布置好電極圖形（pattern）的封裝基板上，將樹脂和螢光體灌封在反射杯內，再按需要安裝透鏡。封裝基板的材料，依散熱要求等不同而異，可選用樹脂、金屬或陶瓷等。晶片的活性層靠近封裝基板一側，而且基板背面可以安裝熱沉（heatsink）等，從而保證從晶片發出的熱量高效率地向外發散。特別是在同一基板上可安裝多個晶片，可適用於高光流量的用途。

4.4.1　炮彈型 LED

首先，介紹炮彈型白光 LED 中所使用的主要材料和封裝技術。圖 4.44 表示炮彈型封裝的一例。這種封裝是 LED 初期就已採用的傳統封裝形式。當初的 LED 由於是單色的且亮度不夠高，以指示燈為其主要用途，炮彈型 LED 正是適應這些要求而出現的。在設於金屬製框架上，內為反射鏡面的碗形凹坑中搭載 LED 元件，再由樹脂製的透鏡封裝固定。其特性是，即使在小功率下，光取出效率也可以提高，為補償發光強度（光度）不足的問題，可使軸向的光度提高等，配光控制比較容易。一般稱其為燈泡（lamp）型，縱型，通孔（through-hole）型，分立（discrete）型，小功率型，也有時稱為 3mm（T1）型，5mm（T1‧3/4）型等。這種炮彈型封裝設計的基本考慮方法如圖 4.45 所示，炮彈型白光 LED 的主要製作工程如圖 4.46 所示。

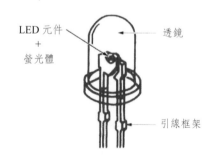

圖 4.44　炮彈型 LED 封裝實例

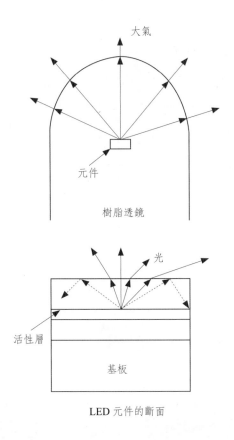

大氣

元件

樹脂透鏡

光

活性層

基板

LED 元件的斷面

圖 4.45 炮彈型 LED 的原理與封裝設計的基本設計方向

　　LED 元件置於帶反射鏡的碗形凹坑中，為了將前者發出的光向空氣中導出，在 LED 元件（如 GaN，折射率約為 2.5）和空氣（折射率大約 1.0）之間用於封裝的透明塑封料（透鏡）的折射率的大小應在前二者折射率值之間，且由 Snell 定律決定的全反射臨界角要盡量大，以利於由元件發出的光容易導出。其次，採用炮彈型封裝外形的基本構想是，這種透鏡材料與空氣之間的界面為球面，這樣，由位於球心的元件發出的光與球面垂直，光的反射角為零，從而避免全反射，致使向元件內部返回的光盡量少。不言而喻，封裝材料（透鏡）相對於使用的波長應該是透明的。為此，元件上方應由折射率為 1.5～1.6 前後的環氧樹脂形成透鏡，一方面從 LED 元件導出光，另一方面由靠近大氣側的形狀為炮彈形抑制全反射，從而使反射達到最小。發光部分可以看作點源，從與空氣的界面到發光元件間的距離一

工藝流程

① 黏片固晶
② 引線鍵合
③ 螢光體塗布
④ 透鏡形成
⑤ 切片、裂片
⑥ 測量、檢查
⑦ 分級、包裝
⑧ 完成、出廠

工程詳解之Ⅰ

(1)黏片固晶工程

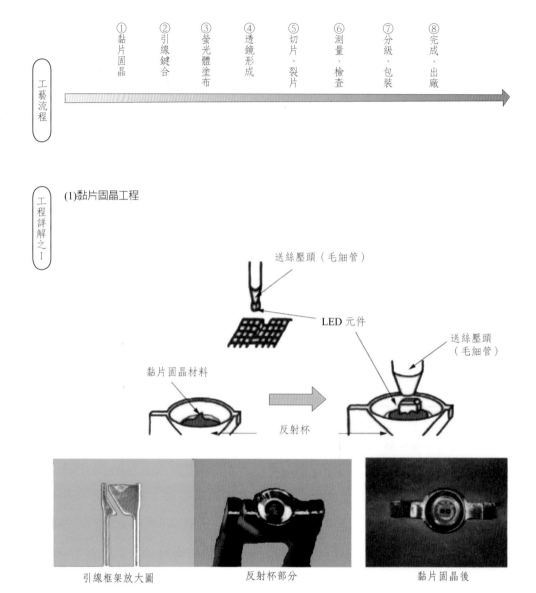

送絲壓頭（毛細管）

LED 元件

黏片固晶材料

送絲壓頭（毛細管）

反射杯

引線框架放大圖

反射杯部分

黏片固晶後

圖 4.46　炮彈型 LED 的主要工程

(2)引線鍵合工程

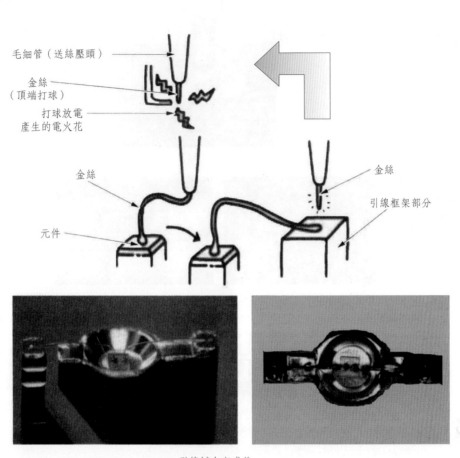

毛細管（送絲壓頭）

金絲
（頂端打球）

打球放電
產生的電火花

金絲

金絲

引線框架部分

元件

引線鍵合完成後

圖 4.46　炮彈型 LED 的主要工程（續）

(3)螢光體注入（塗佈）

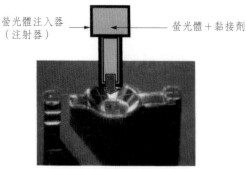

螢光體注入器
（注射器）　　　　　螢光體＋黏接劑

螢光體注入

螢光體注入後

(4)透鏡形成

注入透鏡用樹脂　　　插入引線框架　　　　固化　　　　　脫模

(5)以元件為單位切割、分離、檢查

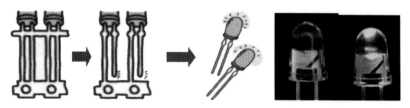

檢查完成後

圖 4.46　炮彈型 LED 的主要工程（續）

般取得較大，從而封裝也顯得略大。這樣，配光控制變得容易，方便進行各種配光設計。從各公司的產品樣本等資料中可以找到各種不同的配光實例。

　　另一方面，關於散熱，是藉由兩根引腳將熱導出，由於熱阻大，因此主要面

向小功率用途。採用藍寶石基板的封裝，是在基板一側進行兩根金絲的鍵合。這種所謂二絲型，在供電的同時，導熱也要靠兩根金絲來承擔，從而散熱性能進一步受限。若採用例如 SiC 基板的所謂單絲元件，藉由基板也能向外散熱，從而散熱限制會得到一些緩和。在 PC 基板上便於安裝晶片，光取出效率高，配光控制容易等，因此被廣泛應用。「炮彈型」這個名稱較容易使人形象地聯想到封裝整體的形狀，因此，在表現 LED 性能時，作為標準的封裝形式，這個稱呼經常被使用。

4.4.2　炮彈型 LED 的封裝材料

下面，針對構成炮彈型 LED 的材料，就其特徵和所要求的特性進行介紹。其中，炮彈型和表面安裝型所用材料基本上差異不大，只是所使用的金屬框架不同。

4.4.2.1　金屬材料

炮彈型白光 LED 中所使用的金屬，主要是框架用的鐵或銅的合金，以及作為鍵合材料的銀粉和金絲。

1. 引線框架

引線框架採用鐵或銅的合金，其表面進行鍍銀處理。

表面安裝型中所使用的 Cu-Fe 合金的 C 194 合金，在炮彈型 LED 的封裝中基本上不用，而主要使用鐵合金。但單絲元件從提高散熱性考慮也有的採用銅合金。採用鐵或銅的理由，主要是基於其導電、導熱性好，加工也比較容易。圖 4.47 表示引線框架的實例。引線框架的厚度，以 0.4 和 0.5mm 為主流，厚度 0.4mm、0.5mm 與材質鐵或銅的不同組合可針對所使用的元件及用途進行選擇。關於製造方法，是將板狀的鐵或銅的合金板由模具沖壓成形，而後，搭載元件的碗狀凹坑反射鏡（圖 4.48）從橫向經模壓成形。當然並非一次沖壓、壓製便可奏效，而要經過多道工序才能形成。對於少量多品種的試製等，也有利用蝕刻法形成的。引腳斷面多為 0.4mm×0.4mm 或 0.5mm×0.5mm，一般是取與板厚相同的正方形。電鍍的目的是為了引線鍵合容易、保證碗狀凹坑反射鏡的高反射率以及安裝時焊料位置對正等，大多數情況都是電鍍銀。

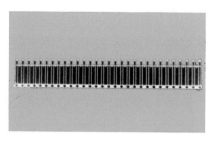 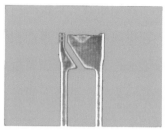

放大圖

圖 4.47　引線框架

2. 黏片（固晶）和鍵合材料

　　白色炮彈型 LED 的黏片鍵合（bonding）材料通常包括兩類，一類是將元件在碗狀凹坑中黏結固定的黏片或固晶（die bonding，也稱為 die attach，圖 4.49）用材料，另一類是為元件供電而使元件電極與引線框架導通的引線鍵合（wire bonding，圖 4.50）用材料。倒裝晶片鍵合（flip chip bonding）方式除了一部分的研究用途之外，目前還未在炮彈型中使用。關於黏片鍵合中所使用的金屬材料，有黏片用的銀粉和引線鍵合用的金絲。

圖 4.48　反射杯部分　　　　　圖 4.49　黏片固晶後

圖 4.50　引線鍵合的一例

(1)黏片固晶（die bond）用材料

黏片多用銀粉導電膠，這種導電膠是在環氧樹脂中加入銀粉由溶劑混合而成的。對黏片用導電膠在導電性和散熱性方面都有很高要求，之所以選用銀就是基於其高電導、高熱導以及抗氧化的特性。請注意黏片用銀漿料與人們通常所稱「銀漿」的充填 A1 粉的塗料之間的區別。充填金粉的金漿料比銀漿料性能更優良，但由於價格太高而鮮少在炮彈型 LED 中使用。最近有人用聚醯亞胺樹脂代替環氧樹脂，並在其中分散銀粉，以改善適應短波長光和適應更高使用溫度的需求。但無論哪一種都是單液性加熱固化型。

作為黏片固晶材料，對其要求的特性主要有：

①良好的導電、導熱性能；

②耐熱性優良（能承受鍵合工序的溫度）

③對於分散性樹脂來說，具有足夠的穩定性。

(2)引線鍵合（wire bond）用材料

引線鍵合材料採用的基本上都是金絲。此外還有適量添加 Si 的以及使之與半導體導電型相組合而添加 Zn 及其他雜質的金絲等。這些都涉及各廠商的技術秘密（know-how）而在其產品中採用。依使用元件、裝置等不同，鍵合條件有微妙的變化，但鍵合材料並無大的變化。炮彈型 LED 中多採用直徑 20～35μm 的金絲。

採用金絲的理由，是基於其良好的導電性、延展性和穩定性。當然，不僅是材料，金絲在捲盤（spool）中的捲入方法，保管時的上下方向以及環境氣氛等也必

須注意。基於金絲的特徵，有時會出現與不同型號的鍵合機難以匹配，因污染而難以鍵合，或者可靠性難以保證的情況，需要嚴格的工藝管理和操作規程。

作為引線鍵合材料，對其要求的特性主要有：

①與元件的電極材料之間具有良好的適應性（合金性，黏結特性等）；

②良好的導電性和導熱性

③適度的延展性和強度（不會因樹脂的膨脹、收縮而破斷）。

4.4.2.2　樹脂材料

炮彈型白光 LED 中使用的主要樹脂材料是環氧樹脂和矽樹脂，二者的簡要比較列於表 4.4（只是與 LED 用相關的性能比較，不是環氧樹脂和矽樹脂整體的性能比較）。

人們也提出採用 PMMA 等變性丙稀樹脂或其他多種方案，但目前仍幾乎未在炮彈型白光 LED 中使用。炮彈型中所使用的樹脂材料主要包括：黏片固晶材料，螢光體黏合劑（binder），透鏡外裝材料等。

1. 環氧樹脂

很久以來，環氧樹脂就在 LED 中作為黏片固晶、封裝、透鏡材料而廣泛使用。一般說來，環氧樹脂以雙酚 A 縮水甘油醚或雙酚 F 縮水甘油醚作為主成分，為提高熱穩定性而添加芳香族，或為防止變色而添加脂環氧樹脂而組成的。為提高玻璃轉變溫度及提高穩定性所採取的措施，以及黏度精細調整的技術訣竅，都屬於

表 4.4　矽樹脂與環氧樹脂的比較（炮彈型白光 LED）

性能 ＼ 材料	矽樹脂	環氧樹脂
耐熱性	優	可
耐短波長光	優	不可（一部可）
黏接性	良	優
硬度	良	優
熱膨脹特性	良	良
耐濕性	可（一部不可）	良

各廠商的技術機密。由於其含有紫外吸收強的芳香族，因吸收短波長光而生成羰基，從而造成色穩定性差或變色，這是環氧樹脂用於 LED 的缺點之一。

環氧樹脂作為黏片材料銀漿料的基礎樹脂及透鏡外裝樹脂而使用的理由是，其與俱有導電性的銀粉的混合性良好，而且黏結性優良。伴隨白光 LED 的進展，要求也不斷變化。作為白光 LED 的黏片材料，若使用以環氧樹脂作為基礎樹脂的銀漿料，無論是近紫外激發還是藍光激發，隨發光時間的增加，會造成局部強度的下降，採用熱衝擊試驗等檢測會發生元件的剝離。造成這種現象的原因可解釋為，受能量大的短波長光作用，環氧樹脂中的 C—C（358kJ/mol）、C—O（339kJ/mol）鍵被切斷，致使劣化發生。對於二絲型元件來說，對黏片材料無導電性要求，因此可以在不考慮導電性的前提下重點保證對短波長光的穩定性。但是，對於在基板側構成電極的單絲型元件來說，由於採用原來的一次引線鍵合（WB）即可完成，而且還有基板側可以散熱等優勢，再加上黏片材料具有導電性，一舉兩得，因此在傳統的 LED 中作為標準而使用。儘管存在大氣中發生硫化及固化時放氣等環境問題，改善環氧樹脂的利用，在白光 LED 中這種方式的改良正不斷取得進展。LED 中溫度最高的是元件的結合部位，處於元件正下方部分的黏片材料在耐光、耐熱、導（散）熱性方面有最嚴格的要求。因此，各廠商通過添加脂環式環氧樹脂等，在提高耐熱、耐光性等方面積極進行開發。目前在藍光激發的白光 LED 中，以改良環氧樹脂為基礎樹脂的銀漿料用得最多。

環氧樹脂在用於透鏡材料的場合，會受到近紫外光、藍光等短波長光的影響。由近紫外激發靠螢光體完全地將近紫外線變換為可見光當然是不可能的，因此，近紫外光會透過透鏡。受這種影響，長期使用，由於光和熱的作用會發生變色。由於這種變色，會使短波長側的光透射率減小，對於紅光 LED 來說基本上不存在什麼問題，但對於白光 LED 來說，對光度會造成很大的影響。

其理由是，環氧樹脂含有對紫外線吸收很強的芳香族，它吸收短波長光，因氧化而變色，而且因熱也會變色。儘管對於紅光和綠光不存在問題，但由於受近紫外光及藍光影響而變色，從而表現為白色的光度低下。這種影響顯著顯現的波長一般認為在 400nm 以下，但即使靠近 450nm 的藍光，對於長期的可靠性、穩定性等

方面有些情況也會產生問題。但是，對於炮彈型來說，由於酸酐硬化而發生的體積減小的影響相對較小，因此在藍光激發白光 LED 中多使用環氧樹脂的透鏡。這些與黏片膠同樣，通過添加脂環式環氧樹脂及氫等加以改善。對於白光 LED 透鏡用樹脂來說，要求在所使用的波長帶域內是透明的，黏結性好，在寬廣的溫度範圍內是穩定的，無論是一液型還是二液型，有效時間都希望在 25℃ 時為 3h 以上，在 150℃ 1h 左右的固化條件下獲得實用化的硬度。

2. 矽樹脂

矽樹脂以聚矽氧烷為主骨架，絕緣性耐光劣化的性能強，直到 400nm 附近均是透明的，因此可用於近紫外激發的白光 LED 中。即使藍光激發白光，且只在單面布置 p、n 兩電極，被稱為「二絲型」的元件，由於黏片膠不需要導電性，受強藍光照射的元件的背面，也可使用耐光劣化性能強的矽樹脂，以使可靠度提高。

矽樹脂比環氧樹脂耐光性、耐熱性強的理由之一是前面談到的主鏈的不同，Si—O 的結合能（444kJ/mol）比環氧樹脂的 C—C（358kJ/mol），C—O（339kJ/mol）的結合能大所致。矽樹脂的極性小，與環氧樹脂相比黏結性較差，因此與晶片相接觸部位強度的管理等需要充分注意。這就是為什麼黏片材料絕大多數都採用環氧樹脂的理由。但是，近年來以提高耐熱性、散熱性為目的，已開始使用聚醯亞胺矽樹脂，為賦予其導電性，人們開發出在其中填充銀粉的新型黏片膠材料。對於一絲型元件來說，藉由一根金屬絲的鍵合連接，通過基板也能散熱，因此這種填充銀粉的新型黏片膠作為耐光性強、散熱性好的黏片材料十分有效。

表 4.5 是針對黏片膠材料的環氧樹脂、矽樹脂和聚醯亞胺矽樹脂的特性比較。

表 4.5　矽樹脂系與環氧樹脂系黏片固晶材料之特徵

基礎樹脂主成分	黏接性	耐熱性	熱導性	透明性	耐短波長光	導電性
環氧樹脂＋Ag	○	△	○	×	×	○
矽樹脂	△	○	×	○	○	×
聚醯亞胺矽樹脂＋Ag	△	○	○	×	△	○

分類：○良好　△可使用　×不可使用

用於透鏡材料，當初作為矽樹脂首先使用的是橡膠系，但由於其硬度低，處理過程中極易造成表面刮傷，且由於黏性較強，表面很容易黏附塵埃等。因此，在早期，像側視（side view）型的表面安裝型那樣，只是在透鏡面不被直接接觸的類型中使用。而且折射率也只有 1.4 左右，稍顯低些，希望能達到與環氧樹脂的折射率大約 1.5 相接近的程度。因此，透鏡中不再使用橡膠系，而在一部分中，也有的是將預先橋架的樹脂經溶劑溶解後，使溶劑揮發，使用所謂樹脂型（resin type），但僅是透鏡的情況，採用環氧樹脂的更多。但是，現在往往是在硬的樹脂型材料中導入苯基，除了增加柔軟性之外，還可使折射率達到 1.5，進一步採取將橋架反應的一部分從後面加入等措施。採用這種無溶劑的樹脂型，可使硬度提高，例如肖氏硬度 –D 達到 70 左右，作為外裝應用，該硬度已不存在什麼問題。

目前矽樹脂已在近紫外激發白光炮彈型 LED 中全面採用，而且在藍光激發白光炮彈型 LED 中的應用也在慢慢展開。但是，應該注意的是，它存在透濕性問題，矽樹脂具有容易透過濕氣的性質，因此需要在封裝方面採取必要的措施。針對具體應用、用途等，要通過環境試驗、可靠性試驗等加以確認。

4.4.2.3 不同工序應注意的事項

針對上述情況，按樹脂使用的工序類型，重點整理說明所要求的注意事項等。

不言而喻，材料不僅要適應該材料本身的製作工藝條件，還應適應後續的使用（製作）工藝條件，否則這種材料就不能使用。例如，不能滿足 WB（wire bonding，引線鍵合）溫度條件的黏片膠材料當然是不能使用的。相反通過降低 WB 的條件，新的材料也有可能使用。這說明，工藝條件的改善也是極為重要的。

1. 黏片膠材料

LED 中處於最高溫度的是元件的黏結部位，由於它處於元件的正下方，因此對於黏片膠材料的耐熱性、散熱性、耐光性等都有最嚴格的要求。通常對於一液型來說，由於要控制其固化，因此需要在冷凍狀態下進貨，並在冷凍狀態下保管。在使用之前 30min 左右升溫到室溫使用。

導電性和導熱性好，原來是一絲型元件的長處，這是所希望的。所要求的各種特性，也同元件的構造密切相關，不同特性的重要程度也多少有些差異，以下匯總

的是一般的要求。

①與引線框架材料、半導體元件的黏結性（與金屬及無機材料的黏結）要好，黏結強度要盡量高。

②對於所使用的光，不能發生光致劣化。

③耐熱性要好（具有足以承受 WB 工序的耐熱性）。

④熱傳導性優良。

⑤固化時黏度變化的情況下也不會使元件的位置發生變動。

⑥具有適度的硬度，在 WB 操作中不會吸收超聲波振動。

⑦具有適度的彈性，以備在熱衝擊下能吸收對元件及金絲所產生的應力。

⑧具有良好的耐裂紋特性。

⑨可保存的時間長（在冷凍狀態下，希望有一年的有效保存期）。

2. 螢光體黏合劑

螢光體黏合劑要求對螢光體的分散性良好，而且為抑制螢光體的沉降需要加入填料等。而且，在固化時及受熱沖擊時，為了不對元件及引線造成損傷，還應考慮到具有吸收膨脹及收縮的功能。填料及各種添加物涉及各廠商的技術機密，所以都不對外公告。對螢光體黏合劑所要求的特性主要包括：

①螢光體的分散性優良。

②固化時的黏度變化不大（不會使螢光體發生沉澱等再配置）。

③固化時、固化後的尺寸變化小。

④光透射率高。

⑤與元件、引線框架的黏結性好。

⑥可以進行黏度調整。

3. 灌封材料

灌封材料位於螢光體與透鏡之間，一般起緩衝作用，但在炮彈型中並不使用。對於螢光體黏結劑採用矽樹脂，透鏡採用環氧樹脂等的情況，應恰當選擇樹脂和固化條件，以保證不同樹脂之間的界面不發生剝離，在這種情況下，灌封材料可起到良好的緩衝作用。為了不對元件及引線造成損傷，要求灌封材料要多少有些彈

性，既可以用矽樹脂，又可以用橡膠系。對灌封材料的要求主要有下述幾項：

①光折射率高（與黏合劑樹脂、透鏡用樹脂的折射率大致相似）。

②對於熱沖擊（hot shock）具有緩衝應變的作用。

③與透鏡材料、螢光體黏合劑的黏結性好（固化時不產生剝離等）。

④與透鏡材料、螢光體黏合劑的膨脹率、收縮率接近（受熱沖擊時不產生剝離）。

4. 透鏡材料

炮彈型這一名稱的由來源於透鏡——由於形成炮彈形透鏡，從而光的取出變得容易。與此同時，對炮彈型 LED 的外裝要格外小心，應保證其不易受到外傷，耐化學藥品性強。而且，還需要耐熱性、形態穩定性、黏結性等。

關於折射率，由於要兼顧從半導體元件引出光和向外部（空氣）射出光這兩方面的要求，因此，折射率的大小應在半導體的折射率（較大）與大氣的折射率（等於 1）中間選擇。現在，藍光激發 LED 一般使用環氧樹脂，而紫外激發 LED 一般使用矽樹脂。環氧樹脂在硬度、密封性、折射率、耐化學藥品性諸方面均為優秀，但對於短波長光存在劣化問題。現在，藍光激發白光炮彈型 LED 的透鏡中所使用的環氧樹脂，如上所述，各廠商都針對自己的產品進行了進一步的開發和改進。

由於矽樹脂耐近紫外～藍光的性能優良，當初作為灌封材料而使用的矽橡膠系，作為透鏡材料也進行了研究開發。現在，通過產生附加的橋架使其固化，使用無溶劑的矽樹脂（siliconresin），進一步導入苯基等，使折射率提高到 1.5 以上，硬度也達到肖氏-D70 左右，從而，作為外裝，正達到不存在問題的程度。其結果，在紫外激發白光 LED 的炮彈型中已經使用矽樹脂。但是，由於存在黏結強度不足和透濕性等與環氧樹脂不同的特性，需要針對具體的用途，確認其性能是否滿足要求。由於透鏡材料同時擔負著 LED 的外裝，位於元件的最外層，在對光學性能有極高要求的同時，還應滿足耐熱沖擊、耐熱、耐濕、耐化學藥品性等諸多要求。作為透鏡材料，希望固化溫度在 200℃ 以下、1h 達到實用化的硬度，且原材料在室溫下應有 6 個月以上的有效保存期。

作為透鏡材料，所要求的性能主要有：

①透明度高，折射率適當。

②硬度適度高些，以便不容易產生刮傷。

③黏結性良好。

④對水蒸汽、溶劑等有適度的耐性強度。

⑤硬化時不產生應變（不對金絲造成損傷）。

⑥耐熱沖擊、耐裂紋的性能優良。

⑦容易從模具中脫模。

　　現在已廣泛使用的矽樹脂和環氧樹脂的性能概要請參照表 4.4。

4.4.2.4　今後需要解決的課題

與炮彈型 LED 所用材料相關的課題主要有：

①金屬材料的開發。

②散熱性能好的 LF 的開發（LF 的材質，電鍍材料等）；適用於白光的反射器的構造、散熱，反射率的提高。

③樹脂材料的開發：透明導電性黏片固晶（die bonding）材料的開發；耐短波長光，高透射率，對螢光體的分散性好的黏合劑材料的開發；耐短波長光，密封性、黏結性、耐透濕性優良，而且可實現各種折射率的透鏡材料的開發。

④螢光體的開發：高效率螢光體，特別是藍光螢光體等。

4.4.3　炮彈型 LED 的封裝技術

採用由上述材料製作的零部件，經封裝即可形成炮彈型白光 LED。下面按主要的工程順序，對封裝過程做簡要介紹。

4.4.3.1　封裝的主要工序

參照圖 4.46 所示的炮彈型 LED 的製作工程，現將封裝的主要工序簡介如下。

1. 黏片固晶（die bonding，晶片黏結）

特指將晶片固定於杯狀或碗狀反射器中的搭載工序（參照圖 4.49），又稱為

黏片固晶。

通常的黏片膠材料幾乎都是一液型的，大多數需要冷凍保管。對於這種情況需要在使用前 30min 從冷凍室取出，使溫度升到室溫使用。

用細針的尖端蘸取黏片膠，將其塗布於反射杯內預定的位置。

接著，用稱作晶片抓手（collet）的真空吸管，將半導體元件從藍片（blue sheet）上取下，將其搭載於反射杯內已塗好黏片膠的所定位置上。順便指出，為了方便地將黏附於藍片之上的元件一個接一個地由晶片抓手吸著，可從下方用針將其頂出。若塗的黏片膠過多，元件的位置則容易變動或傾斜，進一步還可能浸潤到元件的側面，若黏片膠是導電性材料，一旦到達元件的側面，還會造成 pn 結短路。而即使黏片膠是絕緣性的，若不是透明的，則會遮斷元件從側面發出的光。黏片後的固化條件也是評價黏片膠特性的重要因素。加熱固化時，大多數情況是在某一時段內黏度下降，而這種固化過程中的黏度下降，往往會造成元件位置的變動或發生傾斜等，破壞正確的配光控制。這些材料及黏片條件是否合適，目前主要靠剪切強度的大小來判斷，待技術成熟後則需要進一步的環境試驗等來判定。

2. 引線鍵合（WB）

一般情況下，作為第一鍵合採用的是超聲熱壓焊，即在元件的金屬電極上，利用熱和超聲波的能量，使之與金絲形成合金而實現鍵合連接。金絲通過稱作毛細管（capillary）的空芯針由芯部供應，利用火花（spark）放電，使金絲端部熔化，並形成金球（直徑數十微米）。在鍵合的同時，放鬆夾住金絲的夾子，留下與元件電極鍵合在一起的金絲，使供絲毛細管後退，其結果，送出所定長度的金絲。

接著，作為第二鍵合，是在引線框架一側進行與電極位置相對應的鍵合，以實現引線框架與元件的電氣連接。順便指出，這裡所說的第二鍵合，是在上述第一鍵合所用熱和超聲波的基礎上，再加使金絲切斷的磨削動作。一般稱上述工序為引腳式鍵合（stitch bonding）。至此，金絲切斷之後立即通過火花放電使金絲端部熔化形成金球（打金球），為下一次鍵合做好準備。

對於在元件單側布置 pn 結的兩電極的情況，第二個電極同樣地用另一根金絲鍵合，也分第一鍵合和第二鍵合兩步進行。圖 4.50 表示完成引線鍵合（WB）的狀

態。引線鍵合質量受表面狀態的影響很大，即使元件的電極材料、金絲的材質不存在問題，但依 LF 及晶片黏結後的保管狀態、晶片黏結固化條件的不同，都會使引線鍵合的狀態不同。這些都需要極嚴格的質量管理。

引線鍵合的條件由合金成分比、合金的形狀、拉伸試驗、剪切試驗、金屬絲的形狀決定，一般要由環境試驗來確認。

至此項已完成 LED 的供電連接；對這種半成品 LED 通電即可發光。

3. 螢光體塗佈

螢光體塗佈是形成白光 LED 必不可少的工序，生產初期也曾考慮將螢光體分散於整個透鏡之中。由於從螢光體發出的光是向著所有方向的，不僅有向著透鏡外側的，還有向著內側的，這樣會引起多級激發，而且還會引起外光激發。結果，不僅配光控制難以實現，從光的取出效率觀察也是不利的。基於螢光體配置幾何學的研究，在炮彈型 LED 中，一般是將螢光體分散於樹脂黏結劑中，並塗佈於反射杯內。

稱取一定量的螢光體、除泡的同時與黏合劑樹脂相混合。也有進一步通過減壓、加熱進行除泡處理。將這種分散有機螢光體的樹脂利用微量注射器（microsyringe）注入一定量到引線框架的杯中。為維持注入量和螢光體濃度保持一定比例，樹脂的黏度管理極為重要。為維持螢光體的分散狀態均一，必須在攪拌的同時進行注入。控制樹脂的溫度，使黏度增高以便抑制螢光體的沉降；有時需要使溫度上升讓黏度下降，使之易於流動以控制分散狀態。溫度控制是影響粘度的關鍵因素。關於螢光體的分散、空間配置等，各廠商都進行了認真細緻的研究開發，這些都屬於廠商的專利技術秘密。

對於近紫外激發使用 RGB 螢光體的環境，由於會產生多級激發，因此 RGB 螢光體的比率、濃度都是十分重要的，因情況不同而異，有的還要加黃光螢光體，有的是將 RGB 分別形成單層，再使其積層等。

螢光體塗佈的最佳條件受限於製作工藝，隨使用的螢光體、黏合劑、固化條件不同而異，需要依據這些具體的情況而設定最佳條件，從而也是最應著力開發的工序。以上工序決定著白光 LED 的特性。

4. 透鏡形成

透鏡形狀決定於所要求的配光模式（pattern），一般可由模擬確定。透鏡可根據折射率、晶片的高度位置、反射鏡的形狀等進行設計。通常，借助 TO 外殼（can）等，在裸晶片的狀態下進行測定，並將測得的數據送入（feeding）可提高配光模擬的精度，但因觀視光角度等不同而使配光形狀會發生變化，對於像白光那樣的採用螢光體的情況和單色不採用螢光體的情況，模擬中顯然是有差異的，將這些因素考慮在內，在設計等過程中都會涉及到專利技術。透鏡形狀可以由模擬來確定，細微的晶片位置等可由實驗決定，在此基礎上可以做出透鏡模型。圖 4.51 表示透鏡模型一例。為了更容易理解，圖中是由單色進行模擬的。右邊的圖表示以半圓形的中心向外側的光度相對值與半圓周上和光軸所成角度的關係。

透鏡模型經過金屬模具轉換為樹脂模具，在實際的生產中採用上述樹脂透鏡模具（圖 4.52）形成透鏡。樹脂模具經多次使用後需要更換。

對於需要由主劑和固化劑混合的樹脂，需要預先混合脫泡。對於樹脂模具來說，若需要採用脫模劑，可先將其溶於溶劑之中，均勻散佈之後，使溶劑揮發。再確認透鏡模具中不存在異物後注入適量樹脂。注入時不能混入氣泡，而且透鏡表面不能發生樹脂缺陷。為了提高透鏡的品質，需要對樹脂和樹脂模具的溫度、注入位置、注入壓力、注入速度等進行仔細調整。要確認引線框架的方向和透鏡模具的方

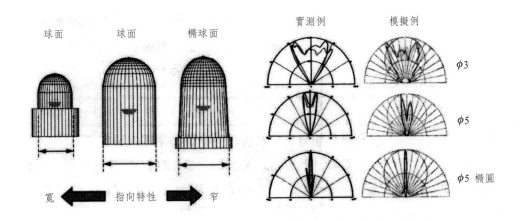

圖 4.51　透鏡形狀模擬實例

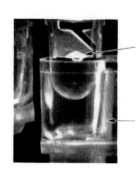

炮彈型 LED（成形後從
模具中向上引出）

透明樹脂製
透鏡模具

圖 4.52　透鏡模具

向（陰極標記），將引線框架向下安放在透鏡模具中。需特別注意不能使氣泡引入。對於在杯中充填螢光體的白光 LED，氣泡控制比較容易。順便指出，固化工程因樹脂而異所要求的溫度、時間的不同，一般可使用電爐使之固化。對此，各廠商也都有自己的關鍵技術，可針對具體條件選擇最佳工藝。一般說來，採用階梯處理（step cure，階梯升降溫）固化工藝，排除氣泡的效果好，同樣，但依樹脂不同各廠商都有自己的關鍵技術。在達到一定程度的固化之後，多數情況是從模具中取出，再按需要進行另外的退火，上述工序形成透鏡，進而完成 LED 的配光特性。

5. 切割分離

首先切除引線框架的不需要部分，再對炮彈型元件進行分離。在確認陰極標記後進行切割。為避免對模具造成損傷，切割前必須去除砂塵等。此外，應保證切割後的 LED 彼此之間不會造成對炮彈型透鏡表面造成划傷。特別要注意切割造成的毛刺、碎屑等。切分好的炮彈型 LED 應及時收納在特制的器件盒中。

在批量生產的狀況下，在完全分離之前，僅使單面的電極分離，可用來進行點亮試驗。

6. 測試分類

切割分離後的 LED，無論是炮彈型還是表面安裝型，都要毫無例外地按照既定的工藝程序進行測試。在生產過程中，一般是按照確定的程序和項目進行自動測試。方法是將炮彈型器件按同一個方向整齊排列，一個接一個地送入測試台上。在MCP 的傳感器部位，分別用夾子夾住 LED 的兩根引腳，並通以定電流，用以測定

發光強度、色度、發光波長、順向電壓、逆電流等，按預先確定的參數進行分類。在此重要的是：器件的供應時間和測試時間應相互匹配；測試器與器件的光軸應保持一致；測試器要經過認真校正，將誤差減到最低等。需要加溫的機器應在測試前做好準備。通常，一般是由公共機構校正的機器作為現場的標準，在裝置使用前對其進行校正。當然，此類標準應該在良好的管理狀態下保管，並需要進行定期校正。

測試後，應將器件裝入經防止帶電處理的聚乙烯袋中，在裝入乾燥劑的同時對包裝袋進行密封，準備出廠。像表面安裝器件那樣的非帶狀（taping）產品的保管，特別要防帶靜電、防濕等。

7. 炮彈型 LED 封裝技術小結

通常，上述各工程按各廠商獨自的標準進行管理，用來製造均勻的、可靠性高的炮彈型 LED。炮彈型 LED 封裝工程中主要工序中的注意點、檢驗項目等簡要地匯總於表 4.6 中。

實際可得到的炮彈型白光 LED 是在極精細工程、非常嚴格的管理下製造的，以此得以確保高品質和高可靠性。為便於參考，表 4.7 中列出接近實際的工程與管理項目。

表 4.6　主要工序中應注意的問題

工序	應注意的問題	檢查項目
黏片固晶	元件的位置，黏接強度	目視檢查，黏接剪切強度
引線鍵合（WB）	鍵合位置，形狀，強度	目視，拉斷強度、位置，合金狀態
螢光體塗佈	種類，塗布量	工程中的目視檢查，重量確認
透鏡形成	氣泡，劃傷，污染物	目視檢查，模具管理
切割分離	毛邊，陰極位置	目視檢查，模具、刀具管理
測試分類	測試位置、測試器的變動，異常	日常的檢查和定期的校正

表 4.7　各工序中的主要管理項目

工序名稱	管理項目
材料到貨檢查	按檢查標準書進行
倉庫保管	保管狀態
黏片固晶	黏片固晶狀態
固化	固化溫度，固化時間，氣體流量
引線鍵合（WB）	引線鍵合狀態
鍵合檢查	按檢查標準書進行
螢光體塗佈用樹脂配置	樹脂種類，螢光體種類，配合比
螢光體分散	濃度
脫泡	攪拌時間，脫泡時間，加熱溫度
注入	注入量（溫度，吐出壓力，吐出時間）
固化	固化溫度，固化時間，吐出流量
樹脂模具組合安裝	方向
外裝透鏡用樹脂配置	樹脂種類，配合比
脫泡	攪拌時間，脫泡時間，加熱溫度
注入	注入量
固化	固化溫度，固化時間，氣體流量
脫模	模具使用次數，拔出方向
退火	溫度，時間
切割分離	切割狀態，有無毛邊、划傷
外觀檢查	按檢查標準書進行
特性選別	電氣特性，光學特性，測試設備的校正

以上主要針對較常用的封裝工程，測試與試驗一般應視其他項目的需要而進行調整，並非炮彈型 LED 所獨有，是屬於 LED 共用的測試或試驗項目。

4.4.3.2　未來研究課題

若沒有既節能、品質又高，人人都想採用的高品質光源，則不能推廣普及也無法達到節約效果。為了實現高效率且高品質的白光光源，人們正在不懈地努力，其中第一是散熱問題，為了將元件所具有的特性盡可能地引出，封裝乃至整個光源系統的熱管理（導熱、散熱等）是極為重要的，此外，折射率也應該做成梯度型的，以便將元件發出的光盡可能無損失地充分引出。上述重要技術的開發正在積極進行

之中。當然，封裝技術的開發應該與材料的開發（4.4.2.4 節）同時進行。以下是封裝技術的主要開發課題：

　　①散熱技術的研發；

　　②螢光體塗佈、注入技術的研發；

　　③樹脂與螢光體的混合、胞泡等技術開發；

　　④配光控制精細化（光量的有效利用）。

4.4.4　表面安裝（SMD）型 LED

作為表面安裝（SMD）型 LED 用封裝基板，主要有以下三種：

①由玻璃化溫度（T_g）高於回流焊溫度的熱塑性樹脂與玻璃纖維或氧化鈦組合而成的複合基板；

②陶瓷基板；

③金屬基基板，金屬基板等。

　　LED 主要有大晶片（約 1mm×1mm）和小晶片（約 0.35mm×0.35mm）兩種。一個封裝中可裝入一個或多個晶片。由於一個大晶片比一個小晶片輸入的電流大，封裝密度必然變高，晶片的熱量集中，從熱特性分析，相對於小晶片是不利的。由於電流集中而引發 LED 晶片劣化的問題也應引起注意。即使在多晶片模式中，相互接近的 LED 間對光吸收的影響，以及封裝密度上升造成更多發熱的影響等，都是需要認真對待的問題。

　　如前（2.2、4.3 節）所述，LED 的外部量子效率（η_e）由內部量子效率（η_{int}）和光取出效率（η_{ext}）二者決定。其中，光取出效率因晶片及封裝的大小不同會有很大的變化。一般說來，為了緩和晶片與空氣間折射率的差異（GaN：2.5，藍寶石基板：1.7，環氧樹脂：1.4，矽樹脂：1.4～1.5，空氣：1），封裝中要灌封矽樹脂等。為改善光取出效率，從晶片到樹脂內的光取出的控制，從樹脂向空氣的光取出的控制都是非常重要的。

4.4.5 SMD 型 LCD 的元件構造

4.4.5.1 LED 元件

用於白光 LED 照明光源的製作，主要採用藍光 LED 和近紫外 LED 晶片。

圖 4.53 表示一般的 InGaN 系 LED 元件簡略化的構造圖。在作為生長基板的藍寶石基板上，依次沉積 n 型 GaN 層、InGaN 活性層、p 型 GaN 層等半導體層，而後在 p 型 GaN 層上形成透明電極，再在透明電極上形成 n 型 GaN，進一步在 n 型 GaN 上分別形成陽極用和陰極用電極焊盤。因藍寶石基板是絕緣體，因此將其裝載於金屬基板時需要從 p 型電極和 n 型電極引出兩條引線。

大晶片（large chip）因其晶片面積大，每個晶片的光輸出高，與小晶片（small chip）比較，容易獲得比較高的發光強度。對於需要高光輸出的狀況，一般多採用大晶片。因晶片面積大，晶片內的電流密度難以實現均勻化，且與小晶片比較，大晶片的成品率低，價格也相對較高。

小晶片每個晶片的光輸出不如大晶片的高，但每個晶片的發光效率及成品率要比大晶片高。採用小晶片要想得到高的光輸出，需要晶片積體電路化，為此要對晶片的驅動電壓及光輸出等進行選別，以保證特性一致。

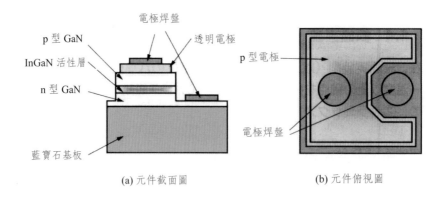

(a) 元件截面圖　　　　　　　　　(b) 元件俯視圖

圖 4.53　InGaN 系簡略化的 LED 元件構造圖

4.4.5.2　LED 封裝

COB 型的封裝法，一般是從樹脂基板變為金屬基基板，因為普通的 PCB 基板散熱不良。

在 SMD 型 LED 中，如圖 4.43(b) 所示，在描畫好電極圖形（pattern）的封裝基板上安裝晶片，再將樹脂和螢光體灌封到反射器中。在封裝中，用到了金屬、樹脂、陶瓷等各種不同的材料。晶片的活性層靠近基板一側，而且封裝基板的背面可以貼附熱沉（heat sink），因此，從晶片發出的熱可以高效率地散出。金屬材料的熱導率高，如 Cu 為 398W · m^{-1} · K^{-1}，Al 為 240W · m^{-1} · K^{-1}。而且，一塊封裝基板上還可以安裝多個晶片，適用於需要高光流量的用途。

表 4.8 簡要列出 Philips-Lumileds 和 Osram-Opto-Semiconductors 等公司生產的高光輸出用 LED 的封裝特徵。

4.4.6　SMD 型 LED 的封裝技術

4.4.6.1　晶片安裝方式和相關材料

作為晶片在封裝基板上的安裝方法，主要有引線鍵合（wire bonding, WB）和倒裝晶片（flip chip, FC，又稱覆晶）兩種。圖 4.54 分別給出 WB 安裝和 FC 安裝 LED 的模式圖。

表 4.8　Philips-Lumileds 和 Osram-Opto-Semiconductors 生產的高光輸出 LED 封裝之特徵

廠商	製品名	晶片的安裝方式	特徵
Philips-Lumileds	· Luxeon K2 · Luxeon Rebel	· 薄膜倒裝片（thin film FC）鍵合	· 為防止色度變化，螢光體進行保形塗布（conformal coating） · 用於預組裝（submount） · 以 1,000lm 為目標（1,500mA 驅動）
Osram-Opto-Semiconductors	· Aton · Nota · Golden Dragon · Ostar	· 薄膜電極面朝上（thin film face-up）鍵合	· SiC 基板 · 使用單根引線（single wire） · 以晶片級（chip level）螢光體變換（CLC）實現白光化

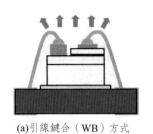 

(a)引線鍵合（WB）方式　　　　(b)倒裝片（FC）方式

圖 4.54　LED 晶片安裝方式的模式圖

　　WB 安裝如圖 4.54(a) 所示，首先是將電極面朝上的晶片用銀漿料或樹脂漿料等黏接劑在封裝基板上固定（黏片固晶），再將晶片電極與封裝基板布線上的電極用金屬絲鍵合，以實現二者間的電氣連接。這種方式的優點是，已有的裝置如黏片機、引線鍵合機都可以照舊使用。但也存在下述主要缺點：

　　①由於封裝樹脂的熱變形有可能造成金屬絲的斷線；

　　②金屬絲的遮擋會阻礙光的射出；

　　③由於藍寶石基板的熱導率低，從晶片產生的熱量難以向外逃逸。

　　FC 安裝如圖 4.54(b) 所示，是將晶片以電極面朝下的方式，安裝在封裝基板上。在預安裝基板（submount）上形成的金屬凸點（bump）與晶片電極之間，藉由熱和壓力負荷，以及超聲波實現鍵合。預安裝基板與封裝基板間靠黏接劑固定，再利用鍵合金屬絲實現電氣連接。FC 安裝方式的優點是，由於藍寶石基板的折射率與空氣折射率的差異小，從藍寶石基板一側易取出光，而且，藉由凸點還能高效率地導出熱。但另一方面，封裝裝置及安裝條件等都比較複雜，而且熱及超聲波等都會對晶片及週邊材料等產生影響。

　　目前，封裝基板越來越多地採用高絕緣性的陶瓷材料，從而將晶片以倒裝片（電極面朝下）的方式直接搭載在封裝基板上成為可能。表 4.9 中列出主要高熱導陶瓷材料，如氮化鋁（AlN）、三氧化二鋁（Al_2O_3）、氧化鈹（BeO）等的熱導率和絕緣耐壓特性。其中，AlN 具有優良的熱導率和高的電絕緣性，作為封裝材料具備非常優秀的特性。在陶瓷基板上直接進行倒裝片鍵合的技術（direct flip-chip bonding, DFCB）是由山口大學田口研究室開發的。採用 DFCB 法，可以實現多個

表 4.9 主要陶瓷材料的熱導率及絕緣耐壓特性

特性	AlN	Al$_2$O$_3$		BeO	SiC/BeO
熱導率／W · m^{-1} · K^{-1}	170～230	20	30	250	270
絕緣耐壓／kV · mm^{-1}	14～17	14	18	10	0.7

晶片的高密集成封裝，這樣，從一個封裝中就可以獲得高光流量。如果再進一步去掉預安裝基板（submount），藉由封裝過程的簡約化以及必要部件的減少，還可以進一步提高可靠性、降低價格。

4.4.6.2 SMD 安裝及封裝裝置

用於 LED 晶片安裝的裝置，有引線鍵合型和倒裝晶片型兩種，分別應不同的用途而使用。

1. 引線鍵合（WB）裝置

引線鍵合裝置是在封裝中將 LED 晶片用金屬絲進行鍵合連接的裝置。同時還有在封裝基板上形成倒裝晶片封裝用的凸點（bump）的裝置，在這裡介紹 WB 用凸點的形成方法。這種引線鍵合裝置由送絲單元、鍵合頭、基準單元和加熱器等構成。圖 4.55 表示採用引線鍵合（WB）的凸點（bump）形成工序（①～③）。

在處於較高溫度的加熱器上固定封裝基板，藉由基準單元進行圖像處理，對鍵合頭與封裝基板間的距離（offset）進行修正。待距離調整完成之後，藉由送絲單元向鍵合頭供應凸點用的金絲。向鍵合頭供應的金絲，通過鍵合頭尖端的毛細管（capillary）送出，藉由位於其前端的火花電極進行火花放電，使金絲端部熔化並形成金球。對金球施加壓力載荷及最佳超聲波強度，並加熱到一定溫度（WB：約150℃，FC：約230℃），在封裝基板上形成突起狀的凸點（bump）。

2. 倒裝片（FC）鍵合裝置

倒裝片鍵合裝置是指在封裝中將 LED 晶片以倒裝片（FC）方式實施安裝的技術。這種裝置由環形載片帶（ring holder）部分、晶片頂出部分、反轉頭部分、鍵合頭部分、以及加熱器等幾個部分組成。圖 4.56 表示倒裝片（FC）安裝的工藝流程（①～③）。

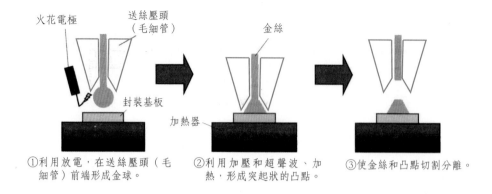

①利用放電，在送絲壓頭（毛細管）前端形成金球。　②利用加壓和超聲波、加熱，形成突起狀的凸點。　③使金絲和凸點切割分離。

圖 4.55　採用引線鍵合的凸點形成工序

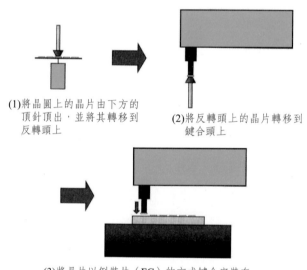

(1)將晶圓上的晶片由下方的頂針頂出，並將其轉移到反轉頭上

(2)將反轉頭上的晶片轉移到鍵合頭上

(3)將晶片以倒裝片（FC）的方式鍵合安裝在位於加熱器上的封裝基板上

圖 4.56　倒裝片（FC）安裝的工藝流程

　　晶圓晶片被固定於環形載片帶上，利用圖像處理，僅使與登錄圖像相一致的晶片由頂針頂出，將其轉移到反轉頭上。被轉移到反轉頭上的晶片再經圖像處理之後，最終轉移到鍵合頭上。將封裝基板固定在保持較高溫度的加熱器上，借助圖像處理自動調整晶片與基板的相對位置，並對鍵合頭施加壓力載荷和超聲波，與此同時借助加熱器的熱量，使晶片電極與封裝基板上的凸點實現鍵合連接。

3. 注料器（dispenser）和樹脂注入方式

注料器（dispenser）是在安裝有 LED 晶片的基板上注入封裝樹脂，以實現模塊化的裝置。有室溫常壓及真空中進一步加壓，將混合有螢光體材料的樹脂注入實現封裝的方式。圖 4.57 表示概略圖。在白光 LED 製造中，使用注入樹脂與螢光體混合料的注料器。注料器由加壓器（compressor）、壓力控制裝置、注入單元（注入口）等構成。壓力控制器由壓縮的空氣對壓力控制裝置實施控制，以調整每次注入樹脂的量。注入單元可分別沿 x、y、z 三個軸向運動，控制精度為 $10\mu m$，從而可沿任意的座標連續注入。樹脂的注入量可藉由注入時間進行控制，設定時間單位為 10ms，注入量可按 mg 為單位進行調整。

4.4.6.3　今後的課題

晶片安裝有電極面朝上（face-up）的正裝片方式和電極面朝下（face-down）的倒裝片方式，前者採用引線鍵合（WB），後者採用凸點鍵合（FC）實現電氣連接。

今後，對封裝基板材料的要求是，應具有高熱導率，對近紫外、可見光（400～800nm）具有高反射率。特別是，由於 LED 元件發出的熱和光會使封裝材料劣化，對於近紫外～紫外 LED 來說，激發光源的波長從藍光的 460nm 至 405nm 及更短的波長，因此，迄今為止，關於封裝材料的光劣化仍是令人擔心的問題。未來更期待系統元件及材料的特性會有進一步改善。

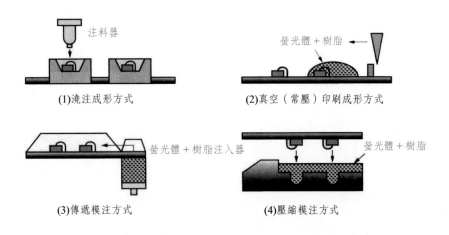

圖 4.57　樹脂與螢光體混合材料的注入方式

4.5　多晶片白光 LED 的種類及其特徵

4.5.1　LED **的發展與多晶片** LED

4.5.1.1　從點光源到線光源和面光源

　　LED 從 20 世紀 70 年代開始普及，當時主要是發紅、橙、黃、黃綠光的 GaP 系及 GaAsP 系等，LED 的光輸出很小，只作為電子儀器和家電製品等室內機器設備用指示燈（pilot lamp）光源而使用。LED 的構造幾乎都是「炮彈型」的，藉由封裝樹脂端部的透鏡增加輸出光的指示性，以提高發光的正面輝度。

　　進入 20 世紀 80 年代，隨著 AlGaAs 紅光 LED，接著，90 年代 AlGaInP 系等紅光、橙光、黃綠光的超高輝度 LED 的開發，逐步實現了室外也能使用的高輝度，從而其用途也擴大到汽車的剎車燈及閃光式方向指示燈、交通信號燈、道路顯示牌等廣泛領域。但這些用途均未突破點光源的範疇，即使是線狀及面狀，也都是由多個點光源 LED 排列在一起，作為集合體而起作用的。

　　但是，1993 年 InGaN 系高輝度藍光 LED 的開發，1996 年藉由使其與黃光螢光體混色而實現白光 LED，從原來的顯示（指示燈）用途，開啟了照明與顯示科技的照明應用這一新的發展之路。而且，隨著 20 世紀 90 年代後半期平面顯示器的普及，在液晶電視領域，替代傳統冷陰極螢光燈（cold-cathode fluorescent lamp, CCFL/CFL）背光源，以高效率、寬色域、無水銀為特徵的 LED 背光源開始大規模生產應用。

　　圖 4.58 和圖 4.59 分別表示 LED 開發的歷史和近年來作為照明光源不斷擴大的用途和市場。

　　在這些用途中，作為實質上的線狀光源及面狀光源，必須照亮廣闊的面積，因此並非傳統意義上所要求的正面輝度，而更重要的是絕對光量（光通量或光流量）的增大。為能滿足這些市場需求，在 LED 開發的現場，正不斷追求發光效率的提高和光輸出量的增大，而在此過程中，依所採用 LED 晶片的不同，開始分化為兩個不同的方向。其中一個是在一個封裝中安裝一個大晶片的「單晶片方式」，另一

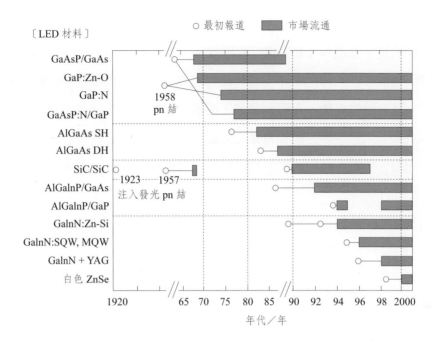

圖 4.58　LED 開發的歷史變遷

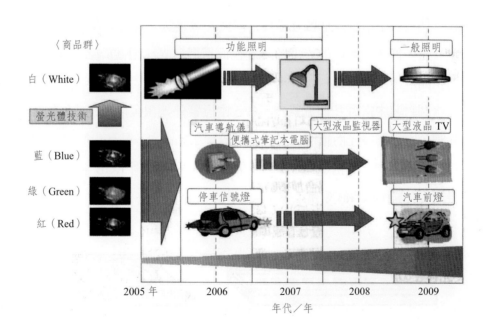

圖 4.59　不斷擴展的應用與市場

個是使多個較小晶片相組合的「多晶片方式」。

如後面所述，多晶片 LED 的光取出效率高，利用各種不同的晶片與螢光體的組合可實現各種各樣的特性。藉由晶片配置，無論是線狀光源還是面狀光源都能方便地實現。基於這些優勢，在照明領域，從體育場燈光到線狀及面狀的薄型平面光源，乃至液晶顯示器中導光面板背面光照射用的直接照射式背光源以及由側面入射的側置式光源，針對不同用途的各種各樣的產品現在都已投入市場。

4.5.1.2　本節的視點

多晶片 LED 是指在一個封裝內搭載多個 LED 晶片的複合構造型 LED（圖 4.60）。

實現白光的方法，除了單晶片的模式（參照圖 2.3(b)-1，(b)-2，(c)）之外，還有搭載多個晶片的多晶片模式（圖 2.3(a)）。為了實現照明應用所需要的高亮度，單晶片場合多採用高光輸的大尺寸晶片（大於 1mm×1mm），而多晶片場合多採用從中尺寸（約 0.6mm×0.6mm）到小尺寸（約 0.35mm×0.35mm）的晶片。

獲得白光的方式，第 2 章已詳細討論，這裡僅針對多晶片 LED 做簡要介紹。

①在一個封裝中搭載多個藍光晶片，由藍光激發黃光螢光體還有綠光、紅光系螢光體，使後者發出的光與藍光混色而獲得白光（相當於圖 2.3(b)-1，(b)-2 的多晶片化）。

②在一個封裝中搭載多個近紫外晶片，由近紫外光激發以 RGB 系為主體的螢光體，由激發發光而獲得白光（相當於圖 2.3(a) 的多晶片化）。

③在一個封裝中分別搭載 RGB 的多個晶片，藉由控制 RGB 各自的電流而獲得白光（與圖 2.3(a) 相當）。

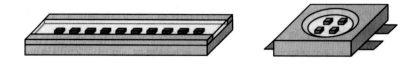

圖 4.60　多晶片方式的實例

在上述的 3 種方式中，②作為未來技術被認為是最有希望的方式，但在第 2 章中已詳細論述，故在此不再討論。而且，由於③的光譜缺乏連續性，基於第 6 章將討論的顯色性（較差）的原因，不適合於一般的照明用途，卻適用於要求窄光譜的彩色液晶顯示器用的背光源。基於上述理由，下面主要針對方式①進行討論。

4.5.2　多晶片方式與單晶片方式的比較

4.5.2.1　多晶片方式的特徵

多晶片方式與單晶片方式的特徵區別，一般地說主要體現在「光輸出和效率哪一個占優勢」上。具體說採用大尺寸晶片，光輸出高，而採用中尺寸到小尺寸的多個晶片，可獲得更高效率。以此可以對二者適用的領域和用途做適當的區分。

如果按能量密度對光源進行區分，從最高的激光到最低的 EL 光有各種類型，發光面積也各不相同。圖 4.61 表示能量密度與發光面積的關係以及與之對應的不同用途。

單晶片方式一般採用大尺寸晶片，以適應需要高能量密度的用途。由於發光源只有一個，因此光學設計容易，適用於汽車頭燈、聚光燈等與透鏡相組合系統的功能照明。而且，作為一般照明，對於高速公路及高鐵所用的照明燈等，從較高位置照射一定範圍的用途，它的優點得以充分發揮。

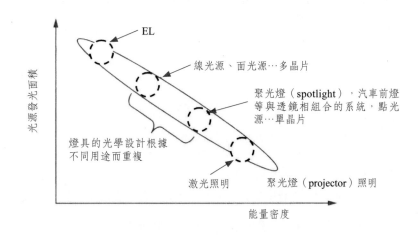

圖 4.61　各種光源的用途：光源的發光面積與能量密度的關係

多晶片方式屬於中～低能量密度的光源，由於發光源不止一個，因此聚光等光學處理很複雜，適用於照射範圍比較大的一般照明。由於發光面積廣，較少發光眩光，對眼睛安全有利。

僅從光學設計的難易決定其應用範圍並不科學，實際上二者的應用領域彼此重疊較多。近年來，從提高發光效率考慮，激光照明的研究開發也在進展之中。

4.5.2.2　照明用途中多晶片方式與單晶片方式的差異

顯示（指示）用 LED 照明，是利用 LED 發出的光表示位置和狀態，顯示所利用的是其描繪的數字、文字、符號及圖像等。即「看到的是 LED 的發光色」。對其並無特殊限制，各個光作為點光源，不模糊，能清晰地發光即可。依照此要求，可應用於點矩陣顯示及室外大屏幕電視等由點光源集合體所構成的面光源等。

所謂照明是指「為看見物體而用光照射」。儘管依用途不同而異，但要求被照射的範圍內，都要有一定照度的光照射。而且對亮度、色調的均勻性都有較高的要求。一般來說希望光源在表現被照射物體的色調顯示性方面有較好表現。

1. 照射範圍方面的比較

如前所述，對於高速公路及高鐵等必須在高位置使用的照明燈，以及工廠等用從較高位置發光的照明，還有汽車頭燈等需要照亮遠方的照明用途，適合採用將大尺寸晶片的發光藉由透鏡聚光的單晶片方式的 LED。採用多個 LED 使光輸出增強的場合，光學設計也比較容易，因此，對於上述較遠距離的照明用途來說，這種單晶片方式是有利的。

另一方面，對於街道公共交通的照明路燈或一般的室內照明等，要求較近距離且配光分佈更廣的照明用途來說，適合採用不用透鏡系統，而指向更廣的多晶片方式。其中，對於照射範圍為橢圓等，需要特殊指向性的情況，也可採用多晶片方式，一旦經過透鏡集光之後，再利用衍射光柵等，確定其指向性。

2. 亮度、色調均勻性方面的比較

基於 LED 晶片製造上的特質，即使採用精度相當高的外延生長技術，晶片的發光亮度和波長分布等具有一定程度的偏差也在所難免。這種情況對於採用藍光晶片的白光 LED 的特性也會產生很大影響。

圖 4.62 表示，由藍光晶片＋螢光體所構成的，晶片發光波長在 440～450nm 範圍內變化的情況下，白光 LED 的色度分布會發生多大程度的變化。由於所使用的螢光體具有激發波長越短，發光越強的特性，當藍光晶片的發光波長越短，螢光體發光所占的份額就越大，從而被合成的白色光的色度值變大。如此，若將得到的白色光的色度 (x, y) 在色度座標上標出，則得到圖 4.62 所示的接近直線的分布。

在圖中所示的例子中，發光色以色溫度為指標分散在從接近 5,600K 到 4,600K 左右的範圍內，因此，相鄰的 LED 間的色差異是相當明顯的。如果再加上亮度的偏差，將這種白光 LED 隨機組合所構成照明器具，自然會給人造成亮度不均勻、色調有偏差，不精細、欠高雅的粗俗感。

因此，希望藉由預先控制，將生產出來的產品的色度劃分到所定的範圍內。在單晶片方式的場合，利用晶片的波長選別，將晶片按幾個波段區分，使不同波段的晶片與特定的螢光體相組合，但選擇螢光體的難度相當大。

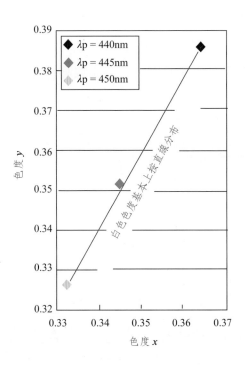

圖 4.62　由於藍光晶片波長的偏差對白光色度影響的實例
（藍光晶片波長：440～450nm＋螢光體）

但在多晶片方式的場合，即使與同一種配合的螢光體相組合，對於幾乎所有的晶片都能使用。圖 4.63 所表示的就是這種模式。在多晶片方式中，將預先按發光波長和亮度進行選別分類的晶片進行平衡組合，就能夠保證合成白光的亮度、色度同時集中於所希望的中心區域附近。

多晶片方式在晶片選別必要性這一點上與單晶片方式相同。另外，儘管晶片鍵合時必須使多個晶片組合在一起的工序比較麻煩，但從另一方面講，採用同一種組成的螢光體即可，這是很大的優點，如果每個晶片必須配以各不相同的螢光體，則是很難做到的。

3. 從顯色性進而觀視效果方面的比較

光源照射物體時，被照射物體的色調能否再現性良好地表現？「顯色性」（又稱演色性或現色性）就是評價光源這一特性的標準。作為其尺度，常用的是平均顯色性評價指數 Ra。目前，在燈具等產品的說明書等中，採用這一評價指標的廠商越來越多。

Ra 是由被確定的分光分布及其相匹配程度所決定的值。色溫度在 5,000K 以下時，以黑體輻射的分光分布為基準，若完全與其一致，則 Ra = 100。色溫度在

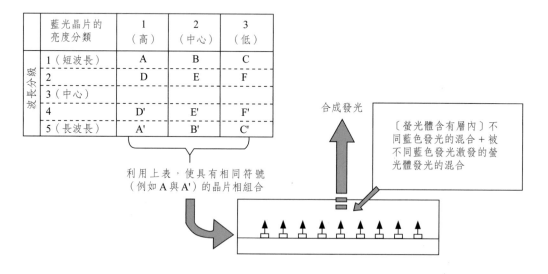

藍光晶片的 亮度分類	1 （高）	2 （中心）	3 （低）
1（短波長）	A	B	C
2	D	E	F
3（中心）			
4	D'	E'	F'
5（長波長）	A'	B'	C'

（波長分級）

利用上表，使具有相同符號（例如 A 與 A'）的晶片相組合

合成發光

〔螢光體含有層內〕不同藍色發光的混合 + 被不同藍色發光激發的螢光體發光的混合

圖 4.63　藉由不同特性（發光波長，亮度）的藍光晶片組合而獲得合成發光

5,000K 以上時，以由 CIE（Commission International deL'Eclairage，國際照明委員會）所確定的太陽光的合成分布為基準。作為實例，圖 4.64(a)、(b) 分別表示由相同材料製作的、色溫度 5,000K 的白光 LED 的兩個光譜。(a) 所示 LED 的平均顯色性評價指數 Ra = 95。而 (b) 所示以同一色溫度、色度製作的 LED 的 Ra = 80。再看發光效率，(b) 是 (a) 的大約 1.2 倍。這兩種 LED 中所用的螢光體，除發黃光的之外，還有發綠光和發紅光的。像這樣，藉由改變多種螢光體的配比，對合成的光譜形狀進行調整，使色溫度和色度保持一定的前提下製作具有所希望顯色性的 LED 是完全可能的。

一般情況下，如圖 4.64 中給出的實例所示，要兼顧顯色性與發光效率間的折衷（trade-off）關係。這類關係，依用途不同而異，但在燈具設計中必須考慮。例如，對於美術館照明等，以顯色性為第一重要的場合，設計中可以在效率方面多少做些犧牲，但 Ra 必須保持最大；而對於街上路燈等，特別考慮效率和節能的用途，在保持某種程度顯色性的前提下，要做到效率最高。

這些考慮顯色性的 LED 設計，無論對於單晶片方式還是多晶片方式都是可以做到的，但由於多晶片情況可以藉由特性不同的多個晶片的組合容易實現微妙的調整，因此占有一定優勢。

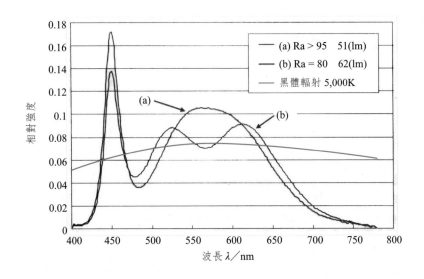

圖 4.64　由相同材料製作的、色溫度 5,000K 的白光 LED 的兩個光譜（色度相同）

4.5.2.3　單晶片 LED 與多晶片 LED 的特性比較

至此所述的單晶片 LED 與多晶片 LED 主要特性的比較，請見表 4.10。

4.5.3　多晶片 LED 的構造及特徵

4.5.3.1　多晶片 LED 的構成材料

多晶片 LED 主要由多個約 0.35mm×0.35mm 中等尺寸晶片並排構成。由於中等尺寸晶片已在炮彈型 LED 和片式 LED 中已大量流通使用，因此很容易得到性能優良且價格便宜的產品，作為手機背光源等用的側置式（side-view）LED 也開始使用長形晶片（0.24mm×0.48mm）。

中等尺寸晶片與小尺寸晶片相比，具有發光效率高的特徵。發光效率是由依晶片中發光層（外延層）的構造決定的內部量子效率和依晶片內部發出的光向外取出之光的取出效率二者的乘積決定的。中等尺寸與小尺寸晶片的尺寸、形狀不同，故二者的光取出效率不同。

表 4.11 表示大尺寸晶片與中等尺寸晶片間表面積和結面積的關係。向晶片外部取出光的量，隨晶片表面積的增加而增加。同時，晶片內部發生光的量，隨結面積的增加而變大。實際上，因晶片內的發光位置到晶片界面的距離各異，晶片上下面方向和側面方向的影響是不同的，但無論如何，尺寸不同的晶片間對光取出效率做比較，上述的比值（＝表面積／結（合）面積）可算是大致的指標。

表 4.10　單晶片 LED 和多晶片 LED 的優點比較

	單晶片 LED	多晶片 LED
晶片尺寸	大尺寸	正常尺寸
晶片的種類	單一	可以是多種
晶片的配置	單一	自由度大
發光效率	中	高
光輸出	大	中
發光源的形狀	點光源	線光源、面光源
熱阻	中	低

表 4.11　由晶片尺寸決定的晶片表面積與結面積之關係

片尺寸	每個晶片的總面積 / mm^2	每個晶片的表面積 / mm^2	表面積與結面積之比（相對於 1.0mm×1.0mm 而言）
1.0mm×1.0mm	1.00	1.32	1.00
0.35mm×0.35mm	0.12	0.23	1.45

大尺寸晶片與中等尺寸晶片做比較，後者的表面積與結合面積之比是前者的 1.45 倍，此表明中等尺寸的光取出效率更高（其光取出效率不只是 1.45 倍）。

作為多晶片 LED 的重要特徵，是可以搭載異種晶片。從一個元件中搭載三個晶片，即所謂「3 合 1」（或 3 in 1，RGB 中各搭載一個）型，到液晶顯示器所用，可以選擇 RGB 最佳發光量的 RGB 型都可以製作出來，從白光到 RGB，各種各樣的產品都可以在一個封裝中實現（封裝共用），具有明顯的價格優勢。

同時，在 LED 晶片中還有上下電極型晶片和上部電極型晶片之分。對於同種晶片多個並聯的情況，均不採取上下電極型晶片，但對於 RGB 等異種晶片相組合，即使同種晶片多個串聯的情況，只要是各個晶片正下方的熱沉（heat sink）部分不能分離，一般都採用具有藍寶石等絕緣性基板的上部電極晶片。

2. 封裝材料

照明用 LED 同顯示用 LED 相比，輸入電力、光輸出等都要大得多，因此，由晶片發生的光和熱會對封裝的構成材料，特別是有機系材料產生明顯的劣化效應，必須認真設法避免。

作為 LED 的灌封樹脂，一般採用價格便宜，具有適度硬度和強固黏結性的環氧樹脂。但一般的環氧樹脂受藍光等短波長光的照射，短時間內就會發生黃變，對於要求高輸出、長壽命的照明用 LED 來說，是不能使用的。代替環氧樹脂且目前已成功使用的是在短波長區域光照射下也較少發生劣化的矽樹脂。

作為晶片黏結劑（黏片膠）也多採用環氧樹脂系漿料，從而增加壽命考量也逐漸轉向矽樹脂系漿料。

LED 的外圍器，採用添加氧化鈦填料的光反射性樹脂，或採用氧化鋁等陶瓷。前者加工容易、耐熱衝擊性強，後者在耐熱性及壽命方面占優勢。搭載 LED

晶片的熱沉部分必須能使晶片產生的熱高效率地散出。所用材料多為銅合金及陶瓷等。

3. 多晶片 LED 的構造實例

作為多晶片 LED 的構造，可以考慮各種形態，一般是由應用來決定封裝形狀及晶片配置。圖 4.65 表示多晶片 LED 的各種晶片配置方式。對於點光源與下置型背光源等來說，一般採用二維且在平面上對稱的晶片配置，這樣便於與透鏡系統相組合。在使用側置式的背光源時，為了與導光板高效率地組合，一般較常採用橫向並列的晶片配置。進一步通過增加外部引腳，還能對 RGB 進行獨立驅動。

4.5.3.2　多晶片 LED 的散熱結構

在多晶片 LED 中，隨著封裝中搭載的晶片增加，每個封裝的發光量自然會增加，同時因投入的電力增加進而發熱量也會增加。若將作為發熱源的晶片分散配置，從散熱角度考量是有利的，為了充分利用這一優勢，採用將發生的熱量高效率地向外散出之結構也愈發重要。

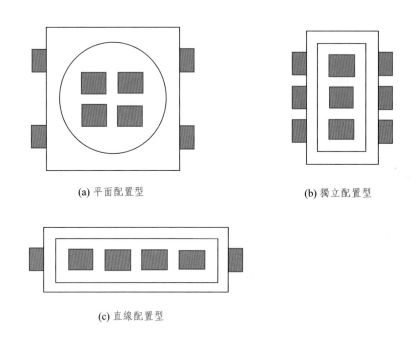

(a) 平面配置型　　　　　　　　　(b) 獨立配置型

(c) 直線配置型

圖 4.65　多晶片 LED 之各種晶片配置方式

圖 4.66 表示將 8 個 LED 晶片橫向並排成一列之多晶片 LED 模式圖。LED 晶片被安裝在銅系合金所制的熱沉（heat sink）部位。為了將 LED 的發熱高效率地向外取出，熱沉的背面由封裝露出而向著安裝 LED 的基板，再利用焊料等實施封接。關於 LED 的散熱性，一般是藉由熱阻來表現的。

多晶片 LED 的熱阻 θ_{jc} 與 LED 中各個晶片的熱阻間有下述關係：

$$\frac{1}{\theta_{jc}} = \frac{1}{R_1} + \frac{1}{R_2} + \cdots + \frac{1}{R_n}$$

（4-5）

也就是說，多晶片 LED 的熱阻與各晶片並聯後的熱阻等價。如式（4-5）所示，隨晶片數量增多，熱阻會降低。應指出的是，隨著晶片數量增多，發熱量也會增加。若當晶片的安裝密度較高時，相鄰晶片間的熱流會產生干擾作用，應予注意。

晶片自身的熱阻，由基板材料和基板厚度決定。雖說選擇熱導率高的基板材料更理想，但從發光效率和生產效率考量，外延基板多採用藍寶石基板、SiC 基板和 Si 基板。關於基板厚度，也是基於生產效率及安裝良率考慮，一般採用 $100\sim150\mu m$。

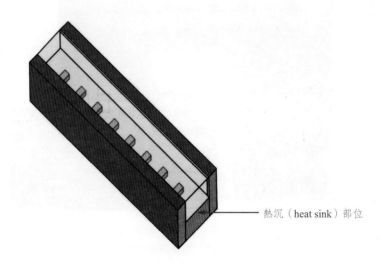

熱沉（heat sink）部位

圖 4.66　直線配置型多晶片 LED 中熱沉（heat sink）布置實例

　　晶片黏接同樣是盡可能選擇熱導率高的材料，但也是基於生產效率與價格因素考量，多採用有機系漿料。若對散熱性有特殊需求，也可用 AuSn 系共晶焊料。

4.5.4　多晶片 LED 的應用現狀

　　以下介紹可充分發揮多晶片 LED 特性的應用實例。

4.5.4.1　薄型面狀光源

　　圖 4.67 是使用直線配置型多晶片 LED 製作的薄型面狀光源的應用實例。使用螢光管的面狀光源時，為了不使照明器具突出頂棚之外，需要將照明器件埋入天花板中，圖中所示的面光源由於很薄，不需要開孔埋入，安裝、維修都很方便。

　　在建築設計上為了更好絕熱，天花板中要填充玻璃棉（glass wool）等，對於散熱只靠傳導和對流的 LED 來說，埋入天花板中的安裝布置不利於散熱的環境，而表面安裝方式有利於散熱。

4.5.4.2　液晶顯示器用背光源

　　圖 4.68 所示是直線配置多晶片 LED 用於大型液晶顯示器背光源的實例。

CEATEC Japan 2008

圖 4.67　面狀照明的實例。

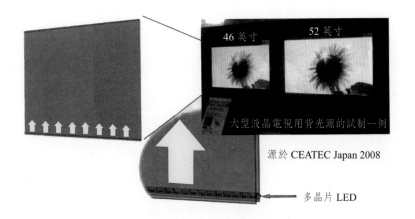

圖 4.68　單側側光式的大型液晶電視背光源的實例。

採用的多晶片 LED，由於是由藍光晶片與綠光和紅光螢光體相組合，具有與液晶顯示器彩色濾光片相匹配的光譜，與以往採用 CCFL（cold-cathode fluorescent lamp，冷陰極螢光管燈）的背光源相比，光與色再現範圍要寬得多。由於採用高效率晶片，為單面側置式光源，即使對於 46 英寸、52 英寸的大畫面來說，也能達到電視所需要的高輝度。

4.5.5　多晶片 LED 的發展前景

LED 的發光效率藉由外延結構及外部取出光結構的改良，必將進一步提高。晶片的研發速度向著流通容量大的形狀集中，預估採用中等尺寸的多晶片 LED 將成為發光效率最高的結構。

多晶片 LED 估計會向著易於獲得更高輸出的高密度封裝方向發展，但隨著晶片間距離變小，晶片之間的熱干擾會明顯增加，從而熱阻變高將成為不可迴避的問題。在設法提高封裝散熱性的同時，更應重視組裝 LED 的筐體、整個散熱系統的設計。

外延基板與封裝基板

　　LED 半導體層需要外延生長在單晶基板上才可製成晶片，而 LED 晶片需要安裝在封裝基板上才能製成元件與器件。因此，基板對於 LED 元件和器件具有舉足輕重的作用。下面分別以外延基板和封裝基板做簡要介紹。

5.1　外延基板

5.1.1　各種外延基板材料

　　GaN 系薄膜單晶的育成或生長，一般是在藍寶石（Al_2O_3）基板上經異質外延（hetero-epitaxial）來進行的。若單晶薄膜育成或生長可藉由同質外延（homo-epitaxial）來進行是最理想化，但在最初研發時，GaN 塊體單晶的育成很難（迄今也不容易），因此人們採用 Al_2O_3 單晶基板進行開發，並沿此路徑達到實用化。此後，各種單晶作為基板材料進行了廣泛研究，但直到今天，在此方面 Al_2O_3 應屬最好的。目前看來，在性能及價格層面上超越 Al_2O_3 的材料還未出現。經歷有機金屬化學沉積（MOCVD）反應生成膜過程而不致發生劣化，而且價格便宜的單晶可以說非 Al_2O_3 莫屬。

　　同時以 SiC 作為基板單晶研發有了新動向，SiC 對於後續製備工序的穩定性好，而且與 Al_2O_3 相比具有不同的導電性，用於縱型結構的 LED 基板備受期待。因此為了提高薄膜的品質，以便滿足照明用 LED 的要求，發光量的競爭日益激烈化，對 SiC 的需求開始增加。

　　為了實現高輝度化，有人研究先在 Al_2O_3 上成膜，在製作 LED 時，再使 Al_2O_3 基板剝離等技術。

　　在上述議論進行之際，GaN 自立基板開始登場。若採用 GaN 基板，就有可能實現同質外延，包括價格在內，在其優勢得以充分發揮的領域，近年來 GaN 基板的發展令人關注。儘管 GaN 基板在 LD（半導體雷射元件）中的應用是成功的，但用於 LED 卻難以打開局面。因為對於 LD 來說，GaN 薄膜的品質極為重要，故 GaN 基板的特色可以充分發揮，而對於 LED 來說，對膜質的要求遠不如 LD 那樣

高，且價格低廉是優先考慮因素。而且 Al$_2$O$_3$ 上 GaN 薄膜的品質也得到顯著提高，現在白光 LED 已普及，基板幾乎為 Al$_2$O$_3$ 所獨霸，需要解決的問題是進一步降低價格。但從將來研究開發的角度，SiC、GaN 等基板仍是有力的候選。

　　以下針對上述基板材料的變遷，特別是 Al$_2$O$_3$ 基板作重點介紹，而後對相關的基板材料也做簡要說明。

5.1.2　基板材料開發的變遷

　　對於基板材料概括地講，需要按下述方面逐項進行比較與選擇。

①在薄膜生長環境中的穩定性：GaN 系薄膜單晶需要由 MOCVD 法育成或生長，所採用的基板對這種生長環境必須具備熱的、化學穩定性。在生長溫度為 1,000℃ 左右的高溫，而且在氫和氨混合氣體等還原反應之嚴酷條件下須保持薄膜穩定。

②對薄膜單晶品質有影響的基板物性：基板單晶的點陣常數、熱膨脹系數、晶體結構與晶面取向等，都會對所生長薄膜單晶的品質產生很強的影響。為了提高 LED 光的取出效率，折射率也是必須考慮的研究課題。

　　基板點陣常數與 GaN 點陣常數的失配度（misfit）必須關注，因為失配度的大小對薄膜單晶的缺陷密度產生直接影響。熱膨脹系數的相對大小同薄膜單晶中的裂紋發生相關聯。晶體結構和晶面取向決定薄膜單晶的生長方向。當 GaN 以圖 5.1（0001）面作為生長面時，容易獲得具有平坦表面且缺陷密度低的薄膜單晶。藉由原子排列的類似性，也可以利用立方晶系單晶的（111）基板或六方晶系的（0001）基板進行 GaN 的（0001）面生長。

③價格：由熔點、蒸氣壓、相圖等決定的塊體單晶育成或生長的難易程度，以及晶圓切割、研磨等的加工性都會對價格產生影響。相對於現在的價格而言，能否實現大批量工業化生產的低價格化，對於技術上的可能性致關重要。

　　此外，在作為 LD 應用時，解離（單晶劈開）方向的一致性等也是需要考慮的

因素。將這些要點匯總，到目前為止已經討論過的代表性基板單晶材料的性質示於表 5.1。而圖 5.1 給出各種基板材料的熱膨脹系數與點陣常數的關係。

　　由表 5.1 可以看出，除了 Si、6H-SiC、Al_2O_3、$MgAl_2O_4$（尖晶石）這 4 種單晶基板之外，其餘所有的單晶體在薄膜外延生長環境中的穩定性都存在問題。從晶格匹配的觀點看，頗具吸引力的材料也是有的，但為了使用這些材料，增加其在薄膜外延生長中的穩定性還需要認真地下一番功夫。實際上，採用穩定性方面存在問題的基板材料進行 GaN 薄膜單晶生長，並實現 LED 發光的報導實例幾乎未曾見過。而且，採用熱膨脹系數比 GaN 小的單晶基板所沉積的薄膜單晶中易發生裂紋。從這些觀點考量，實際上可利用的基板單晶僅有非常有限的幾種。

　　依照實驗結果，基板開發聚焦於 Al_2O_3 化合物，其製備工藝一直延用至今。Al_2O_3 有可能育成大的單晶，與其他單晶相比較，其價格偏低，也可以獲得結晶性優良的單晶，綜合看來，在用於 LED 基板方面，仍處於無以倫比的優勢地位。

表 5.1　代表性基板單晶材料的性質

單晶材料	晶格失配度／％	熱膨脹系數差／10^{-6}	相對於外延氣氛的穩定性
Si	20.1	−2.0	○
6H-SiC	−3.4	−1.4	○
GaAs	25.3	0.4	△
GaP	20.7	−0.9	△
Al_2O_3	−13.8	1.9	○
MgO	−6.5	4.9	△
$MgAl_2O_4$	−10.3	1.9	○
$NdGaO_3$	−1.2	1.9	△
ZnO	2.0	−2.7	△
$LiAlO_2$	1.7	1.7	△
$LiGaO_2$	−0.1	1.9	△

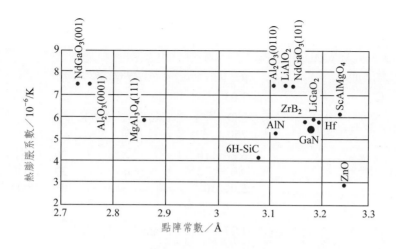

圖 5.1　各種基板材料的熱膨脹系數與點陣常數之關係

5.1.3　藍寶石單晶

　　藍寶石（Al_2O_3）單晶在用於由 MOCVD 法進行 GaN 系薄膜單晶生長，進而進行藍光、白光 LED 製作，是目前應用最廣的基板材料。

　　Al_2O_3 單晶儘管與 GaN 之間的晶格失配度比較大，但在還原、高溫氣氛中非常穩定，而且製造價格有可能進一步降低等，在許多物性方面滿足作為基板的要求。表 5.2 匯總了 Al_2O_3 單晶的基礎物性。

　　Al_2O_3 塊體單晶的生長，最早是採用 Verneuil 法（韋納伊氫氧焰熔融法）。對於現在的基板用途，日本國內以 EFG 法（edge-defined film-fed growth，導模預型薄片法）為主法，從世界製造範圍看，CZ 法（Czochralski method，切克勞斯基單晶提拉法）也廣泛採用。最近備受關注的是以俄羅斯為中心進行的泡生（Kyropulos）法。除此之外，還有 HDC（橫向拉晶）法、HEM（heat exchange method，熱交換法）、坩堝下降法等。圖 5.2 給出幾種典型方法的示意圖。

表 5.2　Al_2O_3 單晶的基本物性。

晶體結構	晶系：六方晶系	空間群：$R\bar{3}c$
點陣常數／nm	$a = 0.47565$，$c = 1.2982$　（20℃）	
熔點／℃	2,030	
熱導率／W/(m・K)	230（平行於 c 軸方向，296K） 250（平行於 a 軸方向，299K）	
熱膨脹系數／K^{-1}	6.66×10^{-6}（平行於 c 軸方向，20～50℃） 9.03×10^{-6}（平等於 c 軸方向，20～1,000℃） 5.0×10^{-6}（垂直於 c 軸方向，20～1,000℃）	
硬度	莫氏硬度 9	
折射率	1.77（波長 577nm） 1.73（波長 2.33μm）	
能帶間隙／eV	8.1～8.6	

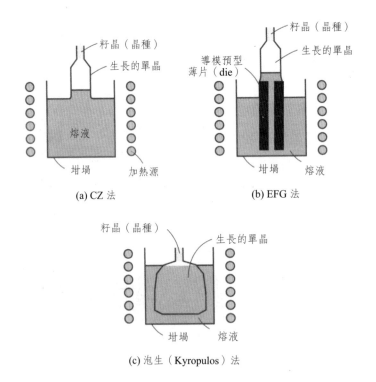

(a) CZ 法　　(b) EFG 法

(c) 泡生（Kyropulos）法

圖 5.2　Al_2O_3 單晶之幾種典型生長方法示意圖

從世界範圍內觀察藍寶石基板的需求趨勢，正從 2 英寸型向 4 英寸乃至 6 英寸型過渡。韓國外延客戶：LG 直接從 2 英寸跳到 6 英寸，預計 2010 年底，進入少量量產；Samsung 完全以 4 英寸為主，6 英寸型少量研制中。台灣外延客戶：2010 年的擴廠以 4 英寸為主；已經有廠家著手建構 6 英寸型小型生產線。中國大陸外延客戶：主要以 2 英寸型生產線為主；估計 2011 年起將逐漸引入 4 英寸型生產線。

下面，針對 LED 基板用藍寶石單晶的各種生長方法，分別做簡要介紹。

5.1.3.2　CZ 法

CZ 法（Czochralski method，切克勞斯基單晶提拉法）又稱直拉法、提拉法、旋轉上拉法等，是生長塊狀單晶體最標準的方法，是在被稱作坩堝的容器中充填粉末原料，經高溫熔化後，使籽晶（seed，又稱晶種）與其接觸，在旋轉提拉的同時，生長成單晶的方法。這種方法可準確控制溫度、提拉速度以及旋轉速度，因此可以獲得高品質單晶，適合 2～6 英寸藍寶石晶棒生長。圖 5.3 表示 CZ 法生長單晶的裝置及工藝過程示意。

採用 CZ 法生長 Al_2O_3，沿 a 軸生長較容易（圖 5.4），而沿 c 軸生長則較難。若沿 c 軸生長，很難避免發生夾雜（inclusion）及品質低劣等問題。但是，作為基板而使用的 Al_2O_3，既要求 a 面，又要求 c 面（一部分還要求 m 面），由於不能沿 c 軸生長，反映到市場上的結果是，需求量很大的 c 面基板的價格就難以降低。若能得到 c 軸單晶，則在育成單晶的生長方向垂直切斷，就能方便地獲得 c 面。但對於 a 軸生長的單晶，從生長方向很難靠鬼斧神工獲得精準的 c 面。僅因此，c 面基板的價格就居高不下。

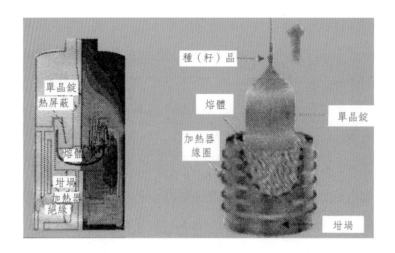

圖 5.3　CZ 法生長單晶體裝置與工藝過程。

圖 5.4　利用 CZ 法沿 a 軸生長的 Al_2O_3 單晶體

5.1.3.2　EFG 法

　　EFG（edge-defined film-fed growth，導模預型薄片生長）法如圖 5.5 所示，其工作原理和工藝步驟簡述如下：

　　(1)先將稱作 die 的預型板薄片（slit）浸入坩堝中的高溫 Al_2O_3 熔液中，再以 1～5cm/h 的速度向上提拉，預型板薄片下方的液體在冷卻的過程中生長成單晶（參照圖 5.2(b)）。

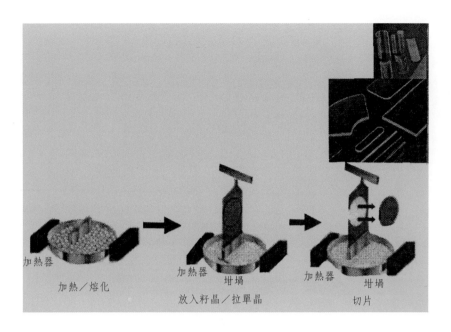

圖 5.5　EFG 法的工作原理與工藝流程

　　(2)預型提拉薄片可以取任何形狀，包括管狀、柱狀、或是片狀等，由於有 die 先端形狀的引導作用，從而可以生長任何預先設計形狀的藍寶石晶片。一次就可以生長多塊採用 CZ 法難以獲得的 c 面藍寶石板，從價格較低這一點看是有利的。圖 5.6 是由 EFG 法生長的板狀 Al_2O_3 單晶，圖 5.7 表示 2、4、6 英寸 Al_2O_3 單晶基板。

圖 5.6　由 EFG 法生長的板狀 Al_2O_3 單晶體

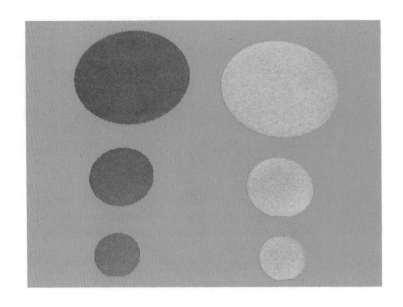

圖 5.7　2、4、6 英寸的 Al$_2$O$_3$ 單晶基板

（左：單面研磨、右：未研磨）

(3)取決於 die 的取向，可以沿 *a* 軸、*c* 軸、*m* 軸，甚至任何方位進行單晶體生長。

(4)EFG 法生長的藍寶石的光學特性較低，一般為 4〜6 等。

5.1.3.3　Kyropulos（泡生）法

Kyropulos（泡生）法是與 CZ 法極為相似的單晶生長法，主要區別是，前者是在熔液溫度極緩慢下降條件下的單晶育成法（見圖 5.8）。單晶並不向上提拉（因反應環境而異，也有的以極慢速度向上提拉），而是在熔液內部進行的晶體生長。因此，生長中的單晶受周圍環境的影響小，在幾乎不受熱應力的情況下，容易獲得高品質的單晶（圖 5.9）。而採用 CZ 法時，需要靠提位，育成的單晶處於周圍氣氛環境中，不可避免地受到熱應力作用。泡生法與 CZ 法同樣，沿 *c* 軸方向生長單晶較難，但目前在俄羅斯，已採用低價格的生產方式進行批量生產。

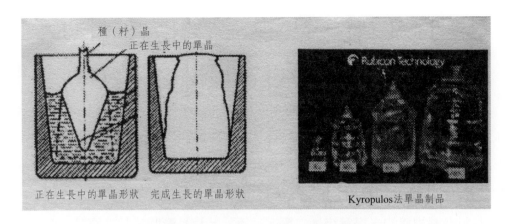

種（籽）晶
正在生長中的單晶

正在生長中的單晶形狀　　完成生長的單晶形狀

Kyropulos法單晶製品

圖 5.8　Kyropulos 法生長單晶體示意圖

圖 5.9　Kyropulos 法生長的 Al_2O_3 單晶實例

簡單說來，泡生法生產藍石單晶具有下述特徵：

(1)低溫度梯度長晶法，無任何物理性移動。

(2)由於籽晶（seed，晶種）與液態 Al_2O_3 接觸面溫度最低，長晶由接觸面開始
　生長。

(3)因為固態藍寶石密度較高，所以長晶過程中 Al_2O_3 面會逐漸降低。

(4)可實施精準的溫度控制，能確保高質量的晶體生長。

(5)標準長晶速率約為 0.15kg/h，是目前最被普遍採用的長晶法。

(6)晶體直徑與坩堝大小有關，目前一根晶棒的最大直徑處可達 12 英寸。

5.1.3.4　HDC 法

圖 5.10 表示 HDC（橫向拉晶）法工作原理。這是一種側面浸入晶種（即籽晶），橫向拉晶方式，一般以 8～10mm/h 的速度橫向拉出。此方法獲得的藍寶石晶片具有高規格的光學等級（二等或三等），晶片形狀通常為厚長方形，例如 220mm×250mm×35mm，可生產用於 LED 的 2～8 英寸 c 晶面襯底。

5.1.3.5　HEM 法

圖 5.11 表示 HEM（heat exchanger method，熱交換法）的工作原理。與泡生法類似，HEM 也屬於低溫度梯度長晶法，長晶過程不涉及其他任何物理性移動。與泡生法不同的是，HEM 除了控制溫度外，也需要控制氦氣流量以控制冷卻速率。具有準確的溫度控制，能確保生長晶體的品質。此方法可得到大尺寸的低缺陷密度、低殘留應力的高質量藍寶石單晶。但由於這種方法生產成本較高，目前還沒有推廣和普及。

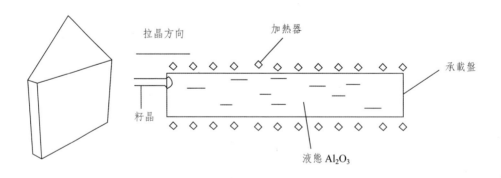

圖 5.10　HDC（橫向拉晶法）工作原理

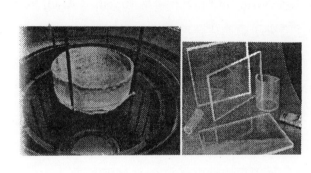
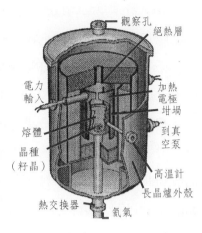

圖 5.11　HEM（熱交換法）工作原理

5.1.3.6　同步攪拌感應加熱坩堝下降法

　　圖 5.12　表示同步攪拌感應加熱坩堝下降法示意圖。將晶種（籽晶）浸於高溫藍寶石液體，採用感應加熱方式，一面攪拌高溫液體，一面下降坩堝，維持晶棒不動。這種方法藉由精確的溫度控制，準確的提拉速度以及旋轉速度，可獲得高質量晶棒，可應用於 2～6 英寸長晶法。其中，2 英寸晶棒的提拉速度可控制在 2～8mm/h 範圍。可以直接生長 c 軸、a 軸、m 軸、r 軸等各種取向的藍寶石單晶。

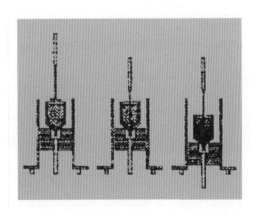

圖 5.12　同步攪拌感應加熱坩堝下降法示意圖

對上述幾種方法進行對比，若著眼於生長單晶的品質，則 CZ 法及泡生法優於 EFG 法。評價單晶的指標之一是缺陷密度 EPD（etch pit density，蝕坑密度，它表示晶體中的錯位密度），前二者為 $10^3 \sim 10^5 / cm^2$，而後者為 $10^4 \sim 10^5 / cm^2$。但是，由於在基板表面外延生長的 GaN 系薄膜單晶的 EPD 大約為 $10^8 / cm^2$，Al_2O_3 單晶基板的上述 EPD 差異對於 LED 用途看來不會產生什麼可見的差異。圖 5.13 表示由不同方法生長或育成 Al_2O_3 單晶的 EPD 的比較。

對 Al_2O_3 基板的一個主要要求，是研磨後的平坦性。能不能提供重復性良好的無翹曲的研磨基板，對於用戶來說極為重視。另一個大問題是對基板傾角（off angle）的控制。實際使用中並非正好是 a 面和 c 面，而是在 0.01° 誤差範圍內控制表面發生 $0.1 \sim 0.2°$ 的傾斜，這樣才能獲得平坦性更高的 GaN 薄膜。

由於白光 LED 半導體固體照明產業化需求的拉動，人們對 Al_2O_3 單晶的重視程度空前高漲，紛紛開發各種新的生長方法，但目前在日本仍以 EFG 法為主流。也有觀點認為，由 EFG 法生長（育成）的 Al_2O_3 單晶質量已獲得顯著提高，在大型化方向上正在繼續努力。目前 3 英寸晶圓產品為主流，正在向 4 英寸過渡。處於開發階段的 8 英寸晶圓也已問世。

伴隨晶圓的大型化，「翹曲」問題也開始凸顯出來。特別是，在採用大晶圓的場合，當由 MOCVD 法生長 GaN 薄膜後，便會發生大的翹曲。從成品率及品質，特別是防止生長膜破裂等的角度，翹曲問題今後必須要著力解決。

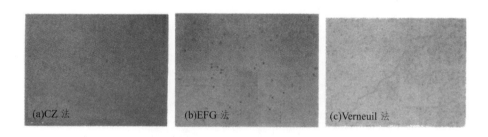

圖 5.13　由不同方法生長或育成之 Al_2O_3 單晶 EPD 比較

最近，為了提高作為 LED 的光取出效率，還需要在 Al_2O_3 單晶上有意識地開出一些溝槽。開設溝槽的方法各式各樣，目前各公司都作為技術秘密（know-how）加以保護。

預計對 Al_2O_3 單晶的需求今後會進一步擴大。與此同時，也要求價格應顯著下降。如何在實現價格下降的同時，確保品質和產量，Al_2O_3 單晶生產廠商面臨激烈的競爭。特別是最近，不僅是俄羅斯，在亞洲地區採用泡生法、CZ 法等以生長 Al_2O_3 單晶方面都已取得飛快進展，且已開始提供低價位的產品，同時品質也不斷提高。目前，圍繞 Al_2O_3 單晶的世界動向可以說是瞬息萬變，必須密切關注今後的發展趨勢。

5.1.4 GaN 基板

與其他基板相比，採用 GaN 基板可以實現近乎同質的外延生長，因此人們對 GaN 基板格外關心，迫切盼望高品質 GaN 基板的出現。但由於 GaN 熔液的形成需要極高的壓力和溫度，要製作實用尺寸的 GaN 基板一直是相當困難的。

最近，採用 HVPE（hybrid vapor phase epitaxy，混合氣相外延）法，開發出直徑 2 英寸左右的 GaN 基板，儘管主要是面向 LD（laser diode，激光二極管）應用，但也緩慢地面市，開始在市場上流通起來。牌號為 PS3 及 BlueLay 的產品就是其實例。產品質量也不斷上升，目前的性能指標已達到：位錯密度在 $10^7 cm^{-2}$ 量級以下，載流子濃度在 $(2\sim3)\times10^{18} cm^{-3}$ 以上，從而可實現歐姆接觸，熱導率在 200W/(m・K) 左右等。

即便如此，GaN 基板的流通作為 LE 面向已經開始，但要面向 LED 仍有許多課題要解決。最大的課題也許是其價格太貴。由於單晶生長困難，難以做到低價格化，與 Al_2O_3 單晶相比，在價格方面幾乎無競爭力可言。但是，儘管並非針對所有的白光 LED，而在作為可發揮 GaN 基板特徵優勢的高輝度白光 LED 的應用方面，相關研究正在積極進行之中。

如上所述，為要形成 GaN 的熔液，需要 6GPa、2,220℃以上極為嚴酷的條

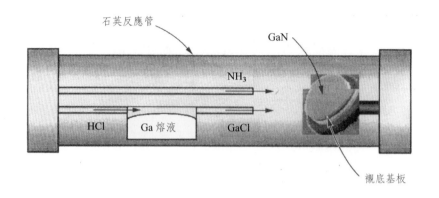

圖 5.14　HVPE 生長裝置之模式圖

件，因此直接從熔液中生長大尺寸塊狀單晶是相當困難的。為了尋找更為有利的生長條件，人們一直在進行各種各樣的探索。其中，也有生長速度最快的實用性方法，它便是屬於氣相生長法之一的 HVPE 法。

在 HVPE 法中，如圖 5.14 所示，使放置於石英反應器的 Ga 熔液與 HCl 反應生成 GaCl，再使 GaCl 與 NH_3 發生下述的反應，並在基板上生成 GaN

$$GaCl + NH_3 \longrightarrow GaN + H_2 + HCl$$

HVPE 法的特徵是，可以容易地獲得數百 $\mu m/h$ 以上的生長速度。生長條件為常壓，1,000℃左右，生長 2 英寸直徑以上的大面積樣品也是可能的。先在 Al_2O_3 等異種襯底基板上由 HVPE 法生長數百 μm～1mm 左右的 GaN 厚膜，生長後如果將襯底基板去除，則可以獲得 GaN 的自立基板，見圖 5.15。

除了 HVPE 法以外，人們還試驗了各種各樣的生長法。其中多數為利用自然形核的液相生長法。由於沿 c 軸方向的生長速度僅為數 $\mu m/h$，是非常低的，因此難以獲得實用尺寸的單晶，但也有報道指出，其結晶性是相當好的。

除此之外，最新的研究要點還包括熔劑（flux）法和氨熱（ammono-thermal）法。

熔劑法是在 Na 及 Ca 的熔劑中，使作為原料的 Ga 和 N_2 溶入，並析出的方法。其特徵是，在 10MPa，1,000℃左右以下比較緩和的條件下便可生長。採用 MOCVD 法製作的薄膜作為晶種（籽晶）的 LEP（liquid phase epitaxy，液相外延）

圖 5.15　直徑為 2 英吋的 GaN 基板

法也進行了探討，人們對 $10^4 cm^{-2}$ 以下的低錯位密度在 cm 量級的面積上得到這一成果十分關注。

氨熱法是與水晶的水熱合成相類似的方法，在 0.1GPa、500℃左右的條件下，將 GaN 粉末溶解於超臨界狀態的 NH_3 中，並在高壓釜中使其析出。這種方法自 2007 年夏由荷蘭企業發表獲得高品質 1 英寸塊體基板的報告以來，備受各方關注，當然在生長速度、國內企業的實施狀況等方面仍有不少問題需要解決。

目前，GaN 基板由 HVPE 法製作的市場已開始啟動，但要進一步擴大，以降低價格為中心的改善還需繼續努力。關於製作方法，業界當前的看法大多數是以 HVPE 法為主流。

5.1.5　SiC 基板和 AlN 基板

5.1.5.1　SiC 基板

SiC 單晶與 GaN 的晶格失配度小（圖 5.1），即使經歷 MOCVD 工藝過程也保持穩定，因此人們曾經花大力氣探討作為基板材料應用的可能性。但是，由於 Al_2O_3 單晶的明顯優勢，SiC 在用於 LED 基板方面，長期以來難以擺脫 Al_2O_3 單晶

形成的「陰影」，真可謂「既生瑜，何生亮」。當然，最主要的原因，也還是價格太高。

　　SiC 單晶生長的技術開發歷史相當久遠，由於單晶中存在微孔，作為重大缺陷，長期困擾 SiC 單晶的生長。今天，容易地獲得無微孔缺陷的基板單晶已不在話下。但是，由於 SiC 單晶需要在超過 2,000℃ 的高溫下的升華法育成（圖 5.16），因此，從價格和生產效率等方面看，與 Al_2O_3 單晶相比相差甚遠。Al_2O_3 單晶體在製作白光 LED 工藝中的另一個用途是，為了實現白光 LED 的高輝度化，有些器件不採用作為絕緣體的 Al_2O_3 單晶體，為此，先將 GaN 系薄膜在 Al_2O_3 上生長，而後再將 Al_2O_3 單晶基板剝離，目前這種技術已相當成熟。Al_2O_3 單晶體的這種用途也是 SiC 望塵莫及的。

　　但是在美國，以 SiC 單晶作為基板的白光 LED 的開發至今一直在繼續進行中。SiC 的熱導率超群，用於高輝度化的白光 LED 前景誘人。在美國的不少城市中，據說也有採用以 SiC 為基板的白光 LED 製作路燈的計劃。

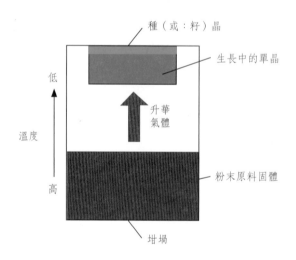

圖 5.16　SiC 與 AlN 基板單晶育成所採用的升華法模式圖

（將粉末狀固體原料升華為氣體，使該氣體在種（籽）晶上結晶化而實現單晶育成。對於在常壓下不能得到熔液的 SiC、AlN 來說，由於採用了升華氣體，與採用高壓的液相工藝相比，在設備簡約化及生產效率等方面具有絕對優勢。）

對於在用於白光 LED 方面姍姍來遲的 SiC 單晶體，人們正期待在功率器件、高頻器件等方面會大有用武之地。特別是，在用於混合動力汽車——作為減少 CO_2 排放的綠色環保產品等方面，消費者期待今後會有飛躍性進展。

5.1.5.2　AlN 基板

對於現在的白光 LED 用途，唱主角的當然是藍光 LED，但聚焦於下一代光技術的是更短波長的光。因此，人們對更短波長的 LED——紫外 LED 的研究開發十分積極。特別是 GaN 的能帶間隙（帶隙寬度）E_g 為 3.4eV，故以 360nm 的發光波長為限。為了使其產生比其更短波長的發光，人們對能帶間隙 E_g 為 6.2eV，屬於直接躍遷型半導體的 AlN 的研究也愈發活躍起來。

AlN 半導體不僅適用於 300～400nm 波長人們習慣所稱的近紫外區域，而且適用於 200～300nm 波長的遠紫外區域。由於人們期待從近紫外到遠紫外的 LED 在環境、衛生、醫療、生物等廣泛領域中的應用，因此對其開發十分重視。

SiC 單晶也可用於上述紫外、遠紫外發光用 LED 的基板材料。SiC 與 AlN 的點陣常數相近（圖 5.1），而且對於 MOCVD 工藝過程也是穩定的。

與 GaN 的情況同樣，作為 AlN 薄膜的生長用，最理想的是 AlN 單晶基板。但 AlN 塊體單晶基板的生長也與 GaN 同樣，是相當困難的。但是，已有人發表製成幾近透明的 AlN 基板。AlN 的單晶育成眼下幾乎都是由圖 5.16 所示的升華法進行的。目前以歐美為中心正積極研究開發，相關國際會議中已有不少報告。在日本國內也開始有少量的研究報道。

到目前為止，AlN 基板大概還不能講已進入到一般意義上的商業流通領域。儘管美國的前沿企業聲稱有商品出售，但實際要拿到手是極為困難的，據說一塊基板的價格大概要花數十萬甚至幾百萬台幣。這樣昂貴的價格，只能在歐美體系內，針對極特殊用途的基板單晶，進行內部流通交易。

5.1.6　氧化鎵基板

儘管 Al_2O_3 單晶目前已成為 LED 用基板的主流，但由於 Al_2O_3 是絕緣性的，

LED 用的電極要從元件的薄膜一側引出，只能採用水平結構。目前，開發更亮的 LED 的研究課題之一，是如同傳統 GaAs 系等 LED 那樣，採用電極分別由薄膜側和基板側引出，即垂直結構型 LED。為了提高亮度必須採用大電流，目前看來，垂直結構型 LED 更能滿足這一需求。SiC 基板具有較好的導電性，但當使其具有導電性時，基板會出現較強的著色現象。

作為有可能採用這種垂直結構的新的基板材料，島村等人發表了氧化鎵（$\beta\text{-}Ga_2O_3$）單晶的研究成果。將氧化鎵做成基板材料，或作為氧化物半導體而利用的研究是島村於 2001 年度末，向光波公司（株）提出方案並開始研究的。

$\beta\text{-}Ga_2O_3$ 的特徵是兼有高透明性和導電性。它屬於像 ITO（In_2O_3 中添加 SnO_2）等已被大家熟知的透明導電性氧化物（TCO）中的一種，而且具有最大的能帶間隙（$E_g = 4.8\text{eV}$）。因此，直到遠紫外的大約 260nm 波長均為透明的。

$\beta\text{-}Ga_2O_3$ 具有一分為二的解理劈開性，其塊體單晶育成以及切割、研磨等都很困難，但是，目前已能做出圖 5.17 所示的晶圓。而且，利用 MOCVD 法可在 $\beta\text{-}Ga_2O_3$ 基板上形成 InGaN 的 MQW 多層膜，如圖 5.18 所示。由此製作的在垂直方向流經電流的 LED，還成功獲得了藍色發光。通過摻雜 Si，並使其濃度變化，還能控制導電性。

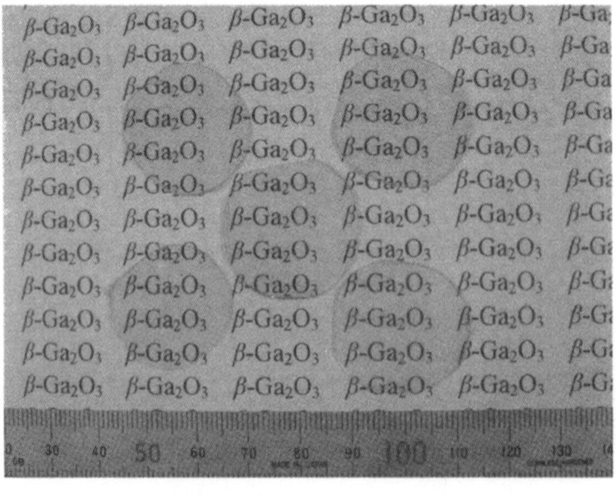

圖 5.17　直徑 30mm 的 $\beta\text{-}Ga_2O_3$ 單晶晶圓

$$\frac{\text{GaN}}{\beta - \text{Ga}_2\text{O}_3}$$

圖 5.18　β-Ga$_2$O$_3$ 基板上得到的 InGaN MQW 外觀

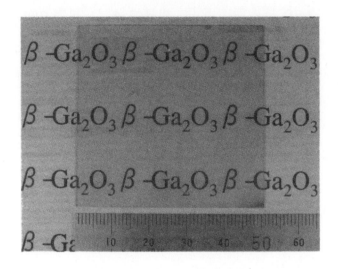

圖 5.19　2 英寸直徑的 β-Ga$_2$O$_3$ 單晶基板（由光波株式會社提供）

圖 5.20　採用 β-Ga$_2$O$_3$ 基板的 InGaN 系 SMD 型 LED

　　其後，隨著 β-Ga$_2$O$_3$ 的研究開發進展，到目前為目，利用 EFG 法（圖 5.5）已能獲得圖 5.19 所示 2 英寸的 β-Ga$_2$O$_3$ 單晶基板。還進一步進行了 LED 封裝的研究，目前 SMD 型（圖 5.20）及炮彈型等各種各樣的 LED 試製品都已經製作出。

　　人們期待今後 β-Ga$_2$O$_3$ 作為高輝度白光 LED 用基板而獲得飛躍發展。

5.2 封裝基板

5.2.1 大功率 LED 封裝工藝進展

　　當前世界級的 LED 技術與市場正在迅速地發展。早在 2003 年，Lumileds Lighting 公司的專家 Roland Haitz 就提出：LED 大約每經過 18～24 個月就可提升一倍的亮度。Roland Haitz 從 1965 年 LED 商業化至今的發展歷程觀察得出：LED 的價格每 10 年將為原來的 1/10，性能則提高 20 倍，這個規律被業界稱為 Haitz 定律，給 LED 的未來留出了更多想象空間與發展前景。根據 Haitz 定律對 LED 亮度和價格的預測如圖 5.21 所示。

　　當今的 LED 正遵循 Haitz 定律發展。其中發展大功率 LED 和開發更低價格的 LED 產品成為世界 LED 業界的重要課題。而在推進大功率 LED 研發以及產業化進程中，飛利浦 Lumileds 公司、美國 Cree 公司和德國 Osram 公司成為引領全球，推動技術革新與產業進步的代表性企業。

　　本文將首先對這三家公司的大功率 LED 發展特點進行介紹和分析，了解目前全球大功率 LED 封裝工藝的新發展。

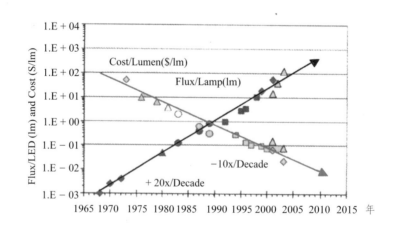

圖 5.21　Haitz 定律對 LED 亮度與價格的預測

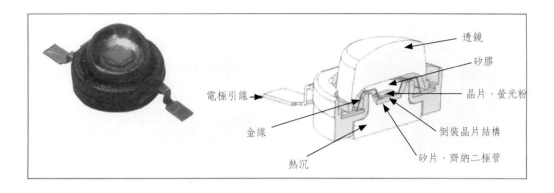

圖 5.22　Lumileds 公司最早研發的第一代大功率 LED 封裝結構

5.2.1.1　LUMILEDS 大功率 LED 產品特點

飛利浦 Lumileds 公司最早的第一代大功率 LED 產品的 LED 封裝形式是 Luxeon Emitter 系列。

它的結構特點是金屬塑料支架上獨立的熱沉為基座，外加 PC 材料的光學透鏡，中空以柔性光學矽膠灌封。PC 材料的透鏡耐溫度較低（<150℃），Emitter 在應用安裝時不能使用回流焊，一般選擇熱壓焊的工藝，安裝效率較低；由於透鏡是外加的，使用時容易脫落；透鏡與中空灌封的矽膠之間的結合界面容易形成隔層（見圖 5.22）。

Lumileds 公司第二代大功率 LED 封裝產品為「Luxeon K2」。它的結構特點是金屬塑料支架加上獨立的熱沉為基座，光學透鏡選用軟矽膠材料。由於封裝方案在 Emitter 的基礎上作了多方面的改進，結溫耐受能力提高到 185℃，應用安裝可使用回流爐焊接，如圖 5.23 所示。

Lumileds 公司第一、二代的大功率 LED 封裝產品，在安裝透鏡、注膠工藝上還存在缺陷。主要表現在：生產效率較低、透鏡容易脫落、透鏡與封裝膠之間容易有空隙，這些工藝缺陷將導致 LED 產品可靠性降低、發光效率受到影響。

目前，中國大陸有較多的中小型企業以生產仿製 Lumiles 元件為主，有傳統的第一代 PC 透鏡和 MOLDING 矽膠透鏡兩種生產工藝。其中，MOLDING 矽膠透鏡有注塑設備成型透鏡和模條扣蓋注膠成型透鏡兩種。

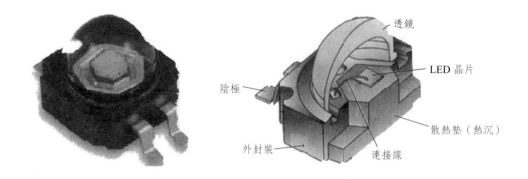

圖 5.23　Lumileds 公司第二代大功率 LED 封裝（Luxeon K2）的結構

「Rebel」是 Lumileds 公司近期開發的第三代大功率 LED 封裝產品。Robel 的結構特點是在陶瓷基板上，直接倒裝焊接晶片和齊納二極管，然後封裝矽膠光學透鏡，管體基板尺寸為 3.2mm×4.5mm。結溫耐受能力為 150℃；可使用 SMT 回流爐焊接。Rebel 的產品外形和產品結構分別如圖 5.24 和圖 5.25。

圖 5.24　Lumileds 公司第三代大功率 LED 封裝（Rebel）產品外型

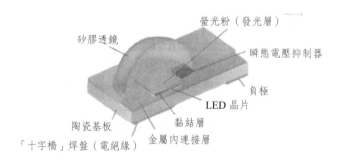

圖 5.25　Lumileds 公司第三代大功率 LED 封裝（Rebel）產品結構

圖 5.26　CREE 公司第一代大功率 LED 封裝產品與結構

5.2.1.2　CREE 大功率 LED 產品特點

美國 CREE 公司的大功率 LED 封裝，主打產品形式是「陶瓷基板 + 金屬反射杯 + 光學玻璃透鏡 + 柔性矽膠中空灌封」。目前它已經發展出三代的封裝產品。這三代封裝產品的散熱基板採用了陶瓷基板，但在結構上有很大的差異。CREE 公司在發展大功率 LED 方面，其重點是發展多晶片安裝，因此它的封裝結構技術主要是圍繞著此方面開展。

CREE 公司第一代大功率 LED 封裝結構見圖 5.25 所示。此代的大功率 LED 封裝產品，由於光學玻璃透鏡黏合在管體的金屬反射杯上，而金屬反射杯內灌封的柔性矽膠在器件使用時受熱膨脹，存在光學玻璃透鏡易脫落的現象。

CREE 公司作為一直將陶瓷基板為主要封裝材料的生產企業，採用塑封引線框架生產的 MC-E 系列產品（CREE 公司第二代大功率 LED 封裝產品的典型），則是該公司的另一條技術路線。主要產品有 4 晶片白色（見圖 5.27 左圖）和 4 晶片全彩（見圖 5.27 右圖）兩種。

CREE 公司 2007～2009 年分別推出 XP-C、XP-E、XP-G 系列（見圖 5.28 左圖），屬第三代大功率 LED 封裝產品。它們的尺寸為 3.5mm×3.5mm、在陶瓷基板上直接模造光學透鏡。CREE 公司第三代大功率 LED 封裝產品還包括在 2010 年的多晶片組合 10～20W 器件—XLamp\R MP-L（見圖 5.28 的右圖）。

圖 5.27　CREE 公司第二代大功率 LED 封
　　　　裝產品（MC-E 系列）

圖 5.28　CREE 公司第三代大功率 LED 封
　　　　裝產品

圖 5.29　OSRAM 公司第一代大功率 LED 封裝產品（Golden Dragon 和 Golden Dragon Plus）

5.2.1.3　OSRAM 大功率 LED 產品特點

　　Golden Dragon（圖 5.29 中的左圖）是 OSRAM 公司推出的第一代大功率 LED 封裝產品。後期該公司改進版為 Golden Dragon Plus（圖 5.29 中的右圖），結構圖如圖 5.30 所示。

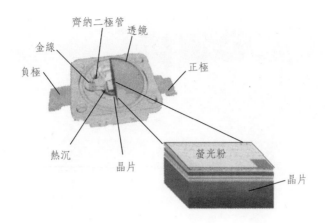

圖 5.30 OSRAM 公司第一代大功率 LED 封裝產品（Golden Drago Plus 封裝結構）

無透鏡型　　　　　　　　帶透鏡型

圖 5.31 OSRAM 公司第二代大功率 LED 封裝產品

　　OSRAM 公司推出的第一代大功率 LED 封裝產品均以 SMD 貼片、塑封引線框架為基本結構特點。它採用點膠平面封裝，無透鏡結構，可進行回流焊接。OSRAM 公司推出的第二代產品為 OSTAR 系列無透鏡（見圖 5.31 中的左圖）和帶透鏡（見圖 5.31 中的右圖）封裝產品。它們是金屬基印製電路板（MCPCB）上直接進行 LED 的封裝，並完成透鏡安裝和矽膠填充工藝過程。這種 LED 產品就可直接應用於整個產品中。

　　OSLON MS/SX/LX 是 OSRAM 公司推出的第三代具有代表意義的產品。其結構特點是陶瓷基板上，直接焊接晶片，然後封裝矽膠光學透鏡。

支架結構

圖 5.32　CREE 公司的 Xlamp XP-E「平面陣列」結構

　　通過對三家公司的大功率 LED 產品介紹可以看出，前期大功率 LED 封裝（如 Luxeon 公司第一代 Emitter 系列、OSRAM 公司第一代的 Golden Dragon Plus 等）的工藝大多數是採用支架結構，絕大多數屬於非平面結構，由於集成度低，而導致生產效率低下。而世界著名 LED 企業近期推出的第三代封裝工藝，其特點是：以平面狀、陣列式排布的方式完成支架結構設計。並在平面區域內完成矽膠光學透鏡結構的封裝。一般稱之為「平面陣列封裝工藝」。CREE 公司的 Xlamp XP-E 就是這種結構及工藝的典型代表性 LED 封裝產品（Xlamp XP-E 結構見圖 5.32）。該工藝的最明顯的優點是，在加工過程中可以根據需要將基板加工成多個矩陣式排列，實現批量化的生產。

　　國星光電 6070 系列大功率 LED（圖 5.33），採用平面陣列封裝技術，適合於大批量的產業化製造、適合 SMD 貼裝應用，具有顯示效果良好光電色的一致性。可以設計為各種條狀和面狀光源。

　　大功率 LED 封裝工藝從 Luxeon Emitter 為代表的「支架 + 透鏡 + 注膠」的第一代生產技術，發展為今天的平面陣列式透鏡一次 MOLDING 成型的新型技術，對封裝材料和產品結構提出了新的要求。平面陣列式封裝技術代表了當今封裝技術的最高水平，也是未來大功率器件封裝的技術趨勢。

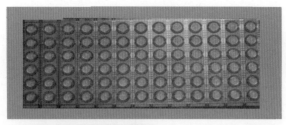

圖 5.33　國星光電開發成功並推向市場的 6070 系列大功率 LED

未來的大功率 LED 封裝技術發展方向，可以用「五高」來概括，即高電流密度、高耐熱溫度、高顯色指數、高密度集成和高發光效率。

5.2.2　新型大功率 LED 封裝離不開封裝基板

隨著 W 級以上大功率 LED 晶片的出現，大大提升了其在照明領域的應用潛力。但輸入功率的提高意味著更多的熱量需要從晶片 pn 結區有效地散發出。因此，大工作電流的功率型 LED 晶片必須配以低熱阻、散熱良好及低應力的新型封裝結構。LED 封裝與微電子封裝一樣也起著機械支撐、電氣連接、物理保護、外場屏蔽、應力緩和、散熱防潮、尺寸過渡、規格化和標準化等多種功能。但對於大功率 LED 來說，則更注重其導熱、耐熱等特性，更強調其散熱功能，因此封裝所用的基板常稱為散熱基板。圖 5.34 給出幾種典型的 LED 封裝結構及散熱基板的位置。需要指出的是，封裝基板（散熱基板）不同於半導體層外延用的襯底基板（已在 5.1 節詳述。）。

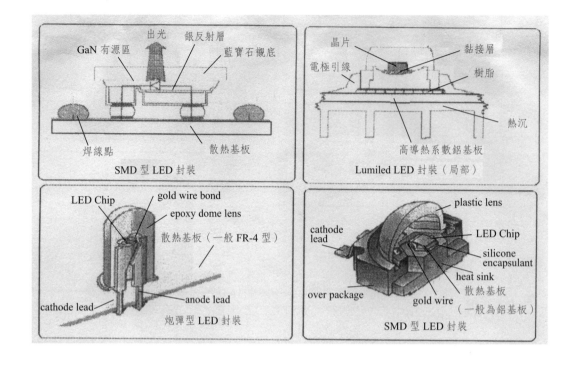

圖 5.34　幾種典型的 LED 封裝結構及散熱基板的位置

在大功率 LED 封裝中，散熱基板作為熱流主通路對於高效率散熱，降低晶片溫度，提高元件可靠度及壽命等起著十分關鍵的作用。散熱基板有以下三大功能：

(1)LED 晶片的散熱通道，將晶片發出的熱量傳導至熱沉，熱沉通過空氣對流或向外輻射散熱。

(2)用於 LED 晶片的電氣連接。

(3)LED 晶片乃至整個封裝的物理支撐。

5.2.3　高熱導基板的分類和特點

在 LED 固體發光技術及市場快速發展中，LED 散熱基板表現出品種多樣化的鮮明特點，各種形式的高熱導基板不斷涌現與推廣。先是常規剛性印製線路板（PCB）、撓性印製線路板（FPC），後是金屬晶基板（metal core printed circuit board, MCPCB）、陶瓷散熱基板，以及最近出現的金屬復合材料基板（典型產品

品種包括銅－石墨復合基、鋁－碳化矽複合基的基板材料）、特殊高導熱型半固化黏接片等。

　　過去一個時期，在對 LED 散熱要求不是很高的情況下，LED 多利用傳統有機樹脂基板進行裝聯。而在高功率 LED 迅猛發展的今天，綜合性能（包括散熱、絕緣可靠性、加工性、低成本等方面）優異的金屬基形式（包括鋁基散熱基板等）的散熱基板脫穎而出，並逐漸成為主流品種。

　　表 5.3 列出當前常用高熱導基板的分類及其特點。

　　促進 LED 散熱基板品種多樣化的因素，或者說多樣化發展所要達到的目標有下述幾點：

(1)高功率 LED 的應用、多個晶片的組合，要求提高散熱性。

(2)散熱基板的薄形化，需要更高的絕緣可靠性（高耐電壓、高耐熱性等）。

(3)低成本化，要求散熱基板及基板材料進一步降低成本，高導熱性有機樹脂型覆銅板在此方面占有優勢。

(4)新型封裝形式、新型晶片連接方式，需要更新結構形式的散熱基板。

(5)因應用領域不同，則需要 LED 用高熱導基板材料品種多樣化。

表 5.3　高熱導基板之分類及其特點

基本類型	特　　點
高導熱「類 FR-4」	低成本，高 CTE（>23ppm），導熱系數（0.8～2.0W/(m·K)），最高操作溫度 130～160℃，最高加工溫度 250～300℃，大尺寸（41 英寸×49 英寸），可採用厚銅（500μm）傳熱
金屬基板（IMS）	中高成本，高 CTE（17～23ppm），介質層導熱系數（1.0～8.0W/(m·K)），最高操作溫度 140℃，最高加工溫度 250～300℃，中尺寸（18～24 英寸），可採用厚銅（500μm）傳熱
陶瓷基板（Al N/SiC）	中高成本，低 CTE（4.9～8ppm），中高導熱系數（24～170W/(m·K)），極高操作溫度，滿足高功率要求，小尺寸（<4.5 英寸×4.5 英寸）
直接貼銅板（DBC）	中高成本，低 CTE（5.3～7.5ppm），高導熱系數（24～170W/(m·K)），優異的導熱性，高達 800℃ 的加工及操作溫度，加厚銅（600μm）適合高功率、大電流

　　基於以上種種原因，預計 LED 用高熱導基板將會在結構、材料、品種、性能等諸方面呈現「百花齊放」的局面。

　　另有一種觀點認為，隨著 LED 本身發光效率的提高，其熱能消耗會逐漸減少。與此同時，作為 LED 市場的一個重要應用領域——液晶顯示器背光源用 LED，正在向著更低功率型發展。基於上述 LED 技術發展趨勢，今後 LED 將更趨向使用在低成本方面更突出的高熱導型 FR-4、CEM-3 型基板。

5.2.4　熱傳遞的數學物理模型

　　任何熱量的傳遞只能通過傳導、對流、輻射三種方式進行。固體內部的熱量傳遞只能以傳導的方式進行，但換熱器壁面由其近旁流體帶走熱量的過程則往往同時包含對流與傳導，對高溫固體或流體來說還包括熱輻射。

5.2.4.1　熱傳導

　　1. 熱傳導是起因於物體內部分子微觀運動的一種傳熱方式，其宏觀規律可用傳立葉（Fourier）定律加以述，即

$$q = -\lambda \partial T/\partial x \tag{5-1}$$

式中，q 為熱流密度，W/m^2；$\partial T/\partial x$ 為法向溫度梯度，℃/m；λ 為導熱系數（簡稱熱導），W/（m·℃）。

　　傳立葉定律指出，熱流密度正比於傳熱面的法向溫度梯度，式中負號表示熱流方向與溫度梯度方向相反，即熱量從高溫傳至低溫。

　　固體材料的導熱系數隨溫度而變

$$\lambda = \lambda_0(1 + \alpha T) \tag{5-2}$$

式中，λ 為固體在溫度 T/K 時的導熱系數，W/（m·℃）；λ_0 為固體在 0℃ 時的導熱系數，W/(m·℃)；α 為熱導溫度系數，1/℃，對大多數金屬材料為負值，而對大多數非金屬材料為正值。

氣體的導熱系數比液體更小，約為液體導熱系數的 1/10；固體材料當氣孔率很高時，導熱系數就會大幅下降。

2. 通過平壁的定態導熱過程

設有一高度和寬度均很大的平壁，厚度為 δ，兩側表面溫度保持均勻，分別為 T_1 和 T_2，且 $T_1 > T_2$，壁內傳熱是定態一維熱傳導（圖 5.35）。

此時傳立葉定律可寫成

$$q = -\lambda \mathrm{d}T/\mathrm{d}x \qquad (5\text{-}3)$$

熱流量為

$$Q = -\lambda A \mathrm{d}T/\mathrm{d}x \qquad (5\text{-}4)$$

對於定態導熱，熱流量 Q 和平壁面積 A 都是常數。因此，平壁定態熱傳導的熱流密度 q 也是常數。由式（5-3）、式（5-4）可以看出，當 λ 為常量時，$\mathrm{d}T/\mathrm{d}x$ 為常量，即平壁內溫度呈線性梯度分布，即

$$\mathrm{d}T/\mathrm{d}x = -\Delta T/\delta$$

$$q = \lambda \Delta T/\delta$$

其中，$\Delta T = T_1 - T_2$。則熱流量可表示為

$$Q = \lambda A \Delta T/\delta = \frac{\Delta T}{\delta/\lambda A} = \Delta T/R = \frac{\text{導熱推動力}}{\text{導熱阻力}} \qquad (5\text{-}5)$$

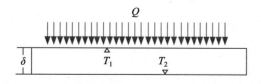

圖 5.35　定態一維（平壁）熱傳導示意圖

顯然，兩面的溫差 $\Delta T = T_1 - T_2$ 是導熱推動力；$R = \delta/\lambda A$ 是導熱阻力，一般稱其為熱阻，單位是℃/W。

3. 導熱推動力和熱阻具有加和性

對於定態一維熱傳導，熱量在各層中沒有積累，因而等量的熱依次通過各層，是一典型的串型傳遞過程。以兩層為例，通過兩層的熱量分別是：$Q_1 = Q_2 = Q$。

假設兩層界面理想地無縫緊密接觸，接觸面兩側溫度相同（只有一個界面溫度），各層的導熱系數皆為常數，則

$$Q = \frac{T_1 - T_2}{\delta_1/\lambda_1 A} = \frac{T_2 - T_3}{\delta_2/\lambda_2 A} = \frac{T_1 - T_3}{\delta_1/\lambda A + \delta_2/\lambda_2 A} \qquad (5\text{-}6)$$

或 $Q = \Sigma\Delta T/(\delta/\lambda A)$ = 總推動力／總阻力，即總熱阻等於各層熱阻之和，總推動力等於各層推動力之和。

各層的溫度：

$$(T_1 - T_2)：(T_2 - T_3) = \delta_1/\lambda_1 A：\delta_2/\lambda_2 A \qquad (5\text{-}7)$$

式（5-7）說明，在多層壁導熱過程中，哪層熱阻大，哪層溫差就大，這一原理也適用於 LED 封裝的各個串聯環節中。

利用此一原理，可以粗略地估算炮彈型 LED 封裝（環氧樹脂黏貼晶片）的熱阻。該封裝的參數為：樹脂層厚度 $\delta \geq 60\mu m$；熱增強樹脂（銀膠）的熱導率 $\lambda \approx 2W/(m \cdot K)$；晶片面積 $A \approx 1 \times 10^{-7} m^2$。

利用上述參數計算出的熱阻 $R = \delta/\lambda A \approx 300K/W$，環氧樹脂貼片的 LED 的熱阻很大程度上由貼片這個環節的熱阻決定。

4. 接觸熱阻

接觸界面不可能是理想光滑的，而粗糙的界面必會增加傳導的熱阻。例如 PCB 與散熱片之間需要涂以導熱膏或者採取加壓緊固措施來減少此項熱阻。

5.2.4.2　熱對流

當流體靜止時，流體只能以傳導的方式將熱量傳給壁面。由上節可知，流體溫度在垂直於壁面方向呈線性梯度分佈。在溫差相同的情況下，流體的流動增大了壁面處的溫度梯度，使壁面熱流密度較流體靜止時為大。

當流體以湍流狀態流過平壁時，由於湍流脈動促使流體在遠離平壁的地方混合，主體部分的溫度趨於均一，只有在層流內層中才有明顯的溫度梯度。這樣，湍流時，對流傳熱的阻力主要集中在邊壁附近很薄的層流內層。

總之，對流傳熱是流體流動載熱與熱傳導聯合作用的結果，流體壁面的熱流密度因流動而增大。根據引起流動的原因，可將對流傳熱分為強制對流和自然對流兩類。強制對流指的是流體在外力（如泵、風機等）作用下產生的宏觀流動；自然對流則是在傳熱過程中因流體冷熱部分密度不同而引起的流動。

熱流體的密度一般較小，在對流過程中熱流體上升而冷流體下降，因此自然對流的強弱與加熱面的位置密切相關。加熱面水平放置時，在加熱面上部有利於產生較大的自然對流。如固體表面為冷卻面，則情況剛好相反，有利於下部產生較大的自然對流。因此，為了在一定的空間進行較為均勻的冷卻，冷卻器（散熱片）應放置在該空間的上部。

壁面對流體的加熱或冷卻由於對流的存在變得非常複雜，很難進行嚴格的數學處理。對流傳熱的熱流密度（流體被加熱時），按牛頓冷卻定律可表示為

$$q = \alpha\ (T_w - T) \tag{5-8}$$

式中，α 為對流系數，$W/(m^2 \cdot \text{℃})$；T_w 為壁面溫度，℃；T 為冷流體主體溫度，℃。

由式（5-8）可進一步求出熱流量 Q 和熱阻 R

$$Q = \alpha A \Delta T \tag{5-9}$$

$$R = 1/\alpha A \tag{5-10}$$

5.2.4.3　熱輻射

　　絕對溫度零度以上的任何物體，都會不停地以電磁波的形式向外界輻射能量，同時不斷吸收來自外界其他物體的輻射能。當物體向外界輻射的能量與其他從外界吸收的輻射能不相等時，則該物體就會與外界就產生熱量的傳遞。

　　輻射能與可見光一樣，當投射到物體表面上時，也會發生吸收、反射和穿透現象。假設外界投射到表面上的總能量為 Q，而 Q_a 被物體吸收，Q_r 被物體反射，Q_d 為可穿透物體。根據能量守恆原理

$$Q = Q_a + Q_r + Q_d$$

若以 a、r、d 分別表示輻射的吸收率、反射率和透射率，則

$$a + r + d = 1 \qquad (5\text{-}11)$$

一般固體不允許熱輻射透過，即 $d = 0$，則式（5-11）簡化為 $a + r = 1$。

　　單位時間內單位黑體表面向外界輻射的全部波長的總能量，服從斯蒂芬－波爾茲曼（Stefan-Boltzmann）定律

$$E_b = \sigma_0 T^4 \qquad (5\text{-}12)$$

式中，E_b 為黑體輻射能力，W/m²；σ_0 為黑體輻射常數，5.67×10^{-8}W/(m² · K⁴)；T 為黑體表面的絕對溫度 K。

　　斯蒂芬－波爾茲曼定律表明，黑體的輻射能力與其絕對溫度的四次方成正比。四次方定律表明，輻射傳熱對溫度異常敏感：低溫時熱輻射往往可以忽略，而高溫時則往往成為主要的傳熱方式。

　　實際物體在一定溫度下的輻射能力 E 恆小於同溫度下黑體的輻射能力 E_b。通常以黑度 ε 來表徵物體的輻射能力接近於黑體的程度，有 $\varepsilon = E/E_b$。物體的黑度不僅與物體的表面溫度，而且與物體的種類、表面狀況有關。

　　影響輻射傳熱的主要因素有表面溫度、黑度及輻射表面的介質等。若輻射與對流同時進行，在溫度不太高，溫差不大的情況下，一般是將輻射傳熱系數折換到自

然對流系數中去。

5.2.4.4 串聯熱阻疊加原理

傳熱過程的總熱阻是由各串聯環節的熱阻疊加而成，原則上講減少任何環節的熱阻都可提高傳熱系數。在串聯熱阻中可能存在某個控制環節（例如樹脂封裝的LED）。如果傳熱過程確實存在控制環節，為了強化傳熱過程，必須注意減少控制環節的熱阻。

5.2.5 高熱導聚合物基複合材料基板

最早投入市場的單晶片 LED 元件採用灌封環氧樹脂的引腳式封裝結構，射出光部位做成炮彈型或各式各樣的透鏡型，如圖 5.36 所示。使用時插接在一般的印刷線路板上。這種採用環氧樹脂封裝基板的單晶片 LED 元件適合用於儀器、交通指示燈、廣告屏、護欄管等。其優點是技術成熟度高，易生產，成本低；缺點是熱阻大，僅適用於功率小於 0.5W 的封裝結構。

高熱導聚合物基複合材料基板是在傳統 FR-4 及黏結片、CEM-3、RCC 等基礎上，通過導熱填料的選擇、分散及表面處理等，並對環氧樹脂等聚合物進行改進，製成加工性、耐熱性優良且生產效率高的高導熱基板，如圖 5.37 所示。

圖 5.36 引腳插入式炮彈型與透鏡型單晶片 LED 元件

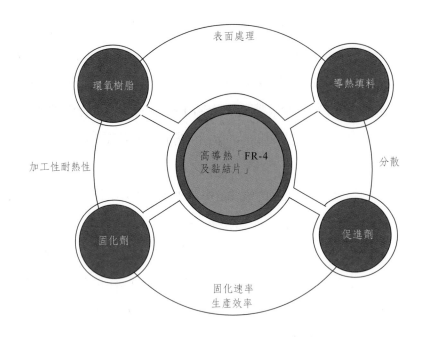

圖 5.37　高導熱「FR-4 及黏結片」的開發

5.2.5.1　高導熱基板開發的技術路線

　　理論上講，提高聚合物基複合材料基板導熱性能的途徑有兩條：一條是合成特殊結構聚合物（如 LCP），主要是藉由它的完整結晶性構成協調的晶格振動，以聲子為熱能載流子以實現高導熱性；另一條是在聚合物基體中高比例地填充高導熱無機填料，提高複合材料的導熱性能。當然，如果上述兩條途徑同時進行雙管齊下，會達到更好的散熱效果。

　　但由於良好導熱性能高分子樹脂不但技術上很難實現，而且價格昂貴。而利用結晶型且具有致密結構的無機填料進行填充，可製備出滿足性能要求的高導熱基板。由於其生產工藝與現有工藝路線差別不大，便於高效率地大批量生產，已成為目前廣泛被採用的方法。

　　選擇高導熱填料需要兼顧絕緣性能與導熱性能（熱導率），還應考慮在加工過程中填料在基體中的分布與基體的相互作用：只有當填充物在基體中的含量達到一定比例，填充物之間相互作用以便在基體中形成類似鏈狀或網狀的導熱網絡，才能

發揮填料的高導熱作用。

如何根據高導熱填料的形態結構，在合適的工藝條件下使填料在基體中形成有效的導熱通路，是製作填充型導熱高分子複合材料的關鍵。因此，在體系內如何在熱流方向上最大程度地形成導熱網絡，對於提高聚合物基複合材料之導熱性能致關重要。

5.2.5.2 複合材料熱導率的影響因素

假定填料粒子分散是均勻的，按照 **Agari Y** 模型，填料／聚合物基複合體系的熱導率可表示為

$$\lg K = V_f C_2 \lg K_2 + （1 - V_f）\lg（C_1 K_1）\tag{5-13}$$

式中，K 為複合材料的導熱系數；K_1 為聚合物基體的導熱系數；K_2 為填充材料的導熱系數；V_f 為填充物體積分數；C_1 為由聚合物基體結晶和晶體尺寸大小決定的因子；C_2 為由形成導熱鏈或導熱網絡所決定的自由因子。

圖 5.38 表示填料／聚合物基複合材料熱導率的影響因素。由於填料的熱導率遠高於聚合物基的熱導率，而且在填料含量少時，填料難以形成網絡，因此複合材料的熱導率主要受聚合物基的熱導率控制。隨著填料增加，填料熱導率的權重越來越大，表現為圖 5.38(a) 中曲線的斜率越來越大。

影響高導熱複合材料熱導率的本質因素是填料的性質和填料的含量，這兩個因素共同決定了複合材料的熱導率。作為主要因素，決定填料性質的，包括顆粒直徑、填料形狀、填充結構等；作為次要因素，包括樹脂的熱導率、界面的熱阻等。

5.2.5.3 導熱填料的選擇

導熱填料樹脂複合體系的導熱性及加工工藝性與填料的導熱性、顆粒形狀、比表面積、粒徑大小、密度、吸油量、填充密度等物理、化學性質密切相關。在保證系統相容性的前提下，關於導熱填料的選擇，主要有下述幾方面的考慮。

1. 導熱填料的填充體積分數

根據式（5-13）複合材料的導熱系數（取常用對數）是按填料和基體的體積分數，對二者的導熱系數進行加權平均。

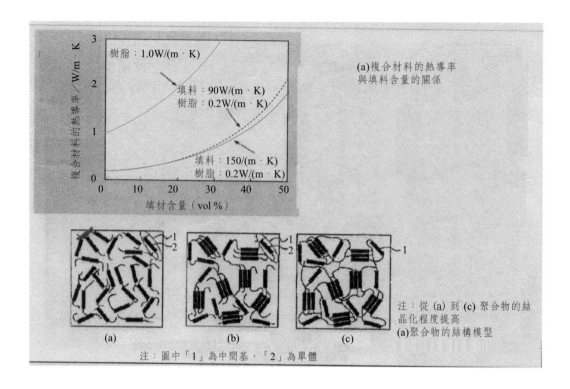

圖 5.38　填料／聚合物基複合材料熱導率之影響因素

　　實際上，要充分發揮填料的高導熱優勢，必須形成導熱網絡，而網絡的形成需要一定的填充比率，儘管這一比例與填料顆粒粒徑、形狀、比表面積、是否匹配等相關，但一般以 70% 為界。填料填充體積分數高於 70% 易形成導熱網絡，低於 70% 則難以形成。

2. 填料本身的導熱性能

　　圖 5.39 表示各種不同材料熱導率的比較，可以看出，高熱導材料分兩大類；一類為金屬，一類為陶瓷。金屬的導熱模型為自由電子導熱，一般說來，導電性好的金屬，導熱性也好。綜合考慮加工性能、耐腐蝕性能、價格等因素，用於 LED 封裝導熱的金屬材料多選用鋁和銅。但一般情況下，金屬顆粒不作為填料／聚合物基複合材料高導熱基板中的填料來使用，因為不能滿足基板絕緣性的要求。

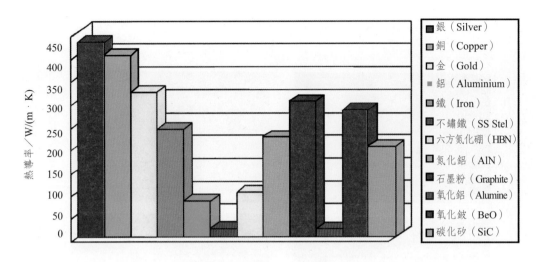

圖 5.39　各種不同材料熱導率的比較

陶瓷導熱模型為聲子導熱，一般由原子序數小的組元所構成的陶瓷熱導率高。綜合考慮粉體物性，特別是性能穩定性及與聚合物的相容性、價格等因素，可供選擇的粉體材料包括 SiO_2、Al_2O_3、AlN、石墨粉等。碳奈米管（CNT）具有超高的熱導率，達到 600～300W/(m·K)。因此，將 CNT 作為填料來使用是一個頗具吸引力的選擇，當然前提是 CNT 應具有可接受的價格。

3. 顆粒大小及形狀

關於填料顆粒大小、形狀及表面處理等這些敏感的工藝問題，各個企業都作為技術秘密嚴加保守。這裡只能按一般原理做簡要分析。

可供選擇的填料顆粒形狀包括：球形顆粒、立方體和片狀顆粒、樹枝狀顆粒、薄片狀顆粒、細長狀顆粒、不規則顆粒等。圖 5.40 表示填料分散狀態的 SEM 照片。

作為選擇顆粒大小和形狀的原則，在考慮增加熱導率的同時，還要考慮對基板形成狀況及對基板機械性能的影響。參照圖 5.41，發現填料填充率在 60%～70% 之間熱導率發生突變，說明填充顆粒形成完善的導熱通路是提高複合材料熱導率的必要條件。一般說來，將不同尺寸的球形顆粒按一定比例級配，可獲得最高填充率。如此，既可提高熱導率，又不會對待成形樹脂的流動性、成形性以及基板的機

械性能產生太大的影響。當然最佳參數還需要通過實驗來確定。

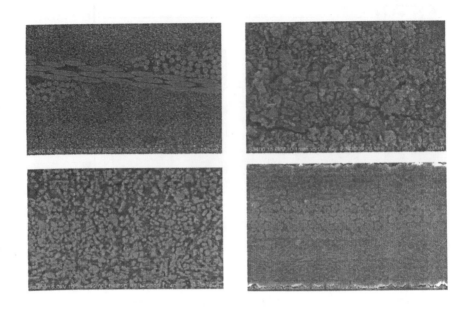

圖 5.40　填料分散狀態的 SEM 照片

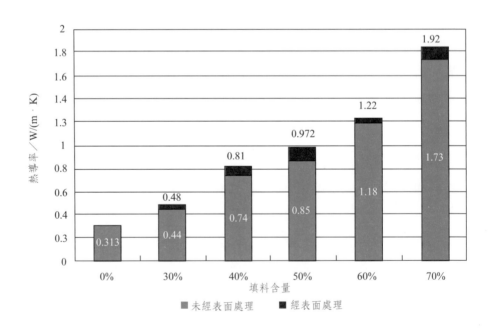

圖 5.41　Al_2O_3 填料顆粒表面處理對填料／樹脂基複合材料熱導率的影響

5.2.6　金屬基板（IMS）

　　所謂金屬基板，是指由金屬層（鋁、鋁合金、銅、鐵、鉬、矽鋼等金屬薄板）、絕緣介質層（環氧樹脂、聚醯亞胺等）和銅箔（電解銅箔、壓延銅箔等）三部分複合製成的金屬基覆銅板（metal backed copper clad laminates）或絕緣金屬基板（insulated metal substrates, IMS）。

　　在實際應用中，金屬基覆銅板上需要製作印製電路，形成一類特殊的印製電路板，稱其為金屬基製電路板，簡稱為金屬基板。

　　金屬基板具有優異的散熱性能、機械加工性能、尺寸穩定性能及相對較低的價格，在混合集成電路、汽車、摩托車、大功率電器設備、電源設備等領域，得到越來越多的應用。近年來，更是在 LED 封裝中作為高導熱基板（thermal conductive substrate）得到廣泛應用。圖 5.42 表示 LED 散熱路徑和金屬基板的結構。

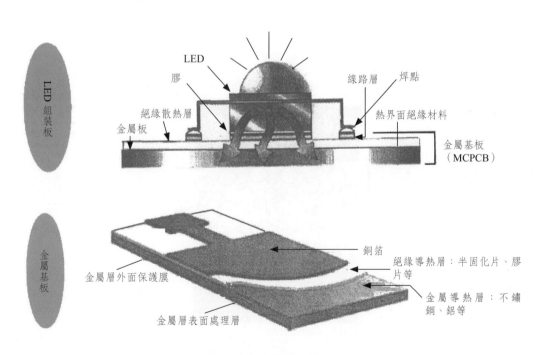

圖 5.42　LED 散熱路徑與金屬基板之結構

　　金屬基板由銅箔、介質層（一般採用填充高導熱填料的聚合物膜片或半固化片）、鋁板等多層結構組成。根據 5.2.4 節熱傳遞的數學物理模型所述，系統的熱阻是每層熱阻的串聯。因此，降低任一層的熱阻對提高系統的導熱性均有貢獻。圖 5.43 是鋁基板的熱傳導方式示意圖，如何保證導熱路徑的通暢極為重要。其中位於兩層金屬之間的介質層起著絕緣、黏接、應力緩和和承載電路等多種功能，但由於其導熱係數低，成為系統熱阻的主要組成部分。為此在其中填充高導熱填料以提高其導熱係數。填料的過多填充又往往會影響介質層的黏接性能與其他力學性能等。對於影響高導熱聚合物基價質層性能的因素和改進措施請見 5.2.5 節。

　　金屬基板另一個結構特點是含有更多的界面，如圖 5.42 中銅箔與介質層的介面、介質層與鋁板的界面、介質層中陶瓷顆粒與聚合物之間的界面等。試想，如果這些界面中存在氣泡或接觸不良，顯然會大大降低金屬基板的性能和可靠性。為了改善界面特性，除了要調整層壓的工藝參數，如溫度、壓力、保壓時間等之外，還要對陶瓷顆粒表面進行處理，對銅箔表面有特定的質量要求，對鋁板表面進行處理等。對鋁板表面的處理包括噴砂、磨刷、拉絲、陽極氧化、微蝕、黑化或棕化等。

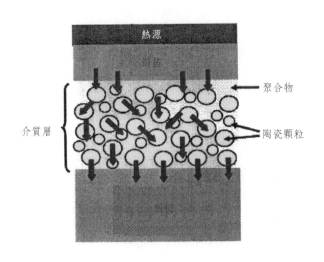

圖 5.43　鋁基板的熱傳導方式

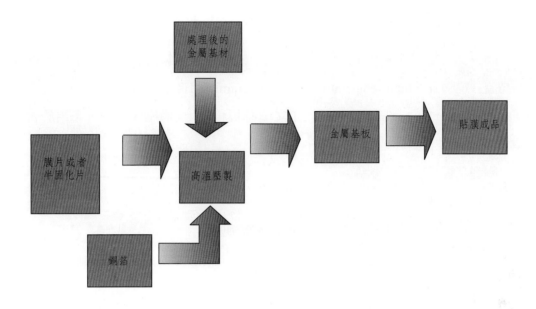

圖 5.44　金屬基板的製作工藝流程

　　圖 5.44 表示金屬基板的製作工藝流程。由於與現有 PCB 用覆銅合板的製作工藝相差不大，不需添置很多的設備，生產效率又高，因此價格相對較低。順便指出，在金屬基板的價格組成中，「金屬」（指鋁板或銅板）占據主要份額。

　　下面給出覆銅鋁基板的幾個參數，供使用時參考：

①鋁板厚度：0.5～3mm

　　——可根據不同的應用目的，選擇合適的鋁板厚度；

②銅箔厚度：18～410μm；

③介質層厚度：75～150μm；

④導熱系數：0.4～3.0W/(m・K)

　　——採用無玻璃布支撐的介質層可以超過 10 W/(m・K)。

　　作為比較，銅的導熱系數為 380W/(m・K)，鋁為 200W/(m・K)，傳統 FR-4 基板大約為 0.4W/(m・K)。

5.2.7 陶瓷基板（ceramic wafer）

陶瓷基板採用陶瓷和金屬化相結合的方式製作。根據陶瓷材料的不同，可分為高溫共燒陶瓷（high temperature co-fired ceramics, HTCC）基板，低溫共燒陶瓷（low temperature co-fired ceramic, LTCC）基板和氮化鋁陶瓷基板等。多用於表貼型和功率型 LED 封裝結構。

陶瓷基板具有下述優點：

①材料的熱導率高；

②基板材料與晶片襯底材料的熱膨脹系數相匹配；

③多層陶瓷結構可進行多層佈線，實現複雜電路互聯。特別是在大功率、多晶片、多色 LED 集成封裝結構中更有明顯優勢。

但陶瓷基板也存在生產工藝複雜、生產效率低，成本較高的缺點。

陶瓷基板封裝 LED 光源的應用領域主要有：

①大光通量 LED 光源，適用於路燈、投影儀等；

②惡劣環境下工作的大功率 LED 光源，適用於烏賊船、汽車燈等；

③陳列化封裝光源，如 TFT LCD 背光源等；

④用於半導體設備中的，對可靠性要求較高的 LED 光源等。

下面，對三種陶瓷基板作簡要介紹。

5.2.7.1 高溫共燒陶瓷（HTCC）基板

作為大功率 LED 封裝用基板，HTCC 應選用熱導率高、熱膨脹係數與 LED 外延基板相匹配、電絕緣性能好、機械性能優良且價格便宜的陶瓷材料，綜合考慮（表 5.4），目前多選用 Al_2O_3。

所謂共燒，是指陶瓷與金屬化層共燒，以製取帶有單面、雙面及多層導體布線的陶瓷基板。由於 Al_2O_3 的燒成溫度在 $1,500 \sim 1,650°C$，只能採用 W、Mo 等難熔金屬漿料與之共燒，並需要惰性氣體或還原性氣氛保護。

表 5-4　各種陶瓷基板的組成及特性

特性	三氧化二鋁			莫來石 (mullite)	塊滑石 (steatite)	鎂橄欖石 (forsterite)	董青石 (cordierite)	低溫共燒陶瓷 (LTCC) 多層基板	高熱導基板			單晶矽	藍寶石	金剛石
主成分	Al_2O_3 92%	Al_2O_3 96%	Al_2O_3 99%	$3Al_2O_3 \cdot 2SiO_2$	$MgO \cdot SiO_2$	$2MgO \cdot SiO_2$	$2Al_2O_3 \cdot 2MgO \cdot 5SiO_2$	$CaO\text{-}Al_2O_3\text{-}B_2O_3\text{-}SiO_2$系 $Al_2O_3\text{-}B_2O_3\text{-}SiO_2\text{-}MgO$系 $CaO\text{-}B_2O_3\text{-}SiO_2\text{-}NaO$系 $CaO\text{-}B_2O_3\text{-}SiO_2\text{-}MgO\text{-}PbO\text{-}Na_2O\text{-}K_2O$系等	BeO	AlN	SiC	Si	Al_2O_3	C
表觀密度／(g/cm³)	3.6	3.7	3.9	3.1	2.7	2.8	2.5	3.0～4.5	2.9	3.3	3.2	2.3	4.0	2.8
力學性能　抗彎強度／MPa	250	270	290	140	140	140	70	130～230	170～230	400～500	450	520	700	
力學性能　壓縮強度／MPa	2000	2000	2300	–	1800	600		–			–			
力學性能　彈性模量／MPa	2.7×10^5	3.7×10^5	3.9×10^5	1.4×10^5	1.8×10^5		1.2×10^5		3.2×10^5	3.3×10^5	4.0×10^5	7.8×10^5		
電氣性能　絕緣耐壓／(kV/cm)	150	150	150	130	130	130	150	200～500	100	140～170	1～2		4800	
電氣性能　體積電阻率／(Ω·cm) 20℃	$>10^{14}$	$>10^{14}$	$>10^{14}$	$>10^{14}$	$>10^{14}$	$>10^{14}$	$>10^{14}$	$>10^{11}\sim>10^{14}$	$>10^{14}$	$>10^{14}$	$>10^{13}$	$10^{-2}\sim45$	$>10^{16}$	$>10^{16}$
電氣性能　體積電阻率／(Ω·cm) 300℃	1×10^{11}	10^{14}	10^{14}	–	5×10^8	7×10^{11}						$>10^{-3}\sim10^3$		
電氣性能　介電常數 ε_r (1MHz)	8.5	9.8	9.8	6.5	6.9	6.0	5.3	4.2～8.0	6.5	8.8	45	12	11.5	5.7
電氣性能　介電損耗 tanδ (1MHz)	0.0005	0.0003	0.0001	0.0004	0.0004	0.0005		0.0005～0.003	0.0005	0.0005～0.0001	0.05		0.00005	
熱學性能　熱膨脹係數／(10⁻⁶/℃) 25～300℃	6.6	6.7	6.8	4.0	7.8	10	2	4～6	8	4.5	3.7			
熱學性能　熱膨脹係數／(10⁻⁶/℃) 300℃～	7.5	7.7	8.0	4.4		12								
熱學性能　熱導率／[W/(m·K)] 25℃	16.7	18.8	31.4	4.19	2.51	3.35	2	3～8	250	100～270	270	150	38	2000
熱學性能　熱導率／[W/(m·K)] 300℃	10.9	13.8	15.9	–	–	–	–							
燒成溫度／℃	1500～1650			1400～1500				<900	2000	1650～1800	2000			

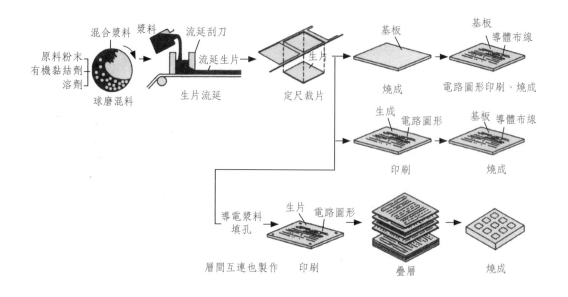

圖 5.45　陶瓷基板的製作工藝流程——流延法

多層陶瓷基板一般採用圖 5.45 所示的流延法製作。將由陶瓷粉末、黏結劑、溶劑混合而成的漿料（泥漿）經流延機流延；乾燥，定尺裁片，製成生片；對生片打孔（包括層間互連孔和定位孔）；利用絲網印刷等由難熔金屬 W 或 Mo 等粉末製成的漿料對生片填孔並形成所需要的電路圖形；疊層，熱壓成形；經高溫燒結製成帶有多層金屬化圖形的 HTCC 基板。

圖 5.46 表示高溫共燒陶瓷（HTCC）基板及用於大功率 LED 封裝的實例。

5.2.7.2　低溫共燒陶瓷（LTCC）基板

與高溫共燒陶瓷（HTCC）基板相比，低溫共燒陶瓷（LTCC）基板中的「共燒」有兩層涵意。其一是玻璃粉末與陶瓷粉末共燒，可使燒成溫度從 1,650℃ 下降到 900℃ 以下，從而可以用 Ag、Ag-Pd、Ag-Pt，以及 Cu、Ni 等熔點較低的金屬代替 W、Mo 等難熔金屬做布線導體，即可以在提高電導率，採用貴金屬時又可以在大氣中燒成；其二是布線導體與玻璃－陶瓷一次燒成，便於高密度多層布線。特別是，由於燒成溫度低，可以將 R、C、L 等元件嵌入基板中，與 LTCC 基板一次燒成，實現系統集成。

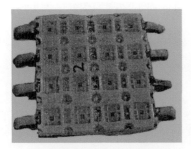

大功率高溫共燒陶瓷基板陣列（白瓷）

1W 大功率高溫共燒陶瓷基板（白瓷）

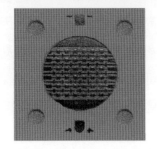

1W 大功率高溫共燒陶瓷基板（黑瓷）

10W 大功率高溫共燒陶瓷基板（白瓷）

圖 5.46　高溫共燒陶瓷（HTCC）基板與大功率 LED 封裝實例

與以 Al_2O_3 陶瓷為基的 HTCC 相比，LTCC 的熱導僅為前者的若干分之一。而且，玻璃粉末的製備或與陶瓷的共燒都有一定的工藝難度，目前的 LTCC 基板價格還是比較貴。

5.2.7.3　AlN 基板

從表 5.4 可以看出，AlN、BeO、SiC 的熱導率均在 Al_2O_3 的 10 倍上下。可惜，BeO 的毒性和 SiC 的電絕緣性能稍差因而限制了這兩種高熱導材料在電路基板方面的應用。AlN 具有閃鋅礦型晶體結構（金剛石結構中 2 個陣點上的碳原子分別由 Al 和 N 置換），為強共價鍵化合物，具有質量輕（密度為 3.26）、高強度、高耐熱性（大約在 3,060℃ 分解）、耐腐蝕等優點。

AlN 為強共價鍵，其傳熱機制為晶格振動（聲子），且 Al 和 N 的原子序數均小，這從本性上決定 AlN 的高熱導性。其熱導率的理論值為 320W/(m・K)。但一般 AlN 陶瓷的熱導率只能做到 170W/(m・K) 以下，其原因是，原料中的雜質在燒

結時因溶於 AlN 晶粒中產生各種缺陷，或發生反應，生成低熱導率化合物，對聲子造成散射，致使熱導率下降。在燒結工藝中必須對此嚴加控制。

5.2.8 陶瓷直接覆銅板（DBC）

DCB 是 direct bond copper（直接覆銅）的簡稱，其原理是將銅直接鍵合到氧化鋁或氮化鋁陶瓷上。與 5.2.6 節所述的金屬基板（IMS）相比，因在這種基板上不需要另設黏結層，減少了多層界面，同時採用了高熱導率的陶瓷基板，因此具有非常低的熱阻。陶瓷直接覆銅板（DBC）的熱導率可達 170W(m·K)，遠高於高導熱「類 FR-4」及金屬基板（IMS）（表 5.3），且可應用大面積產品（單採用陶瓷材質則不行）。而且與 LED 晶片的熱膨脹系數失配小，容易裝配，有利延長 LED 元件的使用壽命。

陶瓷直接覆銅板（DBC）的缺點是銅的價格較鋁貴，製程比較複雜且成品率不高，從而其價格高居不下，除了特殊用途，鮮有用戶問津。

5.2.9 其他類型的散熱基板

對於某些大功率 LED 元件來說，熱量的導出和散發不是依靠封裝基板的整體導熱，而是依賴器件下方的金屬凸塊、凸柱、金屬填孔等局部導熱（散熱）的方式。具體結構多種多樣。下面針對近幾年推出的三種新款方式，做簡要介紹。

1.銅凸塊－銅襯底散熱基板

由日本大陽工業（株）開發，是將封裝基板組成部分之一的銅凸塊、銅凸柱、銅襯底等，直接與晶片襯底（外延基板）緊密接觸，以實現對集中發熱區的高效率散熱。

一種方式如圖 5.47 上圖所示，將 LED 晶片直接搭載在「銅凸塊－銅襯底」散熱基板上。它的散熱效率比鋁基金屬基板要高得多。

另一種方式如圖 5.47 下圖所示，採用在晶片下方配置銅凸塊（凸柱）的多層散熱基板。這種方式與過去的晶片下方配置導熱銅槽的散熱基板、鋁基金屬基板（IMS）相比，具有更高的散熱效率。而且基板設計的自由度高，製造成本有所降

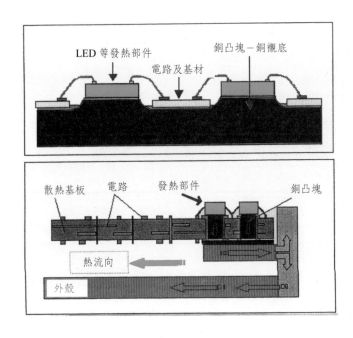

圖 5.47　採用銅凸塊－銅襯底的散熱基板結構

低，還克服了原來的兩種散熱基板熱容量較大及熱量殘留問題。

　　這種高散熱基板不僅用於大功率 LED 封裝，而且在混合動力汽車、電動汽車、家用燃料電池、鋰離子電池等領域也非常好的應用願景。

　　2. 以銅作襯底或內晶的散熱基板

　　圖 5.48 是由日本 CMK 公司開發的，PCB 基板帶空腔，並以銅作襯底的散熱基板的安裝結構。由於 LED 晶片直接安裝在銅襯底上，而且銅的熱導率比鋁高出一倍，因此散熱效率很高。

　　當然銅板也可以作為內芯來使用。優點是可實現雙面封裝，提高封裝密度；缺點是製作工藝複雜，且散熱性能不如銅作襯底的狀況好。

　　3. 埋置銅柱金屬（VCM）基板

　　埋置銅柱金屬（variuos clad metal, VCM）基板由日本公司開發，它的金屬基板由上到下其材料構成結構為：銅箔（$80\mu m$）＋ Ni 層（$1\mu m$）＋ 銅板（約 $500\mu m$）。此種銅板的熱導率高達 390W/(m・K)。圖 5.49 表示 VCM 基板的製作過程；銅板經蝕刻變成銅柱，再與加入陶瓷粉的聚合物層壓，將銅柱埋入絕緣層內，最後蝕刻兩面的銅箔，製成埋置銅柱的散熱基板。

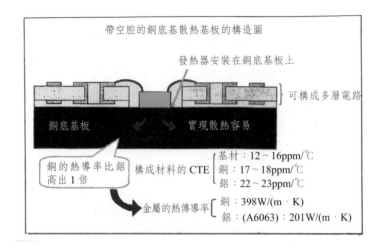

圖 5.48　PCB 基板帶空腔，並以銅作襯底的散熱基板的安裝結構

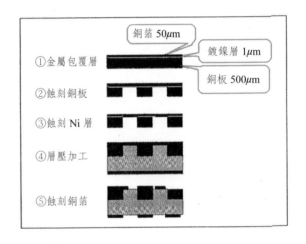

圖 5.49　VCM 基板之製造過程

　　VCM 基板的最大特點是將高熱導率的銅柱埋置於絕緣層之內。由於 LED 元件直接連接在銅柱上，且與原來普遍採用的金屬散熱片方式（IMS 基板就屬於此）相比，其散熱效率高得多。

　　上述三種散熱基板的研發與發明顯示，採用銅柱（或凸塊）的散熱方式已成為發展潮流。

第六章

白光 LED 照明的顯色與色彩評價技術

6.1　顯色性評價的基礎

6.1.1　顯色性與評價方法

經常聽到這樣的抱怨，在服裝店購買套裝時，往往會順便配上與之協調的領帶，但買回來在太陽光下及辦公室的螢光燈下觀賞時，卻發現原來的效果大不相同而讓自己大失所望。之所以產生這種情況，是由於服裝店照明光與太陽光及辦公室的照明光不同，而造成套裝及領帶顏色的觀視效果不同所致。

因照明光不同而造成的物體顏色觀視效果的不同稱為「顯色」（又稱為演色，現色）。而且，基於特定的物體色（稱為試驗色）的顯色，針對光源（或照明光）的特性而考慮時，稱為「光源（或照明光）的顯色性」。

由於顯色性造成的物體色的觀視效果，依下面兩個原因而變化。

①基於照明光的相對分光分布的不同，由試驗色反射光的相對分光分布發光變化，而產生的試驗的色刺激值（例如三刺激值 x、y、z）的變化。稱此為「因照明光引起的色刺激值的偏離」。

②當顯色比較用照明光的色度不一致時，由於對各種光的色順應而產生的感知色的變化。稱此為「由於順應而導致的感知色的偏離」。

一般說來，在照明光的相對分光分布及試驗色的分光反射率曲線的變化比較平滑的場合，①和②的偏離會相互抵消，基於色的恆常性，顯色不會發生大的變化。而且②的偏離，可由視感試驗得到的結果來預測色刺激值的偏離，稱此為③「因順應造成的色刺激值的偏離」。

因照明光不同而使確認顯色效果不同的方法，在陳列室（show room）展示的實例中經常可以看到。圖 6.1 所示是在照明小間中，放置相同試驗色同時進行比較的方法，稱此為「同時比較法」。這種方法可以對由不同照明光而造成的物體色觀視效果進行直接比較，既直觀又便利。但是，採用這種方法並不知道處於什麼樣的色順應狀態，因此只能用色度一致的光源進行比較。這就是為什麼在「由順應造成

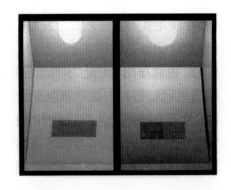

圖 6.1　利用「同時比較法」感覺到的顯色性差異

的色刺激偏離」的預測中，採用「經時比較方法」和「兩眼視比較方法」的理由。

　　經時比較方法及兩眼視比較方法的概念圖在圖 6.2 中表示。

　　圖 6.2 中的 A_1 及 A_2 表示順應視野，而 S_1 及 S_2 表示試驗色。

　　經時比較方法又稱為「記憶等色方法」，在對照明光 A_1 順應的狀態下記憶試驗色 S_1 的色觀視效果。此後，在對照明光 A_2 順應的狀態下，觀察試驗色 S_2 的色觀視效果，再與記憶中的試驗色 S_1 的色觀視效果進行比較，判斷二者是否一致，與記憶的試驗色 S_1 的色觀視效果相等的觀視效果即對應試驗色 S_2。基於這種方法的數據，主要由學者 Helson 等提出。

　　兩眼視方法，是在左右眼分別處於色順應的狀態下，直接比較試驗色，用以決定達到相等色觀視效果之試驗。一般情況下，為使左右眼分別達到色順應狀態，利用眼前的壁使兩眼隔開進行觀察，故又稱其為「兩眼隔壁法」。儘管考慮到左右

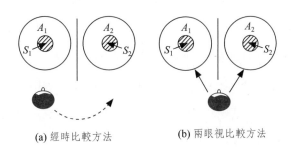

(a) 經時比較方法　　　　　(b) 兩眼視比較方法

圖 6.2　顯色性的視感比較方法

眼在色知覺方面存在差距，設左邊的 A_1 及 S_1 分別為參照照明及參照刺激，則藉由右眼，觀察欲進行顯色比較的照明光的色感知。利用這種方法的數據是由 Burnham 等、日本色彩學會提供的。

經時比較方法及兩眼視方法都是決定得到與基準照明下觀視效果相等的色刺激值的方法，而如此得到的色稱為「對應色」。

預測對應色的方法，有 CIE 法等幾個提案。

6.1.2　顯色性評價方法的變遷

對顯色性定量的評價方法，以一般照明用螢光燈的開發為契機，正不斷取得進展，已經提出針對相對分光分布差異的評價方法及參照試驗色的評價方法。針對相對分光分布差異的評價方法稱為「譜帶（spectral band）法」，由 CIE 於 1948 年提出，是在考慮分光視感度的前提下，在 $380\sim780nm$ 可見光波長範圍內進行 8 分割的評價方案。在這種方法中，是對各帶域的光流量（光束）進行比較。

譜帶法所評價的是相對分光分布的不同，而並非於評價顯色性的不同。隨著螢光燈的普及，評價顯色性差異的方法研究取得進展，針對特定試驗色，用基準光和試樣光源（待測光源）照明時得到色刺激值的偏差，用顯色性評價指數進行表示的方法，於 1965 年得以確定。

在這種方法中，基準光採用與被測光源的相關色溫度相近似的黑體或 CIE 畫光，這樣做，因順應產生的色刺激值偏離就不會很大，但所採用的是相對顯色評價。為了補償光源色度的差異，採用藉由光源色度座標的差分進行補償的簡單辦法。這種方法是 1974 年利用 von Kries 係數規則而修改的乘法補償方法（CIE 第 2 版）。更進一步：試驗色在綜合各種提案的基礎上取 14 色，作為計算色刺激值偏差的色空間，採用 $U^*V^*W^*$ 色空間。JIS 顯色評價方法（JIS Z 8726 光源的顯色性評價方法：1990）除了在試驗色中追加了日本人膚色因素之外，是在對 CIE 第二版進行修訂的基礎上確立的。

在 CIE 中，利用 CIE 色順應式對因色順應而產生的色刺激值的偏離進行計

算，而顯色評價方法第 3 版的延伸是 1996 年完成的，儘管針對因色順應而產生的色刺激值偏離利用色觀視模型進行預測的方案已經提出，但目前還沒有正式採用。

6.1.3　CIE/JIS 顯色性評價方法

在進行 CIE/JIS 顯色性評價數的計算時，可採用表 6.1 是所給出的試驗色，而 JIS 中採用的試驗色 No.15 的分光反射率如圖 6.3 所示。由顯色所決定的色感知是由從試驗色反射而射入人眼中的可見光發射，刺激視網膜而產生的。下面，以採用與相關色溫度相等的晝光和晝光色螢光燈照射試驗色 No.15 的情況為例，介紹 CIE/JIS 顯色性評價方法的計算方法。

表 6.1　顯色性評價用試驗色

試驗色序號	芒塞爾記號	色名	說明
1	7.5 R　6/4	帶暗黃的紅	
2	5.0 Y　6/4	帶亮灰的黃	
3	5.0 GY　6/6	暗黃綠	
4	2.5 G　6/6	暗綠	
5	10.0 BG　6/6	暗藍綠	
6	5.0 PB　6/8	帶亮紫的藍	
7	2.5 P　6/8	亮藍紫	
8	10.0 P　6/8	帶亮紅的紫	
9	4.5 R　4/13	鮮紅	
10	5.0 Y　8/10	黃	
11	4.5 G　5/8	綠	
12	3.0 PB　3/11	深藍	
13	5.0 YR　8/4	帶亮灰的黃紅	膚色色卡
14	5.0 GY　4/4	帶暗灰的黃綠	樹葉色色卡
15	1.0 YR　6/4	帶灰的黃紅	日本人的膚色

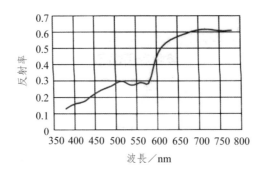

圖 6.3　試驗色 No.15 之分光反射率

　　由試驗色 No.15 反射的可見光發射的特性，可以由其分光反射率與照明光相對
分光分佈的各波長下相應值之間的相互關係來表示。得出的結果如圖 6.4 所示。即
使是同一試驗色，依照明光的相對分光分佈不同，反射光的特性也會發生變化。其
結果，產生「因照明光引起的色刺激值的偏離」。「因照明光引起的色刺激值的偏
離」的計算結果如下所示。

晝光：$X = 35.06$　$Y = 32.69$　$Z = 24.29$

晝光色螢光燈：$X = 31.87$　$Y = 31.71$　$Z = 22.87$

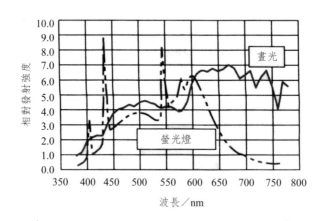

圖 6.4　從試驗色 No.15 的反射光分光分佈

由試驗色反射光的三刺激值 X, Y, Z 的計算方法如下

$$X = K \sum_{380}^{780} S(\lambda)\beta(\lambda)\bar{x}(\lambda)\Delta\lambda$$

$$Y = K \sum_{380}^{780} S(\lambda)\beta(\lambda)\bar{y}(\lambda)\Delta\lambda \qquad (6\text{-}1)$$

$$Z = K \sum_{380}^{780} S(\lambda)\beta(\lambda)\bar{z}(\lambda)\Delta\lambda$$

式中，$S(\lambda)$：被測光源或基準光的相對分光分布，以 5nm 間隔取值；

$\beta(\lambda)$：試驗色的分光發射輝度率，以 5nm 取值；

$\left.\begin{array}{l}\bar{x}(\lambda)\\\bar{y}(\lambda)\\\bar{z}(\lambda)\end{array}\right\}$：$XYZ$ 表色系中的等色函數，採用 JIS Z 8724 的附表 2 中給出的值；

$\Delta\lambda$：積算的波長間隔，其取值為 5nm。

在晝光和晝光色螢光燈照射下，會得到不同的色刺激值（三刺激值），因此 No.15 試驗色的顯色性會產生差異。為了使這種差異的程度與感知色的差別相關聯，需要用色差 ΔE_i 來表示。色差是藉由 CIE 於 1964 年確定的 $U^*V^*W^*$ 色空間上的距離來計算的。顯色評價數（用符號 Ri 表示）是根據從晝光和晝光螢光體照明下得到的試驗色的色差，利用式（6-2）和式（6-3）求出的。式（6-3）所表示的 Ra 稱為「平均顯色評價數」，在表示平均的色的顯色性場合下使用。

$$Ri = 100 - 4.6\ \Delta E_i \qquad (6\text{-}2)$$

$$Ra = \frac{\sum_{1}^{8} R_i}{8} \qquad (6\text{-}3)$$

式中，Ri：特殊顯色評價數；

　　　Ra：平均顯色評價數，取試驗色 1～8 的 Ri 的平均值。

但是，$U^*V^*W^*$ 色空間上的色刺激值可由下面的式（6-4）計算

$$W^* = 25\,(Y_i)^{\frac{1}{3}} - 17$$
$$U^* = 13W^*(U_i - U_0)$$
$$V^* = 13W^*(V_i - V_0)$$
$$(6\text{-}4)$$

式中，Y_i, U_i, V_i：試驗色的三刺激值的 Y 以及 CIE 1960 UCS 的色度座標；

U_0, V_0：光源的 CIE 1960 UCS 的色度座標。

利用式（6-1），從晝光和晝光色螢光燈的相對分光分布得到的光源的三刺激值，可以計算 CIE 1960 UCS 中的色度，並得到下述結果：

晝光：$U = 0.1951, V = 0.3151$

晝光色螢光燈：$U = 0.1982, V = 0.3127$

儘管晝光和晝光色螢光燈的相關色溫度都是 6,429K，但由於色度不同，需要對因順應引起的色刺激的偏離進行補償。對色順應的補償，可根據 Von Kries 的係數法則，按式（6-5）進行。

$$U'_k = U_r$$
$$V'_k = V_r$$
$$U'_{k,i} = \frac{10.872 + 0.404\frac{c_r}{c_k}c_{k,i} - 4\frac{d_r}{d_k}d_{k,i}}{16.518 + 1.481\frac{c_r}{c_k}c_{k,i} - \frac{d_r}{d_k}d_{k,i}}$$
$$V'_{k,i} = \frac{5.520}{16.518 + 1.481\frac{c_r}{c_k}c_{k,i} - \frac{d_r}{d_k}d_{k,i}}$$
$$(6\text{-}5)$$

式中，U'_k, V'_k：色順應補償後的被測光源的色度座標；

U_r, V_r：基準光的色度座標；

$U'_{k,i}, V'_{k,i}$：色順應補償後的各試驗色的色度座標；

c_r, d_r：由基準光的色度座標，利用下面的式（6-6）求出的係數；

c_k, d_k：由被測光源的色度座標，利用下面的式（6-6）求出的係數；

$c_{k,i}, d_{k,i}$：由被測光源各試驗色的色度座標，利用下面的式（6-6）求出

的係數。

$$c = \frac{1}{V}(4.0 - U - 10.0V) \tag{6-6}$$

$$d = \frac{1}{V}(1.708V + 0.404 - 1.481U)$$

從藉由式（6-4）進行補償的晝光和晝色螢光燈的 $U*V*W*$ 色空間的色度座標求出色差，由式（6-2）計算特殊顯色評價數。如此，經計算得到 Ra ≈ 60。包括本例在內代表性螢光燈的計算實例列於表 6.2 中。

CIE/JIS 方法是選擇與被測光源具有相同相關色溫度的基準光，針對從基準光會因多大程度顯色而造成色刺激值的偏離，並使之數據化，因此確定基準光的選定方法是必不可少的，基準光的選定方法及相對分光分布的確定法如下所述：

表 6.2　各種螢光燈的平均顯色評價數及特殊顯色評價數

種類	基準光／K	Ra	R9	R10	R11	R12	R13	R14	R15
F1	6,430	76	−47	61	68	75	73	95	60
F2	4,230	64	−84	45	46	54	60	94	47
F3	3,450	57	−102	36	31	38	52	94	39
F4	2,940	51	−111	31	18	25	47	94	35
F5	6,350	72	−68	54	61	68	67	94	53
F6	4,150	59	−105	35	38	42	54	93	39
F7	6,500	90	61	78	89	87	90	94	88
F8	5,000	96	98	88	95	90	97	95	98
F9	4,150	90	70	79	86	83	90	94	90
F10	5,000	81	27	42	66	51	93	69	97
F11	4,000	83	25	47	72	53	97	67	96
F12	3,000	83	1	53	77	53	96	68	94
FD65	6,510	98	96	99	100	95	98	98	98

註：基準光的色溫度由第 1 欄的數字決定。

　　基準光，取為與被測光源具有相同相關色溫度的黑體或畫光，被測光的相關色溫度在 5,000K 以下時要用黑體，5,000K 以上時用畫光（所謂 CIE 畫光）。但僅限於螢光燈的場合，對於 4,600K 以上的畫白光螢光燈來說，作為基準光已普遍採用畫光。黑體的分光分布可由普朗克黑體輻射定律進行計算。而且，CIE 畫光的分光分布可用式（6-7）進行計算。

$$S_D(\lambda) = S_0(\lambda) + M_1 S_1(\lambda) + M_2 S_2(\lambda) \tag{6-7}$$

$$M_1 = \frac{-1.3515 - 1.7703 x_D + 5.9114 y_D}{0.0241 + 0.2562 x_D - 0.7341 y_D}$$

$$M_2 = \frac{0.0300 - 31.442 x_D + 30.0717 y_D}{0.0241 + 0.2562 x_D - 0.7341 y_D}$$

$$x_D = -4.6070 \frac{10^9}{T_{cp}{}^3} + 2.9678 \frac{10^6}{T_{cp}{}^2} + 0.09911 \frac{10^3}{T_{cp}} + 0.244063$$

$$(4,000K \leqq T_{cp} \leqq 7,000K)$$

$$x_D = -2.0064 \frac{10^9}{T_{cp}{}^3} + 1.9018 \frac{10^6}{T_{cp}{}^2} + 0.24748 \frac{10^3}{T_{cp}} + 0.237040$$

$$(7,000K \leqq T_{cp} \leqq 25,000K)$$

$$y_D = -3.000 x_D{}^2 + 2.870 x_D - 0.275$$

式中，$S_D(\lambda)$：CIE 畫光的分光分布的值；

　　　$S_0(\lambda), S_1(\lambda), S_2(\lambda)$：表 6.3 中規定的值；

　　　M_1, M_2：由色度座標 x_D, y_D 決定的係數；

　　　x_D, y_D：CIE 畫光的 XYZ 表色系中的色度座標。

表 6.3　為計算 CIE 畫光的相對分光分布所用的 $S_0(\lambda), S_1(\lambda)$ 及 $S_2(\lambda)$ 的值

波長	$S_0(\lambda)$	$S_1(\lambda)$	$S_2(\lambda)$	波長	$S_0(\lambda)$	$S_1(\lambda)$	$S_2(\lambda)$	波長	$S_0(\lambda)$	$S_1(\lambda)$	$S_2(\lambda)$
300	0.04	0.02	0.00	480	121.30	24.30	-2.60	660	82.60	-12.00	8.60
305	3.02	2.26	1.00	485	117.40	22.20	-2.20	665	83.75	-13.00	9.20
310	6.00	4.50	2.00	490	113.50	20.10	-1.80	670	84.90	-14.00	9.80
315	17.80	13.45	3.00	495	113.30	18.15	-1.65	675	83.10	-13.80	10.00
320	29.60	22.40	4.00	500	113.10	16.20	-1.50	680	81.30	-13.60	10.20

波長	$S_0(\lambda)$	$S_1(\lambda)$	$S_2(\lambda)$	波長	$S_0(\lambda)$	$S_1(\lambda)$	$S_2(\lambda)$	波長	$S_0(\lambda)$	$S_1(\lambda)$	$S_2(\lambda)$
325	42.45	32.20	6.25	505	111.95	14.70	−1.40	685	76.00	−12.80	9.25
330	55.30	42.00	8.50	510	110.80	13.20	−1.30	690	71.90	−12.00	8.30
335	56.30	41.30	8.15	515	108.65	10.90	−1.25	695	73.10	−12.65	8.95
340	57.30	40.60	7.80	520	106.50	8.60	−1.20	700	74.30	−13.30	9.60
345	59.55	41.10	7.25	525	107.65	7.35	−1.10	705	75.35	−13.10	9.05
350	61.80	41.60	6.70	530	108.80	6.10	−1.00	710	76.40	−12.90	8.50
355	61.65	39.80	6.00	535	107.05	5.15	−0.75	715	69.85	−11.75	7.75
360	61.50	38.00	5.30	540	105.30	4.20	−0.50	720	63.30	−10.60	7.00
365	65.15	40.20	5.70	545	104.85	3.05	−0.40	725	67.50	−11.10	7.30
370	68.80	42.40	6.10	550	104.40	1.90	−0.30	730	71.70	−11.60	7.60
375	66.10	40.45	4.55	555	102.20	0.95	−0.15	735	74.35	−11.90	7.80
380	63.40	38.50	3.00	560	100.00	0.00	0.00	740	77.00	−12.20	8.00
385	64.60	36.75	2.10	565	98.00	−0.80	0.10	745	71.10	−11.20	7.35
390	65.80	35.00	1.20	570	96.00	−1.60	0.20	750	65.20	−10.20	6.70
395	80.30	39.20	0.05	575	95.55	−2.55	0.35	755	56.45	−9.00	5.95
400	94.80	43.40	−1.10	580	95.10	−3.50	0.50	760	47.70	−7.80	5.20
405	99.80	44.85	−0.80	585	92.10	−3.50	1.30	765	58.15	−9.50	6.30
410	104.80	46.30	−0.50	590	89.10	−3.50	2.10	770	68.60	−11.20	7.40
415	105.35	45.10	−0.60	595	89.80	−4.65	2.65	775	66.80	−10.80	7.10
420	105.90	43.90	−0.70	600	90.50	−5.80	3.20	780	65.00	−10.40	6.80
425	101.35	40.50	−0.95	605	90.40	−6.50	3.65	785	65.50	−10.50	6.90
430	96.80	37.10	−1.20	610	90.30	−7.20	4.10	790	66.00	−10.60	7.00
435	105.35	36.90	−1.90	615	89.35	−7.90	4.40	795	63.50	−10.15	6.70
440	113.90	36.70	−2.60	620	88.40	−8.60	4.70	800	61.00	−9.70	6.40
445	119.75	36.30	−2.75	625	86.20	−9.05	4.90	805	57.15	−9.00	5.95
450	125.60	35.90	−2.90	630	84.00	−9.50	5.10	810	53.30	−8.30	5.50
455	125.55	34.25	−2.85	635	84.55	−10.20	5.90	815	56.10	−8.80	5.80
460	125.20	32.60	−2.80	640	85.10	−10.90	6.70	820	58.90	−9.30	6.10
465	123.40	30.25	−2.70	645	83.50	−10.80	7.00	825	60.40	−9.55	6.30
470	121.30	27.90	−2.60	650	81.90	−10.70	7.30	830	61.90	−9.80	6.50
475	121.30	26.10	−2.60	655	82.25	−11.35	7.95				

在顯色評價數使用中，依螢光燈種類的不同，基準光存在差異，在 Ri 的計算中使用色差 ΔE_i 時，必須注意以下事項：

(a) 由基準光不同的光源獲得的顯色評價數的大小，不能對色觀視效果的優劣進行比較。例如：與黑體具有相同熱輻射性能的白熾燈泡，由於與基準光的相對分光分佈近似，故其顯色性評價數為 100。這僅表明它可以忠實地再現基準光，而不能說白熾燈泡與螢光燈等相比，前者的觀視效果更優。

(b) 即使採用具有相同基準光的試驗光源，也不能確定因顯色評價數低而出現的色偏離方向，例如到底是出現在彩度高的方向還是出現在彩度低的方向。因此，即使顯色評價數相同，也不能對色的觀視效果進行簡單地比較。不能判斷是否能獲得喜好的觀視效果。

(c) 色偏離能否感知的色差的大小，一般在 $\Delta E^* = 0.2 \sim 0.3$ 範圍內，但色差即使達到 $\Delta E^* = 0.5$ 的程度，也是能允許的，因此，對顯色評價數的細微數值差異進行比較，並無多大實際意義。

6.2 顯色與色彩評價之研發與白光 LED 顯色應用

6.2.1 顯色評價數及其存在的問題

本節將針對與白光 LED 相關的顯色應用進行討論。在前一節中，針對顯色性評價進行了詳細討論，但是，關於人們所稱的平均顯色評價數（average color rendering index, Ra）及顯色評價數（color rendering index, CRI）這類評價指標卻未做特別深入的討論。原本，顯色評價數是抽象的關於色的評價，是與某種必須設定的數值基準相適配前提下的評價方法。本節中針對為理解後面白光 LED 顯色應用所必須的，有關顯色評價數的概念，做簡要介紹。

顯色評價數具有表 6.4 所列的特徵：

表 6.4　顯色評價數之特徵

①是評價色的再現性的方法。
②將太陽光或白熾燈泡的光譜分布定義為顯色評價數最高的白光。
③將由這些基準光源的光譜得到的色定義為 Rx = 100（x = 1 ~ 15），再藉由減法運算（對試驗光源）進行評價的評價方法。
④相對於基準光源（白熾燈泡等），對多個試驗光源（螢光燈等）的數值進行比較。
⑤兩種光源間進行顯色評價時，必須是「相同色溫度」光源間的數值評價。
⑥在 JIS 規格中，注意試驗色採用的是 15 色。
⑦將試驗光源發出的試驗色的色與太陽光譜中的基準色對比，針對「有無差異」、「差異大小」進行數值評價。
⑧試驗色中的 R1 ~ R8 對應低彩度的紅、黃色、綠、藍綠、水色、藍、紫、紅紫，R9 ~ R12 對應高彩度的紅、黃色、綠、藍，R13 對應西洋人的標準膚色，R14 對應樹葉的綠色，R15 對應東洋人的標準膚色。
⑨作為平均顯色評價數參數（catalogue spec）的 Ra，取 R1 ~ R8 的平均值。
⑩ 在要求高色質的場合下，需要看到平均顯色評價數參數中未記載的部分，包括 R9 ~ R15。

　　進一步，為了進行計算，還需要各種各樣的準備和背景知識，如有關試驗光源的色溫度計算及評價座標的變換，色識別橢圓評價等。需要更詳細說明的讀者，請參與 JIS-Z-87 系列資料。

　　對於 LED 照明技術來說，正集中於作為其附加值的「高顯色光源」的研發。為此，如表 6.4 中所述，高顯色光源可定義為「作為照明光源的色再現度要格外地高，若將太陽光定為基準的 100，則 Ra 和 CRI（R1~R15）都應很高。」

　　但是，從物體輻射的光子能量按光譜分佈（即呈現分光光譜），而色彩中並不存在這樣的譜。因此，對於涉及色彩學的研究者來說，在聽或看到顯色評價數的說明時，往往存在疑問。一些疑問點列舉於表 6.5 中。

　　由表 6.4 與表 6.5 的比較可以看出，關於顯色評價數的定義，在照明領域和色彩領域是不同的。也就是說，物體自身的觀視效果，是藉由色彩來認知的。如前所述，觀視效果至少與下列因素相關：

表 6.5　從色彩學觀點對顯色評價的提問

①何謂色再現性？
②太陽光被定義為最高的白光，根據何在？
③色差為什麼可以用一維且數值的方法進行評價？
④為什麼必須用「相同色溫度」的光源進行評價？對於需要在不同色溫度下進行評價的場合，又當如何處理？
⑤採用 15 色這樣比較少的色，可以進行評價的根據從何而來？
⑥光源變，為什麼色會變？（非色彩系統的工程師最容易產生的疑問）
⑦如果調查試驗色的色基準圖（color chart），會發現有鈍色、高彩度色、膚色等，而在數值評價中多一半選擇的是鈍色，這種選擇的根據又是什麼？在發色的世界（繪畫等的塗色以及印刷等……），要產生高彩度色是最難的，而為什麼高彩度色卻只能由 4 色進行評價？
⑧為什麼取屬於鈍色群的 R1～R8 的平均值就能代表光源的性能？在這裡，顯色是色再現性的數值評價；而對於色彩學來說，僅用色族中的一部分色作為評價數參數（catalogue spec），這是否合理？
⑨儘管 R9 以上也採用，但評價色數仍會顯得過少！例如，在色彩鑑定師 1 級的資格考試中，兩次考試分別是將 199 色色基準圖（color chart）中的 1～4 色並排，並就此設問用來考查色彩心理，以及對源於芒塞爾（Munsell）顯示的 PCCS 的變換或數值，進行色基準圖（color chart）的適色表現等的目視考查，與之相對，即使追加 7 色，就能斷言是充分的嗎？

①光源的譜分布；

②物體的分光反射率；

③人的視覺（視神經和大腦的視覺區）。

正因為如此，物體的觀視效果是相當複雜的。因此，顯色問題看來並非簡單。以下在討論 LED 的顯色之前，先針對色彩的有關概念，做簡要說明。

6.2.2　色彩

在考慮顯色時，首先需要弄清楚顯色所代表的本質意義。從字面上看，顯色（演色或現色）具有「顯示本色（演出本色或顯現本色）」的涵義，因此，色顯示（演出或顯現）能力的高低是顯色的本質所在。但是，對於涉及色彩的研究者來說，「color rendering（顯色）」到底代表何意則難以判斷。因為他們所熟悉的最重要的概念是「配色（coloring）」。例如，不管是 bicolor（雙色）、tricolor

（三色）、dyadd（二配色）、triadd（三配色）、tetradd（四配色）等，還是使用 2 色、3 色，在限定使用色的前提下，只要使這些色相組合，利用色的調和與非調和，就能實現空間中的配色。需要指出的是，配色不僅需要色的組合，而且相對占有面積和位置也是重要的因素。

進入設計領域，幾何因素糾纏在一起，處理起來變得進一步複雜化。為此，最簡單的配色佈置，是以並排四邊形的色譜用來觀察色調和色效果的方法。對於接受並透過色彩鑑定方面的考試，受過關於色彩方面良好訓練的人來說，藉由將多色的色卡（colour chart）並列，反映接受對其配色會產生何種印象（image，感覺）的訓練，以鍛練色感知（colour image）能力。進一步達到訓練有素的人員之後，實際上並不需要色卡，對於被設計對象，僅靠大腦就能構築配色印象。

如以下所述，基於美術和色彩應用領域與照明領域中所用名詞的差異，特別舉出「配色」與「顯色」是否相同這一具體實例，在此特別強調「配色」=「顯示」這一事實。此後就可以進一步認識到，提高顯色性是何等的重要。

以下無論對於色彩（美術）界還是對於照明界來說，針對與配色和顯色評價數密切相關聯的色參數（colour parameter）做必要說明。

6.2.2.1　色參數

在此不涉及芒塞爾（Munsell）色彩立體是否完全，對於涉及色彩的工作者來說，毫無疑問，芒塞爾表色系是非常便利的。美術工作者之所以不採用屬於 CIE-XYZ 表色形的 xyL 來表色，大概也是因為芒塞爾表色系從人的感性上容易理解，起因於其直感性質的界面特性。在方程式中，如同後面介紹的那樣，有 xyL、RGB、HCV 等三類參數。儘管採用哪一個表色系都能表示，但芒塞爾系符合人的感覺，因此可獲得獨特的表現。以下，以 JIS-Z-8721 為基礎，對色彩參數加以介紹。

1. 色相（Hue：H）

所謂色相，即是用圓環表現色的方法，該圓環是按照彩虹色的順序，從紅色到藍紫色，而且在物理學上講單色色譜並不存在的藍紫－紅紫區域，用紅相連接而成的。用角度來表現色，為便於更容易理解，將圓分割成 10 個或 12 個區域，再將每一個區域四等分，比如，將用 R 表示的紅分為 2.5R、5R、7.5R、10R 等，區域

與區域之間相互連接。利用電腦進行色表示時，也有直接用角度表示色的情況。在由 JIS 所決定的芒塞爾表色系統中，是先進行 10 等分，即分為 R、YR、Y、GY、G、BG、B、PB、P、RP 十個區域，再按 2.5、5、7.5、10 的關係進行 4 等分，得到 40 色相環，由其表示色的角度相。

2. 彩度（Chroma：C）

所謂彩度，是「色鮮艷程度」的數值化表示，數值上可由 CIE XYZ 座標系中所標示的色區域，由槓桿定律計算出。該值低，表示為「鈍色」；該值高，表示為「鮮艷色」。它是一個視覺極為敏感的參數，感覺上的「如此這般」容易理解，但難以用語言表達，即容易「神會」，難以「言傳」。在物理學上，相對於主波長，可由光譜半高寬（即光譜是寬還是窄的狀態）進行大致地說明。但當用顏料進行說明時，這相當於，如果在感知上極鮮艷的純色中混入白色，則會發生「退白」現象。當混入黑時，儘管同樣也會失去鮮艷性，但顏料的白與黑，從物理學上講，其效果等同於混入反射率不同的白色（混入灰色）。因此，白，或灰色也可由純色中的混入造成鮮艷色的鈍化，致使彩度發生變化來說明。這是對彩度的另一種理解。

3. 明度（Value：V）

被稱為光的「明亮尺度（glare scale）」，是白與黑之間的灰色階段程度（灰階）的數值化表示。從物理學上講，所謂白、灰、黑，是指對所有波長來說，反射率一定，而僅是其反射率的數值存在差異而已，因此可以斷言三者屬於同一類色，在明亮尺度上只存在反射率的差異。應該指出，這是一個感覺上的錯誤。所謂「黑色」，從物理學角度是難以存在的。由於「黑」是將所有的光全部吸收掉，那麼，存在還是不存在也就無從談起了。因此，物體要有最低限度的反射率，不管其值是多小。如果是這樣的話，藉由使照明的照射光極端強，僅利用抵消反射率極低之後的光量，則黑色變為「灰色」。如果更精密地講，藉由強光照射黑色，就能獲得與在定常照明光的狀態下測定的灰色相同的灰色。當然，這種狀態並非相同的灰色，而是在定常光的狀態下，從黑相對地看屬於灰色的色在強光照射下轉變為亮灰色；而從黑相對地看屬於白色的色在強光照射下轉變為極白光（輝度極端高的白）。而相互間色量的相對關係得以正常維持。因此，從量上分析，與定常光狀態下的灰色

看起來應該相同的灰色，是由強光照射下的黑色基於感覺上的錯覺而形成的，但畢竟它原本是黑。「明亮尺度（glare scale）」便有這方面的涵義。為此，明亮尺度在 JIS 中定義為 10 階段的反射狀態，N1 為黑，N10 為白，其間的 N2～N9 定義為灰色。

因此，所謂明度，是將色包括在內，除了具有與明亮尺度相對應的「亮度」的涵義之外，而且可使二者沿明亮尺度具有相互對應的數據關係。

如上所述，在 JIS 中色彩是由 HCV 體系及三個色參數表示的，而在電腦等中使用的顯色系軟體中，廣泛採用 HSB、HSV、HCL 等體系，而且各參數的稱呼方法也是不同的。這大概是由於相應參量的涵義相同，但在定量計算時算法（algorithm）不同所致吧！

相對於在顯色系軟體中頻頻見到的表色系的不同，通常採用更多的是 RGB 表色系和 HSB 表色系，而從作業性角度，HSB 表色系具有壓倒性便利的優勢。對於從事感性領域工作的人來說，HSB 表色系是必不可缺的。這就是為什麼在 RGB 系，例如芒塞爾表色系中，需要追蹤 2.5 R 等同色系發生的場合，是非常困難的原因吧！

6.2.2.2　色座標

另一方面，在照明領域，色是由 xyL（或 $Lu'v'$）表示的，但若對色座標數值不相當熟悉的話，由於其與芒塞爾表示的色位置不具相關性，因此使用起來不便利。近年來，在照明領域，關於物體色表示也採用汲取 HCV 思想的 CIE-$L*a*b*$ 系統（$L*$：感知的亮度；$a*$：綠～紅的色調的強度；$b*$：藍～黃的色調的強度。也稱之為 CIELAB）。由於 $L*a*b*$ 大體上採用 HCL 變換，利用芒塞爾所表示的色相、彩度、明度等三維參數（HCV）表色系作為色表示的中心，無論對於色的何種考慮都是十分便利的。

圖 6.5 表示色相環。

圖 6.6 表示 5R 的色卡（colour chart）。圖中表示，在 H = 5R 下，各色的橫座標 C，縱座標 V（明度尺寸）。

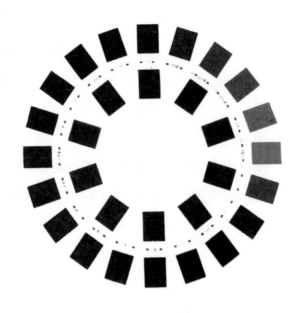

圖 6.5　色相環

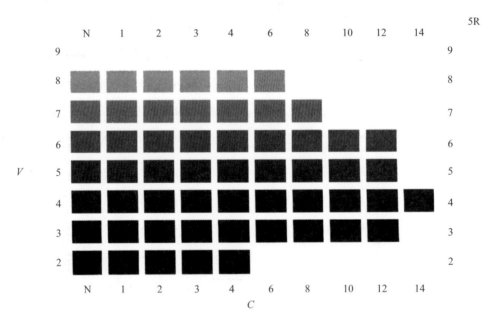

圖 6.6　5R 的色卡

本章裡，為了把握與 CIE-*XYZ* 之間的相關關係，在 JIS 的 40 色系列中，採用 *H*：6V8C{*H* = *x*R, *x*YR, *x*Y, *x*GY, *x*G, *x*BG, *x*B, *x*PB, *x*P, (*x* = 2.5, 5.0, 7.5, 10.0)}（按

要求在 40 色相環中為明度 6、彩度 8 的色圓集合），以表示色座標。其中，根據 JIS-Z-8721 和 JIS-Z-8720 規定，在色評價時，作為測色用標準發光體（illuminant）而使用的標準光源 C 的 Y 值取 100 狀態下，為了計算色的反射譜，首先將標準光源 C 的 Y 值取 100 時的譜線示於圖 6.7。

在 JIS 中，$Y_C = 100$ 代表什麼意思並未特別指定，只能做初步的解釋。通常，所謂 $Y_C = 100$ 是指照度為 100（lx）的位置，而是由幾個光源在配置距離上測定的並不明確，但可以認為是將這種標準光源 C 在一定的高度配置，對照射面進行照射的場合，在達到 100（lx）的位置上，測量色卡的反射譜。但是，從現實的情況來講，利用這樣的測定系統來測定反射譜是非常困難的。色卡的反射譜以物理量來測定的場合，要用分光發射輝度計進行測定。若考慮其實驗系統，其標準光源 C 的值也可以解釋為從標準白板反射的反射輝度為 100〔cd/m^2〕的值（在色卡目視試驗中，比試驗照射面達到 1,000〔lx〕要受到獎勵）。

圖 6.7 所示的標準光源 C 為假想光源，製作與其光譜完全符合的發射光源是極難的。因此，在 JIS-Z-8721 中，作為亞標準發光體（subilluminant），也認可使用標準光源 D_{65}。但是，在 JIS-Z-8721 中所匯總的色計算結果，全部都是由標準光源 C 得到的計算結果編纂而成的，即使用 D_{65} 光源進行計算，由於與 JIS 圖表的等彩度線之間不具有整合性，因此驗證計算都採用標準光源 C 進行。

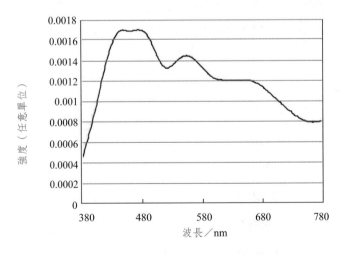

圖 6.7　標準光源 C（色溫度 6,500 K）按 Y 值演算為 100 的光譜分佈

　　利用標準光源 C 和 H：6V8C 群進行色度計算的色座標的結果示於圖 6.8，其中的局部放大圖示於 6.9。

　　對於圖 6.8 和圖 6.9 來說，首先應注意的是，色的座標形狀為橢圓。其次應注意的是，若著眼於標準光源 C 的白光點到各色的距離，特別是對於黃色和藍色來說，其絕對距離是不同的。

　　採用芒塞爾色立體的重要特徵是，彩度 8 完全是作為均等的彩度來處理的，色座標的彩度距離若能做到的話也應該是均等的。這些在配色關係中顯得越發重要，但應考慮到色彩鑑定考試等的色差計算，關於對比度，包括色相對比度、明度對比度、彩度對比度等色參數在內的對比度，可以做出三個方面的對比。藉由使這 3 種對比度複合，在配色中可以對色距離對比度的強弱進行設計，但此時若不能保證以彩度作為參照的彩度值的距離均等性，在指向數值的對比度設計時，配色的數值計算變得困難。但是，在 xyL 系中，從白光點到發射方向的距離是按色的彩度來處理的，其自身與芒塞爾系相似，但其距離與由芒塞爾判定的彩度量依色

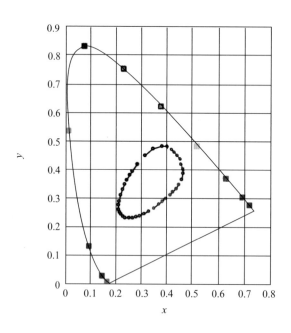

圖 6.8　利用 H：6V8C 群之標準光源 C 得到白光座標

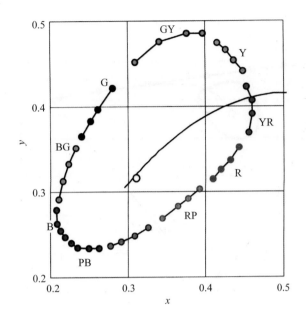

圖 6.9　*H*：6V8C 群之放大圖

方向不同而異具有完全不同的性質。關於這一點，基於以下事實也可以確認：在 JIS-Z-8721 中依 CIE-*XYZ* 不同的色方向所編纂的等彩色圖表中，等彩度線構成一個扁圓形。

　　CIE-*XYZ* 是一個非常古老的表色系，其色座標與人眼的色認識的距離感並不符合，關於這一點很早以前就由 MacAdam 等人指出，因此上述結果是必然的。

　　那麼，利用對色均勻性加以修正的 CIE-*u'v'* 座標進行再計算的環境又將如何呢？圖 6.10 表示其結果。

　　圖 6.11 表示局部放大圖。與圖 6.9 中所示的 CIE-*XYZ* 的橢圓形狀相比，可以看出改善為極為近似的圓形，它可以評價為為了物體色的矯正而修正的座標系。但是，很難說會變成完全均等的圓。進一步，針對 CIE-*XYZ* 的綠空間的廣度，與人眼的綠色感知性不一致（根據 MacAdam 的色識別橢圓的色區域所確定的橢圓面積非均一性）的問題，也有對 *u'v'* 座標進行修正的情況。作為結果，得到的色座標空間是：對於綠和黃色的彩度，不同空間巧妙地變窄，而與紅、紅紫、藍的芒塞爾區域相當的空間，其彩度的知覺性被過大評價。

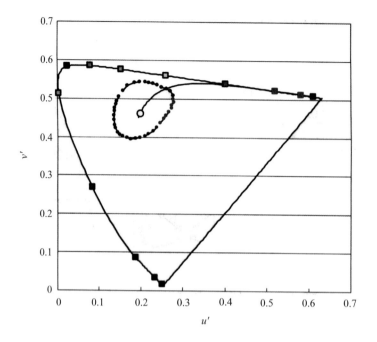

圖 6.10　變換為 $u'v'$ 座標情況下的 H：6V8C 群色座標

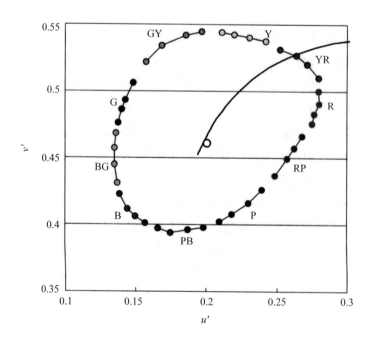

圖 6.11　圖 6.10 的放大圖

若按照這種色座標的性質，作者將變得對紅、紅紫、藍的彩度變化具有非常敏感的特性，但從經驗上講，即使綠增加近一倍，會對芒塞爾的彩度具有鮮艷的感覺嗎？因此，在考慮彩度的均等性的場合，也很難下只要是 $u'v'$ 空間，其可靠性就足夠充分的結論。

以上，從兩個座標系不相互吻合，致使白光 LED 的顯色問題變得極為複雜的原因入手，針對顯色評價數是高還是低這一最初始指標，就正在進行數值評價的光源開發現狀，以色應用為目標，從實用觀點進行討論。

6.2.3　條件等色（metameism，條件配色同色異譜）

在上一節中，按照 JIS 針對色的演算進行介紹。但在色世界中，為了對色進行定義，必不可缺的標準光源 C 則成為最大的問題。換句話說，這種光源，基於歷史的原因而產生的是假想人造光源，與現實的色匹配並不吻合。這種色匹配問題使所謂條件等色（metameism）現象變得更為突出。

例如，當具有某種色的反射物體 X 存在時，若分別用光源 A 和光源 B 這兩類具有不同光譜特性的光源照射物體 X，依光源 A 和 B 二者光譜特性的不同，從物體 X 反射的光會發生變化，這便是廣義的條件等色（實際的定義是基於其逆現象，大概是由於從這些現象引起的，故條件等色就按此定義吧）。

為了對條件等色做簡要說明，在圖 6.12 中藉由 2 色配置的色卡（2.5BG6V8C 和 2.5R6V8C），概要性地說明由於光源不同所引起的色變化。

如圖 6.12 所示，所謂條件等色，是指色的座標（對於芒塞爾表示來說，為 HCV 的數值）因光源不同而變化的現象。若在此割去繁瑣的理論公式，但若在理論公式中分別代入光源 A 和 B 的光譜，並對計算結果進行類推，則上述結果即是其必然的解（實際上，條件等色的定義是指色座標計算的結果不發生變化時的色與環境）。

針對圖 6.12(a) 和 (b) 的不同，若在這種現象中引入配色問題，就應考慮到條件等色對於色管理（colour management）具有多麼重要的效果。例如，在芒塞爾色

立體中，利用彼此的色相對比、明度對比、彩度對比，大致就能對空間中色的視覺軌跡進行設計〔如廣告畫（poster）等〕。儘管不了解等色條件，但是對於學習芒塞爾色立體概念的初級色彩工程師來說，藉助芒塞爾色卡，就能設計數值化的色強度，進而設計目（眼）移動空間的軌跡。在這種配色物受標準光源 C 照射的場合，目（眼）大致就可以按與計算符合的目的視線軌跡，相對於被視覺物進行移動。但是，當這種被視覺物不是由標準光源 C，而是由特別的光源照射時，色會因條件等色效果而發生變化，在芒塞爾色立體中計算得到的色強度的關係出現破綻，配色設計與當初意圖發生偏離而變化。考慮一個簡單的例子，螢光燈照射下的廣告畫和白熾燈照射下的廣告畫對人造成的印象就有很大的差異。這就是為什麼「顯色」和「配色」可以同樣考慮的理由。

　　另一方面，對於色彩鑑定為 1 級等，具有高級知識和技能的配色工程師來說，由於條件等色也有一定的考核範圍，為了充分地理解，也應該熟知，所謂配色是也包括光源的發光光譜在內的整體的色設計。但是，由於全體與設計相關的人士

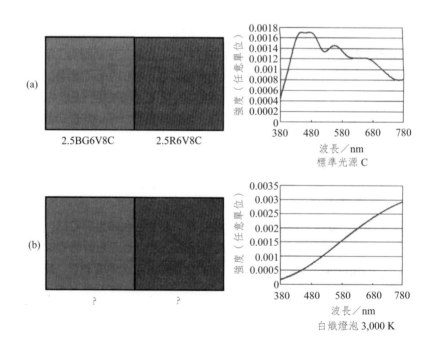

圖 6.12　條件等色的簡單說明：(a) 採用標準光源 C 的情況，(b) 採用白熾燈泡的情況

不僅僅限於那些已通過高級色彩考試資格的人士，可能是沒有學過光譜概念的照明設計者，他們大概就是以「色是不變的」這種先入為主的概念進行設計的。因此，當光源變化時，視覺印象發生變化，從而造成混亂。依場合而異，LED 作為新光源的話題被炒得很熱，但從實際的使用效果看，有的給人造成的效果極差，只好又退回到傳統的光源。這些事例反映的情況也同樣屬於條件等色，但產生這種印象變化的主要原因，可能是因為「色溫度的設定與實際效果產生偏差，從而造成整體的視印象變化。」

下面，介紹與條件等色相關的數值計算的實例。圖 6.13 表示，用 InGaN——藍、InGaN——綠、AlInGaP——紅三種類的 LED，將色溫度調整至 6,500K、$Y = 100$ 情況下的 RGB 3 色混合型白光 LED 的發光光譜。

此光譜與已經在圖 6.9 和圖 6.11 中所示相同，計算 $H：6V8C$ 的色群，並表示其色座標，則得到圖 6.14 所示的結果。與圖 6.11 比較可以看出，二者形狀具有明顯差異，是從一個傾斜的橢圓變成一個如同飯糰那樣的圓形。為了對其做進一步的討論，將 C 光源與 LED 光源的色座標重疊作圖，再進行比較，結果如圖 6.15 所示。在圖 6.15 中，由符號 ○ 構成的軌跡是由標準光源 C 得到的，而由符號 △ 構成的軌跡是由圖 6.13 所示的具有銳發光光譜的 RGB-LED 光源的色的軌跡。

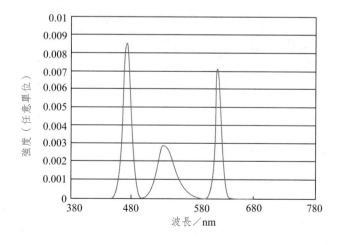

圖 6.13　在 6,500 K，調整 $Y = 100$ 情況下的 3 色 LED 發光光譜

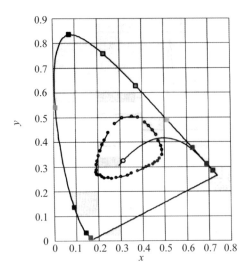

圖 6.14　由窄帶域 RGB-LED 得到的 *H*：6V8C 色群之色度變化

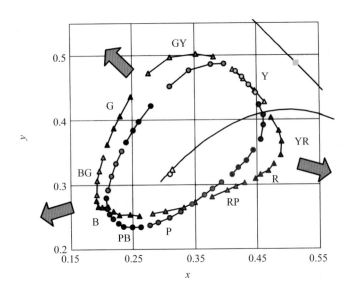

圖 6.15　標準光源 C（○）與窄帶域 RGB-LED（△）光源的 *H*：6V8C 群色度點的比較

　　若考察圖 6.15 中整體的傾向，則可以看出，色的變化具有反映光譜本來性質的傾向，RGB 各自的極具有向其屬性色擴展的傾向。如果說這實際上會作為什麼現象在視覺中顯現，它是增加極性色的彩度。如果仔細看，色相的伸展無論對於哪種色都會發生，實際上作為由這種光源照射物體時的最初印象，所有初照射物都具

有看起來「更鮮艷」的視覺印象。當然，無論何物，第一印象鮮艷總會給人好的感覺。但是，這種色卡群，即 $H:6V8C$，是「居中的彩度」色的色卡群。相對於 JIS 的色卡書中所表示的最高彩度 14C，隨著居中彩色的彩度上升，整個的彩度關係有變形之虞。同樣，以最高彩色的 14C 等計算看，14C 的色群也會超過標準光源 C 的最高彩度區域而造成彩度上升，轉變為 14C 以上的彩度量。

採用 RGB 窄帶域光譜的光源，由上述的計算可獲得更大的 RGB 極性，因此整體的彩色會相應地提高。實際上，在顯示器領域，人們堅信中間彩度的高彩度化更為有利，因此，NTSC 比率超過 100% 的顯示器研發一直在積極進行之中。因此，為得到極端的配子（gamete），也有學者一直提倡使用 RGB 雷射光光源的顯示器。但這只是問題的一個方面，採用 RGB 激光源在使鈍色實現高彩度化的同時，但對鈍色的自然鈍色的表現變得困難，兩者較難以平衡。

以上可以看出，採用 3 色白光 LED 光源，無論試圖進行什麼樣的配光性的改良，都會存在以其光譜為主因的與色特性相關聯的問題。這種特性如果利用顯色性評價數來判定的話，只能得到 Ra = 50 的結果。因此，假如客觀地進行判斷，其與 Ra = 100 的情況相比，只能獲得二分之一的性能，大概可以判定為不適合於照明的光源。但是，近似白光的本質，若對問題進行追蹤，要弄清楚因何種原因使性能降低為二分之一的問題是非常困難的。其原因為即使 Ra 是一個基準，也難以說是光源評價的充分參數。最近，Ohno 和 Davis 也認為，在依靠 RGB LED 的顯色性評價中需要引進新的評價法，並提出 CQS（colour quality scale，色質量指標）方案。

6.2.4　利用 CIELAB 對白光 LED 的評價

Yoshioka 等採用 CIELAB，對藍光 LED 激發和近紫外 LED 激發的兩種白光 LED 光源進行了評價。圖 6.16 表示藍光 LED 激發白光 LED 和比較用的標準光源 D_{65} 的光譜。圖 6.17(a) 和 (b) 分別表示藍光 LED 白光的 (a^*, b^*) 座標中，R1～R8 和 R9～R15 的值與標準光源（相對於藍光 LED 激發白光 LED 的 D_{65} 光源）相應值的偏差。圖 6.18 表示採用 JIS-Z-8721 的 40 色的 a^* 和 b^* 軸上的彩度偏差。表 6.6 中

表示 CRI 的值及該值的絕對偏差（ΔE_{ab}），以及色相（ΔH）、彩度（ΔC）、明度（ΔL^*）的偏差。可以看出，與標準光源比較，藍～黃色調彩度偏差十分明顯的。

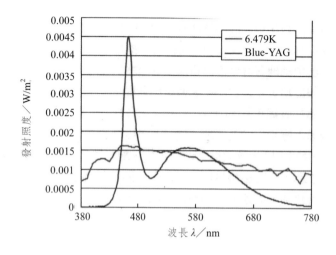

圖 6.16　藍光 LED 激發的白光 LED 光源與標準光源（D_{65}）光譜比較

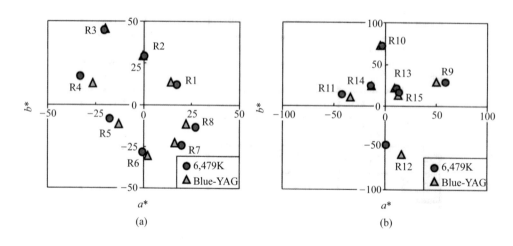

圖 6.17　藍光 LED 激發的白光 LED 光源與標準光源（D_{65}）在 La^*b^* 空間中 CRI 的偏差對比：
(a)R1～R8，(b)R9～R15。

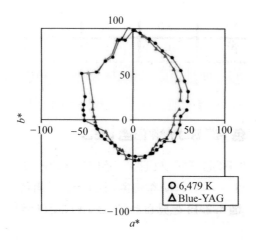

圖 6.18　在採用 40 色的 ($a*$, $b*$) 座標上的色相與彩度的變化

表 6.6　藍光激發的白光 LED 光源與標準光源中偏差的數值比較（CRI, ΔH, ΔC, $\Delta L*$ 的偏差）

	CRI	ΔE_{ab}	ΔH/deg	ΔC_{ab}	$\Delta L*$
R1	89.3	3.6	9.2	−1.4	0.4
R2	95.2	0.7	1.2	0.3	0.3
R3	89.7	1.4	−1.2	0.8	0.2
R4	69.9	7.7	1.1	−7.7	−0.8
R5	82.1	5.5	15.6	−2.2	−0.6
R6	88.5	3.3	4.7	2.2	−0.7
R7	79.1	4.1	−3.5	−3.7	−0.1
R8	74.0	5.4	−1.6	−5.4	−0.2
R9	51.5	8.9	4.3	−7.5	−0.8
R10	95.8	2.4	1.7	0.7	0.7
R11	67.3	8.8	0.7	−8.7	−1.6
R12	57.5	19.3	14.8	13.7	−0.9
R13	96.3	2.1	4.7	−0.5	0.5
R14	96.2	0.4	−0.7	−0.1	0.2
R15	87.8	3.0	−3.2	−2.8	−0.1
Ra	81.0	—	—	—	—

　　但從另一個角度看，圖 6.19 中表示近紫外 LED 激發白光與黑體輻射 2,800K 的光譜。近紫外 LED 激發白光 LED 光源與標準光源（相對於近紫外 LED 激發

LED 的黑體輻射 2,800 K）在 (*a**, *b**) 座標中的 CRI 的偏差分別由圖 6.20(a) 和 (b) 表示。同樣地，圖 6.21 表示採用 40 色的 *a** 和 *b** 軸上的彩度偏差。從表 6.7 中可以看出，偏差是非常小的。而且與藍光 LED 激發的白光光源（參照表 6.6）相比較，表 6.7 中的 ΔH、ΔC、$\Delta L*$ 值也是非常低的。特別是彩度的偏差幾乎不能看到，說明這種光源表現出優良的光色特性。

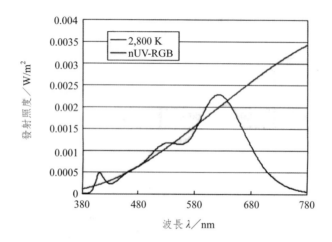

圖 6.19　近紫外 LED 白光與黑體輻射 2,800 K 之光譜比較

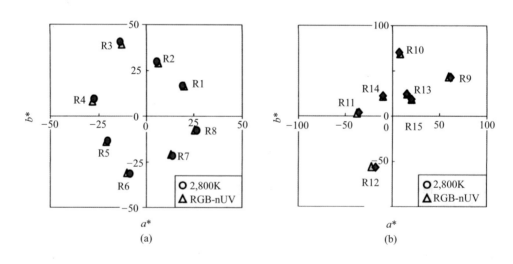

圖 6.20　近紫外 LED 激發的白光 LED 光源與黑體輻射 2,800 K 在 *La*b** 空間中 CRI 的偏差：(a)R1～R8，(b)R9～R15

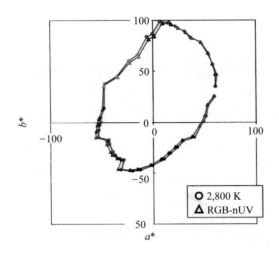

圖 6.21 採用 40 色的 (*a**, *b**) 座標上的色相與彩度的變化

表 6.7 近紫外 LED 激發白光 LED 光源與標準光源中偏差的數值比較

（CRI, ΔH, ΔC, ΔL* 的偏差）

	CRI	ΔE_{ab}	ΔH/deg	ΔC_{ab}	ΔL*
R1	95.4	0.4	−0.4	0.5	0.1
R2	95.8	0.8	−1.4	−0.4	0.0
R3	96.5	1.6	−0.1	−1.5	−0.3
R4	93.2	1.3	2.3	0.5	0.0
R5	93.8	1.0	−0.9	0.9	0.0
R6	88.9	1.9	−3.3	0.0	0.1
R7	93.9	1.1	−0.9	−1.1	0.1
R8	90.6	1.2	0.3	−1.2	0.0
R9	79.7	1.9	0.9	−1.4	0.0
R10	90.9	2.1	−1.1	−1.5	-0.2
R11	86.5	2.3	1.5	2.1	0.2
R12	84.9	4.4	−4.2	0.6	0.4
R13	94.4	0.7	−1.3	0.3	0.0
R14	98.4	0.9	0.4	-0.8	−0.3
R15	97.7	0.3	0.3	-0.1	0.2
Ra	92.0	—	—	—	—

6.2.5 可變色 RGBCYM 白光 LED

與圖 6.13 所示的由 RGB 三晶片 LED 實現的白光光源不同,藉由螢光體變換方式的 RGB 或 RGB CYM 型白光 LED 光源正在積極開發中。圖 6.22 給出其實物照片。如圖 6.23 所示,與採用 RGB-LCD 光源容易造成照射面色相不均一的情況(圖 (a))相比,採用可變色 RGB CYM 白光 LED 光源可以實現照射面色相均一的效果(圖 (b))。由於從「顯示器」光源到「照明」光源需要附加新的功能,其光譜可自由設計,故稱其為「可變色白光 LED」。

關於這種光源的開發概念,藉由幾種色來實現並不特別重要,如果是三色以上,重要的是能對色度空間進行控制。理想的情況,例如製作圖 6.24 所示的可以輻射 7 色光譜 RVOGCBP 的獨立光源,利用各節點對各自的功率進行控制,以驅動可變色光源。利用圖 6.24 所示光譜的理想光源,可對照射面的光譜,從寬帶域的物體色到窄帶域的物體色,自由地進行操作和選擇。圖 6.25 相應於圖 6.24 所示光譜的各色度點,分別表示其 (x, y) 和 (u', v') 色度座標。

在圖 6.25(a) 所示的 xy 座標中,由於在 520nm 波長區域的彩度色域不足,因此按 NTSC 標準考慮是色不足的,而按圖 6.25(b) 所示 $u'v'$ 空間中的座標看,並不認為在翡翠綠(emerald)區域屬於極端的色不足。相反,在 $u'v'$ 空間中,還可以做到使難以評價的紅和紫的區域面積提高。為了使考慮方法簡單化,圖 6.24 所示光譜按同型的標尺均等給出譜峰,因此在每個色度點出現粗密。與之不相關的還有理

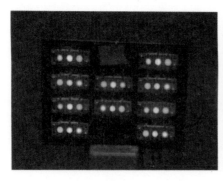

圖 6.22 可變色 RGB CYM 白光 LED

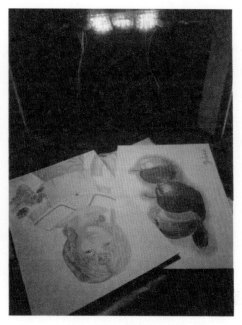

(a) 採用普通的 RGB-LED 產生
的照射面色相不均勻情況。

(b) 採用開發的 RGB CYM 光源
獲得照射面色相均勻效果。

圖 6.23　採用可變色白光 LED 光源獲得照射面色相均勻效果

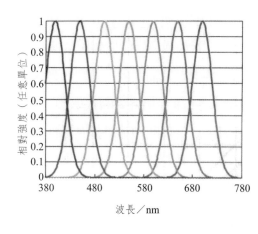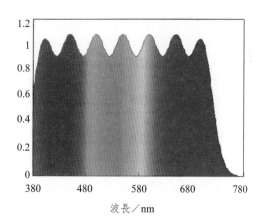

圖 6.24　理論上所考慮的 RVOGCBP 7 色光源的光譜

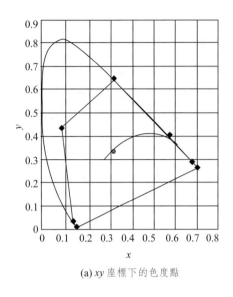

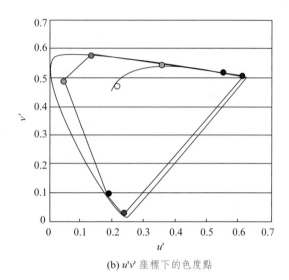

(a) *xy* 座標下的色度點　　　　　(b) *u'v'* 座標下的色度點

圖 6.25　理想 RVOGCBP 光源的各色度點與單純加算得到的白光點

想的理論模型，該模型採用由單純的分布函數作出的光譜，則無論對於窄帶域還是寬帶域，都可以適用任何情況。

　　實際製作的 6 色 RGB CYM 光源並非具有像圖 6.24 所示的理想光譜，而是依賴於現在螢光體不完全的變形譜。如圖 6.23 所示，若每種色顯示同質配光特性，且照明光的照射面分布為均質的，則就有可能作為照明裝置而使用。所製作光源的色度點如圖 6.26 所示。圖 6.27 表示合成譜的範例，表 6.8 給出光源的效率。

　　表 6.8 值，若採用的是這種程度數值性能光源，用於照明則可以作為其性能表現上的大約目標。圖 6.22 表示所製作的 5 列這種不同的光源。各個光源的色可以藉由使各自電流的變化而改變，進而實現光功率的控制。藉由這種功率控制，作為照射實際繪畫的照明光，可實現不同的色。即使同一張繪畫，用不同色光照射時，其觀視效果是不同的。在圖 6.28 中，四種情況採用的照射光源分別是：(a) 白光，(b) 紫光，(c) 黃光，(d) 深紅光（magenta），十分顯著的不同效果一目了然。利用這種效果，在光源側便可按要求任意地進行條件等色（metameirsm）操作。

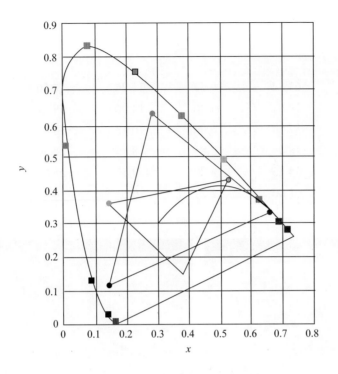

圖 6.26　RGB CYM 光源的各色度點和二重三角形色領域（RGB 和 CYM）

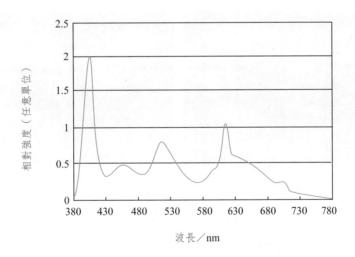

圖 6.27　RGB CMY 光源的合成光譜範例

表 6.8 在 RGB CMY 光源中使用各種 LED 光源特性

色	發射功率 ／mW	光流量 ／lm	電光變換效 率／%	發光效率 ／lm/W	主波長 ／nm
Red（160mA）	63.84	10.51	11.24	18.50	609
Green（160mA）	79.91	34.20	14.00	59.91	544
Blue（160mA）	57.54	6.06	10.13	10.66	474
Cyan（160mA）	46.94	12.85	8.15	22.30	493
Yellow（160mA）	54.55	14.70	9.59	25.86	587
Magenta（160mA）	61.00	2.21	10.62	3.84	—

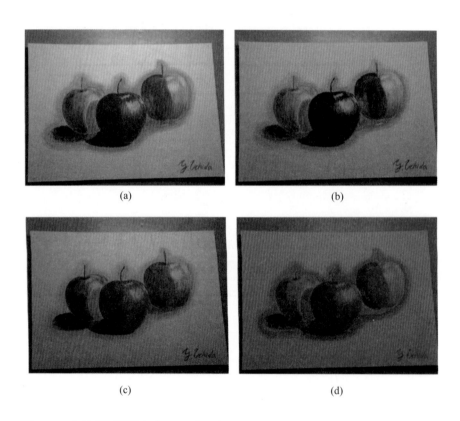

（a）　　　　　　　　　　　　　　（b）

（c）　　　　　　　　　　　　　　（d）

圖 6.28 由於色調可變白光 LED 的照射光不同，同一張繪畫的觀視效果也不相同
（(a) 白光，(b) 紫光，(c) 黃光，(d) 深紅光）

如上所述，在色彩檢定 1 級的配色技法的研究領域，作為出發點之源的光源，以配色規則為根據，可實現覆蓋全色域的光源，也可以說，這種光源是可積極且靈活運用條件等色（metameirsm）的光源。

在色彩世界，為適應由一個規則做出的配色理論，例如針對所做的配色破壞的情況，藉由強調色差，具備高功能性的色調可變 LED 光源則是完全可以勝任的。

6.3　小結

白光 LED 照明光源與傳統的白熾電燈、螢光燈相比具有完全不同的分光能量分布，當用白光 LED 照明光照射物體時，確切判斷物體的色會產生什麼樣的觀視效果，其被稱為「顯色評價法」。

到目前為止，以 CIE 開始，在日本國內提出了利用 JIS 的評價法，但是，對於新的白光 LED 光源來講，並未達到滿足要求的狀態。人常年生活在太陽光下，習慣於太陽光照射下的物體的彩色識別，並在大腦中形成該彩色的固定印象。在我們日常生活中的室內照明光以及特殊的專業領域（美術、醫療、印刷、照相、圖像處理等）所用照明光的照射下，被照射物體的色彩並不會使我們的感覺產生不和諧感。參與新的照明光源開發的研究者，除了要熟知色彩工學之外，為了提高顯色性，能設計具有各種分光分佈的光源當然是求之不得的。

白光 LED 照明的應用開發

自白光 LED 實現量產化，已經歷 10 年以上。最初的產品無論從光流量還是從效率講，都無法與傳統光源相比。基於此，白光 LED 只能在極有限的用途，以及新開發的時髦產品中使用。而在這 10 幾年間，白光 LED 無論從光流量還是從效率看，都有飛躍性進展，正逐步達到與傳統光源並駕齊驅的水準。

7.1 光源特徵及設計方面的題課

7.1.1 關注外形的設計

在 LED 照明問世之初，與傳統的照明相比，每個光源的發光量非常小，但價格卻成數量級地高。儘管有「長壽命」及「有害光線少」的特徵，但其效率只能達到與低瓦數白熾燈泡不相上下的程度，因此用途是極有限的。

為使應用這種光源的照明器具打開市場，需要開發引人入勝，充滿新奇感的產品，而且，打入時髦產品的應用是重要的突破口。因此，關注外形的設計必不可少。例如，開發傳統光源無法實現的薄且緊湊型的照明器具就不失為捷徑。

圖 7.1 所示就是這種照明器具的一例，屬於薄型 LED 聚光燈（spotlight）。燈具部的厚度只有 16mm，而採用其他光源製作聚光燈，要達到這樣薄是不可能的。這是由於 LED 尺寸很小，接近點光源，致使光源部分很小，再加上，據此透鏡本身也極薄所致。

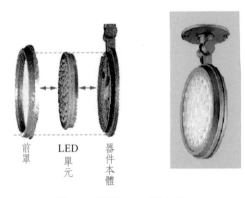

前罩　　LED　器件本體
　　　　單元

圖 7.1 薄型 LED 聚光燈

圖 7.2 表示由同樣技術開發的頂棚裡向下照射的小聚光燈（downlight，下照燈）、吸頂燈（ceilinglight）以及使用這種聚光燈的實例。埋入型頂棚裡向下照射的頂棚燈的埋入深度為 25 mm，很容易收容在頂棚（天花板）的厚度之內。掛頂燈的厚度為 16 mm，由於不能埋入而設置的場合，也可以做到與天花板一體化，達到與埋入頂棚裡向下照射的頂棚燈同樣的效果。

圖 7.3 表示充分利用 LED 小尺寸化的帶螺口的小電珠（豆燈）和緊湊型聚光燈的實例。

圖 7.2　薄型下照燈，吸頂燈，聚光燈的使用實例

33 lm　　　　1.8 lm

32 lm

圖 7.3　帶螺口的小電珠（豆燈）和緊湊型聚光燈

　　圖 7.4 表示最新的薄型吸頂燈（ceilinglight）的實例。由於厚度僅為 10mm，即使設置在頂棚（天花板）面上，看起來也與埋入型的 downlight 差別不大。這種照明器具從重視空間演示效果的高級店舖開始普及，今天正在普通店舖中推廣使用。除此之外，像這類重視緊湊性和關注外形的用途還有很多。

　　圖 7.5 表示大型器具的例子，是設置於隧道內的逃難指示燈。過去一般採用的是螢光燈內照方式，但以新建的高速公路等為中心，採用 LED 和導光板的方式越來越多。這種 LED 導光式指示燈，厚度僅為原來的大約一半，體薄是其一大特徵，據此可達到削減隧道工程費用的效果。進一步，長壽命的效果可減少更換指示燈作業的次數，這也是 LED 導示燈的一大優點。

　　圖 7.6 表示個人用小製品的例子，在小反射鏡（鏡子）中配有 LED 照明燈。

 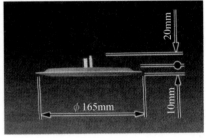

圖 7.4　最新的薄型吸頂燈

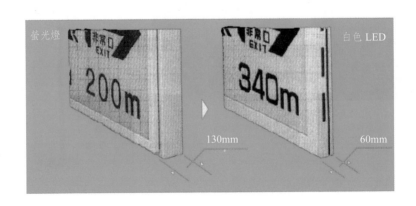

圖 7.5　設置於隧道內的逃難指示燈

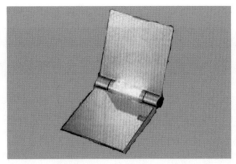

圖 7.6　配有 LED 照明的小反射鏡

作為小型光源代表的小電珠（包括豆燈和麥燈），由於色溫度低，被照射物顯得發紅，因此不適合用於照射人臉的照明，而且，作為設想的小型聚光燈用途，也不適合用於採用銀和水晶等的珠寶手飾類的照明；冷陰極管色溫度高且電力消耗低，但需要與之相配的電源。而對於 LED 來說，由於其色溫度高、耗電量低、電源極為簡單、容易實現小型化，綜合看來是十分理想的小型光源。

7.1.2　關注照度的設計

照明是為了使反射光引起人眼的知覺，而向物體發射光的過程。到達被照射物的光量是「照度」，照度越大，物體越容易看到，太小則難以看到。照明中最重要的參數是照度。表 7.1 列出主要場所應達到的照度值。

在其他條件相同的情況下，照度與光量成正比。白光 LED 在開發初期的光光流量極小，因此曾被認為難以在照明中應用。

即使光流量小，但如果將配光做窄，仍能獲得一定程度的高照度。若對於採用傳統光源的器件，如果配光做窄則效率變差，且會進一步引起器件光學系統的大型化，影響外觀設計。

作為照明器具，一般無法將光源發射的光全部有效地利用。為了使設計及配光符合設計要求，需要對反射板、遮光板（baffle）與透鏡等進行最佳設計，要想完全達到目標，無論在技術上還是原理上都存在困難，從而造成一定量的光損失。

表 7.1　主要場所應達到的照度

項目	應達到的照度 / lx
辦公設備	750 以上
精密作業	1,500 以上
店舖（店內全般）	500 ~ 1,000
店舖（重點陳列）	1,500 ~ 3,000
手工藝・裁縫	750 ~ 2,000
學習・閱讀	500 ~ 1,000
烹飪・餐桌	200 ~ 500
走廊・台階	30 ~ 75
更衣室・儲藏室	20 ~ 50

　　一般說來，越是重視設計性，使光學系統小型化、薄型化，以及越是使配光變窄等，越有使損失增加的傾向，對於傳統的光源來說，配光及設計性與效率之間很難做到平衡。

　　由於 LED 光源小，光的損失小，故可以做到設計性和窄角配光二者兼得。這是因使用形態而異，與傳統光源相比，即使全光流量小，但也能達到同等的照明效果，在這些領域，具有代替傳統光源的可能性。

　　作為這種使用形態的典型範例，配光比較窄的 LED 照明器件在早期得以開發、銷售。例如小型聚光燈（spotlight），是以 30 cm 的距離對商品進行照明，對於重點商品陳列可以得到 2,000 lx 的照度（圖 7.2）。但因為這種器具的照明範圍窄，用途受限。

　　為了解決這一問題，LED 自身的效率需要改善自不待言，包括散熱技術的改善及光學技術的改善等在內，其中提高全光流量的改善一直在進行中。

　　從 30 cm 左右的距離，在書本的頁面範圍內達到 1,500 lx 照度的照明閱讀燈已實用化。進一步，以 20 W 的白熾燈泡下照燈（downlight，頂棚裡向下照射的小聚光燈）為目標的 LED 下照燈（LED downlight）已量產，這種器具已在通道照明中使用。藉由進一步 LED 的效率改善以及封裝及器件構造的改善，以 40W、60W、而後是 100W 級的白熾燈泡為目標的 LED 下照燈也已出現。

7.1.3　關注光流量的設計

　　為實現 LED 照明的推廣使用，首先要將燈頭（base）照明從可能變為現實。進行關注照度的設計，其應用對象主要是用於陳列品及窄範圍的點（spot）照明。為了實現更寬範圍的照明，足夠光量是必不可少的。

　　如前所述，作為照明器具，並不能將光源發射的光全部有效地利用，其中的 10%～50% 經由光學系統而損失掉。對於 LED 的照明器件，由於這種損失所占比例小，與傳統的光源相比，即使光量小，也能發揮同等的效果。表 7.2 列出一般傳統光源的全光流量的數值。

　　因 LED 元件很小，一個器具中可以搭載多個 LED 元件。藉由此，大光流量確實可以實現，但 LED 的單位亮度價格比之傳統光源的要高得多，若使電流增加，光量即可增加。但與此同時會產生許多新的問題，例如溫度上升，在效率降低的同時，壽命也會變短等。

　　為了解決這一問題，有效抑制溫度上升的散熱良好的裝配方法得到研究開發。這種結構的研究範圍，不僅包括晶片及封裝，也涉及到單元與器件等。藉由此，每個單元的光流量，正沿著滿足表 7.2 的順序，逐年得到提高。

表 7.2　傳統光源的全光流量

光源	全光流量／lm
白熾燈泡（LW100V18W）20 型	170
白熾燈泡（LW100V36W）40 型	485
白熾燈泡（LW100V54W）60 型	810
白熾燈泡（LW100V90W）100 型	1,520
3 波長型・直管起動器型 螢光燈（FL20SS-EX-N/18）20 型	1,470
3 波長型・直管起動器型 螢光燈（FL40SS-EX-N/37）40型	3,560

7.1.4 關注壽命的設計

由於 LED 是半導體，LED 照明的特徵之一是長壽命。

LED 是發光器件，因光照會造成樹脂材料劣化等，存在著對於通常半導體元件來說不會發生的劣化因素，因此 LED 元件更容易發生劣化。作為最初開發的紅光及黃光 LED 中，一般採用的是環氧樹脂。即使是藍光或白光 LED，在初期的產品中也大都採用的是環氧樹脂。因此，這種初期的白光 LED，在額定驅動條件下，劣化情況與螢光燈不相上下，甚至比後者更為甚之。隨著白光 LED 的輸出提高，這種劣化變得更加顯著。

藉由利用矽系樹脂代替環氧樹脂等，材料的改良不斷取得進展。影響壽命的最關鍵因素是溫度：溫度下降，壽命會延長。對於更加重視壽命的用途，需要進行確保溫度更低的設計。

相關 LED 的壽命，參照過去電子元件的資料，多數情況定義為輝度降低為初始輝度 50% 所經歷的時間。但在用於一般照明的場合，需要從與其他照明光源相關聯的角度進行再考量。對於一般的螢光燈來說，將光流量降低到初期 70% 所用的時間定義為壽命。關於 LED，JIS 的標準正在製定中。各國也正在製定各種相應的標準。

關於 LED 的壽命可認為其是半永久的。對於取出更高輸出的情況，必須考慮受一定壽命的限制，因電流與溫度，在相當大的範圍內變化。也有認為，額定壽命應該設定在一定範圍，而不應規格化。一般認為 LED 的壽命在 20,000 到 60,000 小時。

需要注意的是，不管 LED 光源部位的壽命有多長，若器件的壽命不能同步也是枉然。電源中所使用的部件、布線絕緣的劣化等，都是影響照明器具壽命的因素。因使用條件而異，一般更換周期為 10 年左右。

7.1.5 關注效率的設計

為與節能相符合，以下主要對效率型設計的器件進行介紹。關於照明器件的效率，一般指綜合效率。例如，如圖 7.7 所示，由元件單位所測定的 LED 效率如果

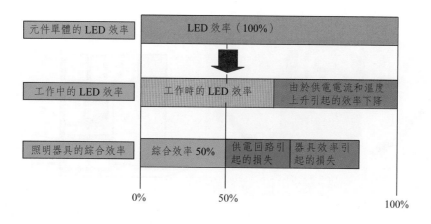

圖 7.7　效率分割一例

為 100%，實際上由於大電流和溫度上升，要損失 20% 左右，進一步還有光學的損失、供電回路的電氣損失等。在實際的設計中，需要對這些進行檢測，按光學效率和供電回路之電氣效率的比例進行設計。

　　作為關注效率型器件的實例，圖 7.8 給出外觀照片和器件斷面概略圖。為提高效率，採用了高反射率的反射板，並採用效率優良的供電回路。為將 LED 小型化，熱設計採用了使 LED 發生的熱量由元件本體高效率地熱傳導導出，並向外環境散發的結構。斷面採用大致 H 型斷面結構的鋁鑄件（die casting），以便由 LED 發生的熱，通過 LED 基板，向鑄件本體直接熱傳導，作為向外環境逃逸的熱路徑。藉由採用這種結構，作為收納電源回路空間的同時，確保散熱所需要的外側表面積。藉由充分的散熱性能，可有效抑制 LED 的工作溫升，確保所定的設計壽命。另外，關於施工性，大致與傳統白熾燈泡下照燈（downlight）不相上下的程度，為了將電源端子分布在器具上部，以便將商用電源直接引入，人們在結構上採取了各種各樣的措施。

　　關注效率型設計的前提，是搭載高效率的 LED 元件，而且能在效率高的電流值下使用，但是，為了獲得同等的光流量，元件數量勢必增加，價格則變高。先檢測這些數據，以確定最佳值，同時是設計中極為重要操作。

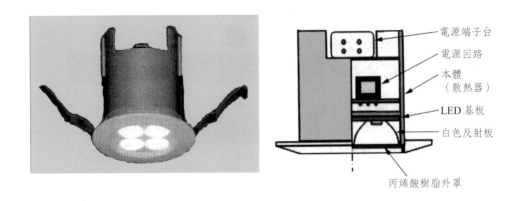

電源端子台
電源回路
本體
（散熱器）
LED 基板
白色反射板

丙烯酸樹脂外罩

圖 7.8　40 W 級下照燈的外觀與器件斷面概略圖

7.1.6　關注顯色性的設計

依光源種類不同，被照射物的觀視效果不同。涉及色的觀視效果的光源性質，稱為顯色性（又稱為演色性，現色性等）。通常顯色性好的照明燈得到的色觀視效果好，顯色性差的照明燈得到的色觀視效果差。色的觀視效果，決定於照明光所含從藍紫到紅的光能各為多少，即光源的分光分佈。當這些光的能量與自然光呈同樣的分佈，色的觀視效果與自然光照射的情況相同，即具有良好的色再現性，顯色性高。光源顯色性的定量評價方法已在 JIS 中規定。

一般照明光中所含綠系光的能量越多，燈的效率越高。而所含光的量從藍到紅均為一樣的光源顯色性差且效率低。這是因為人眼對綠光的感度更高。

主流的白光 LED 是由藍光 LED 激發螢光體使之發出其他色的光而構成的。藉由螢光體的光變換是以量子為單位，若由藍光激發，變換為比其能量低的其他色的光，則會產生能量損失，稱為「斯托克斯損失」，它也是限制效率的一大因素。色溫度越低的情況斯托克斯損失的影響越大，特別是為提高顯色性而加入紅系螢光體的情況，效率會變低。

對於使用電燈的領域和用途，應該採用何種顯色性的燈泡，CIE（國際照明委員會）對此設定了一定的基準。表 7.3 中列出相應於平均顯色性評價數 Ra 值的傳統光源的顯色性及推薦用途。

表 7.3　傳統光源的顯色性和推薦用途（摘錄 CIE 1986）

顯色性分組	平均顯色評價數（Ra）的範圍	使用用途		代表性的燈具
		推薦用於	一般用於	
1A	Ra ≧ 90	色檢查，臨床檢查，美術館		・螢光燈（高顯色型） ・金屬鹵化物燈
1B	90 > Ra ≧ 80	住宅，旅館，飯店，店舖，事務所，學校，醫院		・螢光燈（高效率／高顯色型）
1B	80 > Ra ≧ 60	印刷，塗裝，紡織，工廠，精密作業工廠		・高壓鈉燈（高顯色型） ・金屬鹵化物燈
2	80 > Ra ≧ 60	一般的作業的工廠	事務所，學校	・螢光燈（高效率型） ・高壓鈉燈（高顯色型） ・金屬鹵化物燈
3	60 > Ra ≧ 40	粗放作業的工廠	一般的作業的工廠	水銀燈
4	40 > Ra ≧ 20		粗放作業的工廠，顯色性不重要的作業工廠	・高壓鈉燈（高效率型）

　　白光 LED 以 Ra 從 60 到 80 左右的產品居多。這是由於這類產品採用的是藍光 LED（激發）與作為藍光補色的黃光（螢光體發射）。由於晝光色型等相關色溫度高，因此具有顯色性高的傾向，而 Ra 為 80 前後可滿足 1B 組，正在推廣普及在賣場照明中使用。此外，電燈色型等的相關色溫度低，顯色性差，難以滿足顯色性 1B 組，因此未在住宅、飯店中使用。採用橙及紅系的螢光體，在相關色溫度低的領域儘管顯色性高，藉由 LED 晶片自身的效率提高，可以補償效率低的缺點。因此不僅是顯色性 1B 組，與 1A 組相當的 LED 照明器具也已經出現。

　　傳統光源中，最一般且為人們所熟悉的螢光燈也分為高顯色型、高效率／高顯色性、高效率型等三大類。

7.2 技術突破

7.2.1 導熱及散熱技術

7.2.1.1 散熱的必要性

LED 照明器件的構成，一般是將晶片安裝於封裝中，再將該封裝裝載於單元基板上，進一步將單元組裝在器件中。最新的白光 LED 效率得到顯著改善，相對於輸入能量來說，所發射光的能量約在 50% 以下。

LED 並不像白熾燈泡，後者是以紅外線的形式將能量向外發射，最終幾乎所有損失的能量都變成熱。這些熱能與 LED 晶片及螢光體的發熱相當。LED 又不能像螢光燈等那樣將表面積做得很大，這些熱量幾乎不能直接向空氣中放出，而是藉由熱傳導，使照明器件筐體整體升溫，再經過筐體向建材及空氣中散熱。藉由熱傳導向空氣中散出的熱量與材料的導熱係數、器具的表面積以及表面溫度密切相關，材料的導熱系數越大，器件的表面積越大，表面溫度越高，則散熱效果越好（詳見5.2.4 節）。

從器件設計的觀點，更趨向於小尺寸。而且，器具表面的溫度以「人可以觸及的部分應在 100℃ 以下」為限。

LED 晶片的極限溫度，以電極接觸點附近的耐熱溫度等為據，約在 130℃ 左右。一般情況下，LED 晶片要由樹脂覆蓋，這種樹脂的耐熱溫度也在 150℃ 左右。

對於 1 個 LED 封裝輸入為 1W 的情況，如果從晶片到器具表面的熱阻為 30℃/W 左右，則表面溫度為 100℃ 時晶片溫度為 130℃，由於晶片溫度可保證在其極限溫度以下，因此這種設計是合理的。另一方面，對於輸入為 2W 的情況，需要保證其熱阻在 15℃/W 左右。

從器具到 LED 封裝的熱阻，與其間加入的絕緣材料的性能關係極大，通常熱阻值為 10～20℃/W。在 LED 封裝部分，作為上述兩個熱阻之差，要求具有 5～10℃/W 熱阻的高熱導性。

7.2.1.2　板上晶片（chip on board）

如上一節所述，若採用「將晶片裝入封裝中，再將此封裝安裝在單元基板上，進一步將單元組裝於器件內」的一般組裝方式，將每個熱阻相加，總熱阻增大。

從散熱性考量，有人提出將晶片直接安裝在單元基板上的方案。稱這種結構為板上晶片（chip on board），簡稱 COB。以下對 COB 做簡要介紹。

COB 可使熱阻下降，促進散熱，提高發光效率，同時也具有單元形狀自由變化較困難的缺點。現在，超過 1,000 lm 的 COB 型單元已經研製成功。以封裝單體的形式，超過 1,000 lm 的產品也已經問世，但由於一個器具中大概僅搭載這樣一個封裝單體，因此從使用形態來說也與 COB 型相近。

圖 7.9 中所示的即為初期開發的典型 COB 型 LED 模塊中的一個。與採用同樣形狀的表面安裝型（SMD）LED 相比，前者的熱阻要低。圖 7.10 表示光輸出與順向電流關係的試驗值。對於 LED 來說，雖然流過的電流越多發出的光越亮，但

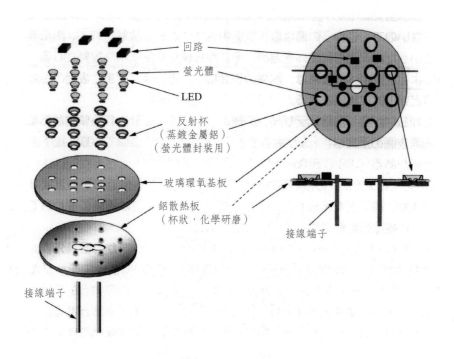

回路
螢光體
LED
反射杯
（蒸鍍金屬鋁）
（螢光體封裝用）
玻璃環氧基板
鋁散熱板
（杯狀，化學研磨）
接線端子
接線端子

圖 7.9　COB 單元

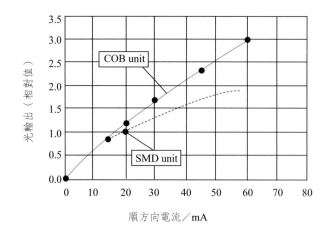

圖 7.10　光輸出與順方向電流的關係

由於溫度上升，亮度有達到飽和的傾向。從圖 7.10 中可以看出，SMD 的情況（下面的一條曲線）在較低電流值下便達到飽和。因此在流過更多電流的情況下，COB 比 SMD 更亮。且由於 SMD 溫度上升過快，超過 20 mA 的電流實質上是不能使用的，故 20 mA 以上的值用虛線畫出。

　　圖 7.11 所示是最新開發的產品，藉由封裝那樣的分離，利用二次安裝可增加形式上的自由度。但由於不是通用型封裝，要將其直接安裝在器件筐體之內，因此也具有高散熱性。

7.2.1.3　其他的技術

　　作為晶片本身的散熱結構，有的也不是採用一般的藍寶石基板而是採用 SiC 和 GaN 基板。此外為了進一步改良散熱性，亦可將基板替換為 Si 及 Cu 系合金的技術。進一步將晶片黏接（die bonding）劑採用更好的熱傳導性材料方法。其中包括採用低熔點金屬實現結合的方法。而且，藉由積體電路（IC）的封裝技術，還有倒裝晶片（flip chip, FC）連接的方法，將電極與發光層等發光部分藉由金屬及佈線板相連接以利於散熱的方法等。這種金屬中，一般使用焊料凸點及金柱凸點（stud bump）。

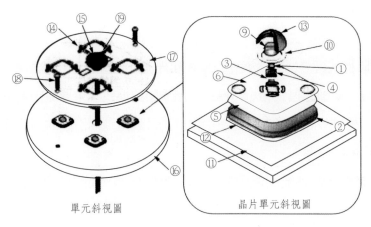

單元斜視圖　　　　　　　　晶片單元斜視圖

（⑦代表①和④，④和⑥相連接，⑧填充於⑨的內部）

①晶片　　　　　　　　　　⑩反射杯
②銅板　　　　　　　　　　⑪，⑫有機生片
③Au-Sn 箔材　　　　　　　⑬螢光體帽（蓋）
④氮化鋁組裝件　　　　　　⑭跳線
⑤聚烯烴黏接片　　　　　　⑮電源線保護蓋
⑥布線板（玻璃環氧樹脂）　⑯LED 安裝板
⑦Au 絲　　　　　　　　　　⑰單元布線板
⑧灌封材料　　　　　　　　⑱底部小螺釘
⑨光學部件　　　　　　　　⑲電源線

圖 7.11　晶片單元

7.2.2　壽命預測技術

7.2.2.1　壽命預測的必須性

　　LED 照明的最大優點是長效型，為了對長效型 LED 加以確認，實際上應該實施壽命試驗，但若壽命非常長，待到得出試驗結論需要很長的時間，現實情況是不可能的。同時由於產品改善的周期變短，等到壽命的結論出來之前，改良後的產品已經在市場上出現。在新產品的壽命不明確的前提下，只能藉由舊產品預測，因此需要進行加速試驗。一般說來，壽命長短與溫度具有很強的關係密切，因此以下介紹藉由溫度進行加速試驗，利用阿雷尼厄斯（Arrhenius）模式的正規（orthodox）

方法的範例。

7.2.2.2　LED 的故障模式

LED 故障模式可分為突然不亮的模式和光流量緩慢減退的模式。

前者可以考慮斷路模式和短路模式，所謂斷路模式，主要原因為引線斷開及晶片黏接剝離等機械故障；後者主要包括由於晶片漏電進而引起的短路及回路圖形因晶鬚生長引起的短路等。

造成光流量緩慢減退的原因有晶芯、封裝樹脂、螢光體、封裝基板的劣化等。

白光 LED 中所使用的晶片，一般是非常穩定而結實的，但由於內部裂紋的發生、擴展等，發生漏電的情況也是不可避免的。且電極的歐姆接觸及金屬的積層隨著時間的推移而發生擴散現象，進而引發破壞，致使電阻變高。

白光 LED 中一般採用藍光 LED 作為激發光源。但由於藍光能量高，再加上 LED 是從非常小的部位發射光，因此 LED 附近的樹脂受照射光度極大的光照射。隨著時間變長，藉由光化學反應往往產生著色物質，致使光透射率下降。對於封裝基板也採用樹脂的狀況，基於類似的著色會使反射率下降。由於光的透射率和反射率下降，向外部發射的光會慢慢減少。

白光 LED 中所使用的螢光體，有 YAG 系的具有良好耐久性的螢光體，也有 Si 系對濕度的耐久性較低的螢光體。耐濕度較弱的螢光體，依使用環境及封裝形態而異，往往發生緩慢的劣化。

以上在 LED 封裝中，不僅包括 LED 晶片，還包括樹脂及螢光體等，整體是由各種各樣的材料構成的。各種劣化機制，劣化的直接原因各不相同。但無論如何，其共同原因不外乎熱應力、擴散現象及化學反應等，而溫度對這些原因都有促進作用。

造成突然不亮的模式及晶片急劇劣化的模式是偶發的，但是在設計和製造中必須極力避免這種故障的發生。主要的劣化是由樹脂等材料的變化引起的。由於白光 LED 是由各種各樣材料構成的，彼此的耐熱溫度各不相同，與光的取出路徑密切相關，耐熱溫度低的材料成為決定壽命的主要原因。例如，在採用環氧樹脂的器件

中，由於這種器件很快劣化，因此溫度加速試驗比較容易進行，但由於其只有數千小時的壽命，因此現在照明用高功率 LED 中幾乎不再採用環氧樹脂材料。

7.2.2.3 壽命預測的實例

對於材料的改良，白光 LED 的壽命已超過數萬小時，為了溫度加速試驗，對於決定壽命的部分進行加速試驗及在所必須的高溫下，封裝之外的部分亦需要由耐此高溫的材料構成。

這裡介紹的例子是在陶瓷基板上將 LED 晶片用金柱凸點（gold stud bump）安裝，用矽樹脂封接，對如此完成的 LED 封裝進行加速試驗。因除矽樹脂以外均為無機材料，後者的耐熱溫度非常高。因此主要考慮，矽樹脂等對光的路徑有直接關係的部分之加速劣化試驗即可。

實驗結果由圖 7.12 給出。阿雷尼厄斯曲線（Arrhenius plot）的實例和威伯爾曲線（Weibull plot）的實例分別由圖 7.13 和圖 7.14 給出。

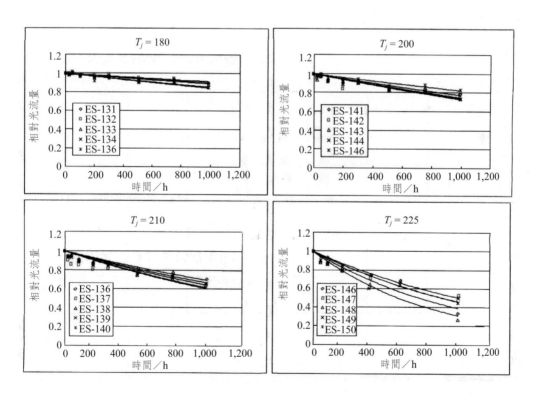

圖 7.12　加速實驗結果

315

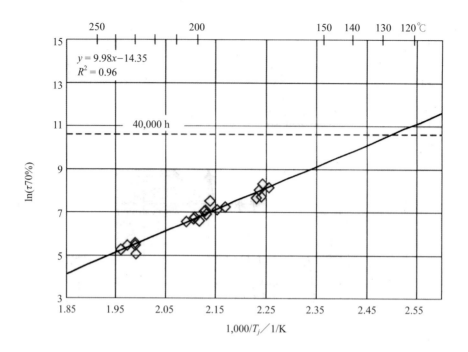

圖 7.13　阿雷尼厄斯曲線（Arrhenius plot）

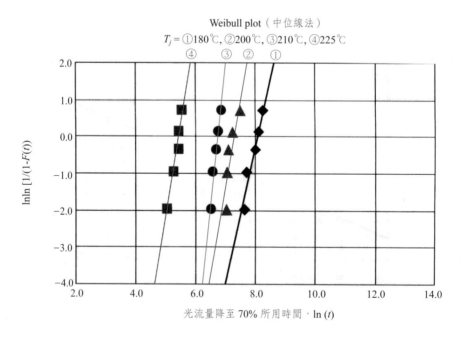

圖 7-14　威伯爾曲線（Weibull plot）實例

由上述結果可知，這種 LED 封裝在 120℃ 具有 40,000 h 以上的壽命。實驗推論須在短時間內進行，封裝及封入樹脂的耐熱性高，如威伯爾曲線所示，在 200℃以上的溫度下劣化模式也未發生變化，加速試驗仍然有效。

7.2.3　如何減低色偏差與非均勻性

由於白光 LED 是作為照明而應用的，與傳統光源間的差異儘管已經明確，但關於光源色的特性差異，對於照明器具的設計來說，必須應特別關注。特別是白光 LED 光源之間會發生光源色的色偏差，而作為代替光源對象的白熾燈泡與螢光燈等，幾乎是不會看到的，這是 LED 照明特有的研究課題。

為表示光源色，需要用到由光源的分光分佈決定的色度座標 x, y。圖 7-15 是將色度座標在平面上表示的色度圖。帶刻度的馬蹄形封閉曲線是連接單色光的色度座標而形成的光譜軌跡，數值表示單色光的波長。內側的弧狀曲線是連接不同溫度黑體（不發生吸收的完全輻射體）的色度座標的軌跡，稱其為「黑體軌跡」。在這種軌跡的附近，存在白熾燈泡（鎢絲燈泡）的色度、太陽的色度、藍色天空的色度等。當色度與黑體軌跡完全一致時，可以認為這種光源色的「色溫度」為 T[K]。儘管被感知為白色的自然晝光及螢光燈等人造光源色的色度座標位於黑體軌跡近旁，幾乎所有的光源色都與黑體的色度近似，但並非完全一致。這種環境的光源色是以「相關色溫度」來表示。同時即使相關色溫度相等，色度也不一定相同。應位於黑體軌跡的哪一側，以及偏離的程度有多大，可以用偏差（uv）來表示。與位於 xy 色度圖上的黑體軌跡之間的距離有正負之分，位於黑體軌跡上方的距離取正，而位於黑體軌跡下方的距離取負，以區別二者方向的不同圖 7.16 表示偏差的概念圖。

對於螢光燈來說，表示相關色溫度時，一般是在 IEC 與 JIS 標準所確定的範圍內。圖 7.17 表示該範圍中菱形是 JIS 標準的範圍，而橢圓內為 IEC 標準的範圍。在已習慣使用螢光燈的場所計劃更換為 LED 照明時，如果相關座標落在圖中所示範圍之外，則會產生違和感，或說不習慣、不舒服感。

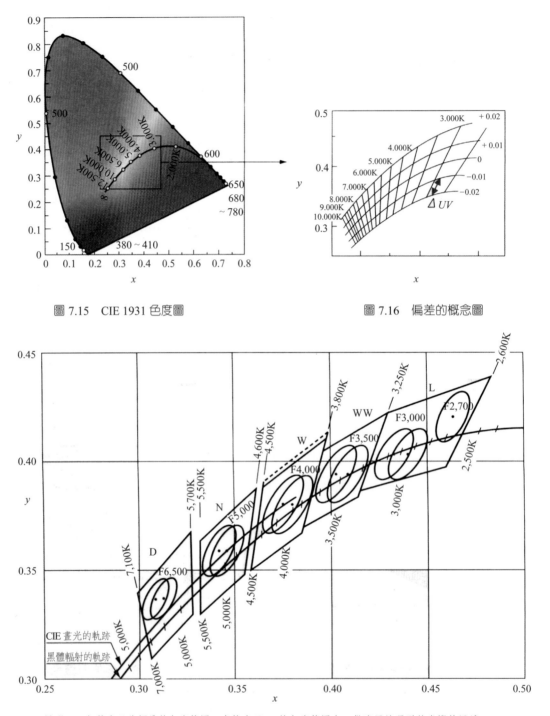

圖 7.15 CIE 1931 色度圖　　　　　　　　　圖 7.16 偏差的概念圖

說明：1. 粗線表示此標準的色度範圍。虛線表示 W 的色度範圍中，僅適用於環形螢光燈的區域。
　　　2. 橢圓及橢圓的中心點，表示 IEC 標準的範圍和中心。
　　　　關於橢圓具有兩個光源色，每種情況下左側的橢圓適用於不足 Ra80，右側橢圓適用於 Ra80 以上
　　　　的燈。

圖 7.17 由 IEC 標準、JIS 標準所確定的相關色溫度之範圍

　　在批量生產的 LED 元件中，可能有些元件的光源色座標落在圖 7.17 的範圍之外。當由多個 LED 元件組裝為一個照明器件時，必須選擇相同光源色的 LED 元件，而如何選擇與區分，仍是需要解決的問題。採用在照明面上平均化佈置的考慮方案，作為器具，為了落入圖 7.17 所示的範圍，設法將不同光源色的 LED 元件合理安排組合的例子也是有的。另一方面，作為光源，從元件開始就使其達到色要求的努力也一直在進行之中。一般情況下，白光是藉由使藍光 LED 晶片與黃光螢光體相組合而實現的，但光源色的偏差一般是由藍光 LED 晶片的波長偏差及黃光螢光體的量及濃度的偏差造成的。如圖 7.18 所示，例如將藍光 LED 晶片和螢光體片都分為 5 級（rank，或說 5 個檔次），即使藍光 LED 的波長級別不同，但若配以相應波長級別的黃光螢光體，仍可得到相同相關色溫度的光源色。如圖 7.19 所示，藉由這種合理組合，就可以達到減低色偏差的目的。

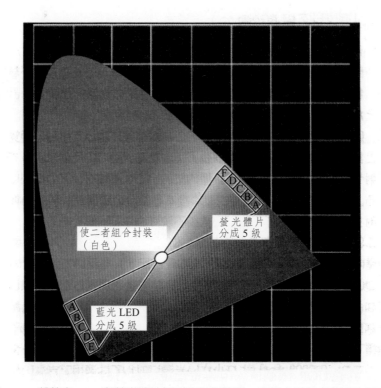

圖 7.18　將藍光 LED 與螢光體按級別不同相組合，產生白色發光效果的示意圖

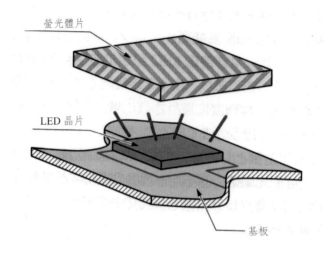

螢光體片

LED 晶片

基板

圖 7.19　LED 晶片和黃光螢光體片

7.2.4　如何減低眩光（glare）

　　伴隨著作為新型照明光源的白光 LED 的普及，在利用白光 LED 照明的空間，往往使人產生不適感及神經緊張（stress）等，這種生理學及環境問題也正浮現在人們面前。特別是因 LED 光源的發光面積小，與傳統光源相比輝度高，因此眩目（glare，使人頭暈目眩）問題也被人們提出。

　　因光源、照明器件與被照射區域的高輝度部位而產生的視覺稱為「眩光」，其中包括不快眩光、減能（如視覺能力下降）眩光、還有由光澤面的反射而造成的光膜反射及反射眩光等。在室內，抑制不快眩光是設計重點，所謂「不快眩光」是指在視野內相鄰部分的輝度差過於顯著，以及射入眼中的光量急劇增加時，感覺不快的狀態。

　　在 JIS Z 9125「室內作業場的照明標準」中，作為不快眩光的指標，採用 CIE 的室內統一眩光評價（以下簡稱為 UGR），在針對各類房間和不同活動的照明設計基準中，規定了 UGR 限制值。但與螢光燈等具有均勻輝度的光源不同，屬於點光源以及矩陣佈置等的具有不均勻輝度的 LED 照明引起的不快眩光，不能採用 UGR 等傳統的指標進行評價的場合很多。其原由是在 UGR 中使用的數據範圍是有

限制的，對於此 0.0003sr（這相當於從大約 10 m 的距離觀看白熾燈鎢絲的情況）小的光源是不適用的。

　　儘管在一定大小的面積上使用多個 LED 的照明器件也已實現製品化，但即使在這種場合，UGR 能否適用仍存在疑問和不同意見。依據研究與文獻資料，與均勻光源相比，不均勻光源的不快眩光更大，且 LED 的配置間距也會對不快眩光產生影響。對輝度不均勻的 LED 照明，制定適合的眩光指標是未來亟待研發的課題，在現階段，除了對其面積大小有規定外，且具有一定均勻輝度的設計要求。對於 LED 照明器件來說，UGR 作為參考值還是應該採納的。

　　作為 LED 照明眩光的改進，有以下幾項：

①降低平均輝度；

②對於引起眩光的角度，採用遮光或配光控制；

③緩和不均勻的輝度等。

　　其中①、②與針對傳統光源的防眩改善差別不大，而③被認為是 LED 照明所特有的項目。

　　關於①的「降低平均輝度」，相對於 LED 光源的全光流量，需要選擇適當的器件開口面積。如果與採用傳統光源的照明器件具有同樣的全光流量／器件開口面積，平均輝度也一樣，當然不會出現問題，但對於 LED 的情況，由於照明器件的小型化是其優點之一，必然的結果是，高輝度化的場合居多。此時儘管「達到何種程度的輝度才是允許的」因場所及用途不同而異，例如辦公室的場合，從圖 7.20 所示的白光 LED 的水平方向觀視的 BCD 平均輝度數據可以看出，其允許值在 $20,000 \sim 40,000$ cd/m^2。

　　關於②的「對於引起眩光的角度，採取遮光或配光控制」，針對表 7.4 所示的照明器具的眩光分類及 UGR 等，正在探討採取與傳統光源眩光對策相同的對策。具體說來，藉由遮光板及反射板以及透鏡等的光學設計，決定必要的照度分布和以眩光分類為目標的配光分布，藉由電腦模擬並根據實測配光進行 UGR 計算，以確定應場所、目的的 UGR 限制值。

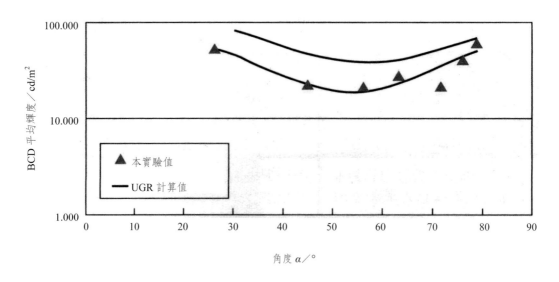

圖7.20　BCD 平均輝度同觀視方向與水平方向所成角度 α 間的關係

（其中，UGR 的值取 20）

表 7.4　照明器具的眩光分類和輝度限制值

眩光分類	內容	照明器具實例	各種情況下鉛直角下的輝度限制值／cd/m²		
			65°	75°	85°
V	對在 VDT 畫面上的映入有嚴格限制的照明器具	眩光限制形拋物面反射燈罩	200	200	200
G0	對不快眩光有嚴格限制的照明器具	眩光限制形防直射燈罩	3,000	2,000	2,000
G1a	對不快眩光要充分限制的照明器具	眩光限制形白色防直射燈罩，乳白色罩	7,200	4,600	4,600
G1b	對不快眩光有相當限制的照明器具	眩光限制形	15,000	7,300	7,300
G2	對不快眩光有些（若干）限制的照明器具	下面開放形	35,000	1,700	17,000
G3	對不快眩光不加限制的照明器具	倒富士山形，溝槽形	無限制		

資料來源：（社）公共建築協會，（財）全國建設研究中心，建築設備設計標準，平成 18 年（2006 年）版。

關於③的「緩和不均勻輝度」，是 UGR 評價中所沒有的項目，上面所述的不

均勻輝度會對不快眩光產生影響在實際的照明環境下，由不均勻輝度引起的不快感易於產生是廣為認知的，因此不能忽視。作為具體的手段，一般是追加遮光板（baffle）及擴散板，但也有的是僅由反射板及透鏡等為主的光學系統來解決。無論一種情況，照明器件的輝度均齊度提得越高，器件效率／照明率往往越低。且關於不均勻輝度應該緩和到何種程度，目前無定量的基準和指針，只能針對具體的照明器具和照明環境，因人而異地做出主觀評價。

下面，介紹採取眩光對策的元器件設計的實例。圖 7.21 是器件外形圖。該製品藉由小型複合反射板以緩和器具內不均勻輝度，藉由遮光板（baffle）以進行遮光控制和平均輝度的控制，在不使器件效率低下的前提下，具有減低眩光的特徵。

圖 7.22 中所示的小形複合反射板，採取將圓形的開口進行六分割的異形反射板形狀，這樣，當室內的人看反射板時，不會產生明顯的輝度低的部分。LED 發光部分與反射板的輝度之比約為 100：1，從正下方附近看器件，LED 發光部位有些晃眼之感，而從大約 60° 方向看時，由於小型複合反射板設定了一定的深度，從而 LED 發光部位被稍稍地遮光，這樣，實際上就不會出現輝度不均勻性問題。

但是，反射板自身的輝度也有大約 20,000 cd/m^2，屬相當高的，僅採用小形複合反射板，60° 以內器具的平均輝度大致在 40,000cd/m^2 到 70,000cd/m^2 之間。因此，還需要追加遮光板，該遮光板相對於小型複合反射板的開口部全體具有 20° 的遮光角，見圖 7.23。這樣做的結果，器件開口直徑從 ϕ 55 mm 擴展到 ϕ 85 mm，其平均輝度在任何角度都在 40,000 cd/m^2 以內，而在 40° 以上的角度平均輝度在 20,000 cd/m^2，從而在表 7.4 的眩光等級分類中，可歸於 G0 級。

小形複合反射板、遮光板都採用反射率高的白色樹脂，而且反射光從開口出射是有一定形狀的，在器具效率達到約 90% 所必須保證的最小限度的損失下，可達到有效的防眩效果。

圖 7.21　採取眩光對策的器件

圖 7.22　小形複合反射板

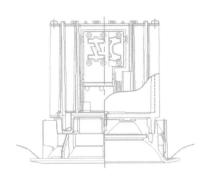

圖 7.23　器具結構

7.3　LED 照明器件開發的趨勢

　　隨著地球溫暖化加劇，北極、南極冰雪加速融化，海平面上升，災害頻發，糧食減產，正日益影響到人類的生存。為了減少二氧化碳排放，期待照明的節能化。在此背景下，LED 照明的應用正在加速進展中。

　　本節中，以 LED 照明的應用實例和保護地球環境價值方面的考慮，做簡要介紹。

7.3.1　LED **器件的應用實例**

LED 照明在 2008 年召開的北海道洞爺湖峰會上也大量採用。國際媒體中心（International Media Center）中設置的環境陳列窗（enviroment show case）中展示了 LED 照明。圖 7.24 是作為該峰會首腦會議場的溫莎飯店（Windsor Hotel）所設置照明器具的一部分。主通道上的下照燈（downlight）與牆面掛板上展示用萬能下照燈（universal downlight）共計設置了 194 台。僅此一項，與使用相同台數的白熾燈泡器具的情況相比，估計一年間可減少 CO_2 排放量 26.7t。進一步，飯店各處還使用了許多 LED 照明器件，從而大大減少了 CO_2 的排放量。

另一方面，用帶螺口的 LED 燈泡替代傳統燈泡的努力正不斷取得進展。圖 7.25 所示的嵌入型（reflex）LED 燈泡已開始替代現有下照燈（downlight），嵌入天花板中在走廊、洗手間等中採用。

圖 7.24　在溫莎飯店主通道及壁面掛板上 LED 設置實例

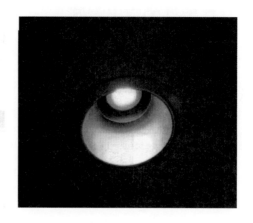

圖 7.25　嵌入型 LED 燈泡與設置實例

7.3.2　LED **照明器件的價格**

目前 LED 照明器件本身的價格仍然偏高，與白熾燈泡相比，LED 照明的運行費用（每年電費支出和每年燈泡損耗費用）可大幅降低。以下介紹一個總價格的估算實例。

在圖 7.26 所記的計算條件下，附表中列出具有同等亮度（平均照度）的 LED 燈與 40W 型 Minikrypton 燈的比較。可以看出，前者可獲得 6.8 倍的節能效果，且總價格可節省 37 萬日圓。圖 7.27 表示連續使用 10 年的情況下，在其間的何時點能償還初期投資的示意圖。

計算結果表明，儘管 LED 燈價格高，但由於與 Minikrypton 電燈泡相比效率高，考慮到運行費用低，經過 2.1 年就可以償還 LED 照明器件的超支部分，此後則比採用白熾燈泡更加節省費用。

經濟比較表	LED 下照燈	40W 形 Minikrypton 下照燈
器具設置台數	12 台	18 台
初裝價格	￥213,600	￥118,080
燈功耗	5.3W	36W
年間耗電量	191kWh	1,994kWh
運行價格／年	￥4,198	￥50,868
初裝價格＋運行價格 （10 年間累計）	￥255,576	￥626,760
燈壽命	40,000 h	2,000 h
CO_2 排出量／年	74kg	758kg

●計算條件
通路：11m×1.8m
天井高：2.4m
反射率／天井：50%，壁：30%
地板：10%
保守率／1（初期照度）
電源電壓：100V
年間點燈時間：3,000 h
電費價格：￥22/kWh
CO_2 排出量：按消費電力 0.39kg-CO_2/kW

節能約 90%

圖 7.26　LED 燈與 Minikrypton 燈的經濟比較表

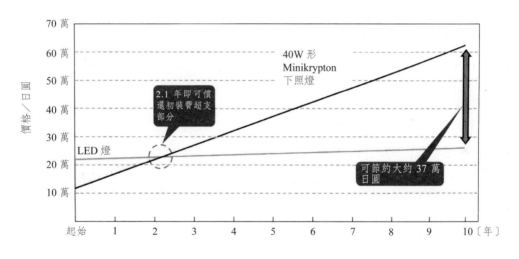

圖 7.27　LED 燈與 Minikrypton 燈初期價格與運行價格比較

7.4　小結

　　為了抑制地球溫暖化，在京都議定書中規定了排放溫室氣體 CO_2 的消減目標。日本為了實現該目標，已向各部門分攤了消減任務，其根據之一是普及高效率

LED 照明，澳大利亞與加拿大已經分階段停止銷售白熾燈泡，改換為電力消耗僅為其 1/4 的高效率的燈泡形小型螢光燈。美國加利弗尼亞州也已提出在全州分階段停止銷售白熾燈泡的法案。英國、俄羅斯、紐西蘭也有類似的方案。

與傳統光源相比，LED 元件的效率要高得多，但由於價格高，目前的普及率比較低。但儘管初裝時價格高，若從包括使用中運行費用在內的總價格比較，事實上 LED 較為便宜。

隨著 LED 的高效率化，如果光量能做到與傳統光源相近，順應世界環境保護的潮流，LED 照明的普及會順利地進行。

第八章

白光 LED 照明的技術革新、
經營戰略與國際標準

本章重點介紹白光 LED 照明之技術展望，透過與歐美最新動向的比較，討論國際競爭力與經營戰略的新模式，因著知識產權（intellectual property rights, IPR）重要性，論述中主要討論與國際標準化相關的專利動向。

8.1 技術革新與國際競爭力

表 8.1(a)、(b)、(c) 分別針對日本、歐美、東亞（台灣、韓國、中國大陸），比較了各自白光 LED 照明的學術研究水準與產業技術實力等。

表 8.1 白光 LED 照明的學術研究水準和產業技術實力比較——(a) 日本

國家和地區	研究、技術、產業水準	現狀、課題，對將來的計畫和考慮
日本	大學、研究機構的基礎研究能力	儘管氮化物化合物半導體的研究水準非常高，但是特別作為推進固體照明研究據點的大學、國立研究機構幾乎沒有。研究體制有待進一步完善。看來，半導體研究者與固體照明研究者之間的間隙（gap）還相當大。今後，為促進該領域的研究，做到生生不息，後繼有人，大學中建立 LED 照明的研究基地、加強人才培養致關重要。熱設計、封裝工程的研究幾近空白。儘管第一屆白光 LED 和固體照明國際學會已在日本召開，但在海外活動的 LED 照明學會中，日本大學研究者發表的文章幾乎為零。發表的文章主要針對化合物半導體，由於關於 LED 照明的學術發表僅為鳳毛麟角，難以搭載起通向產業化的橋樑。
	競爭力、知識產權、標準化	藍光 LED 激發、近紫外 LED 激發的白光 LED 的發明是日本自己的技術。目前，LED 和照明廠商的數量在世界上也是首屈一指。由於在技術訊息情報公開與共享（black box 化）、知識產權的處理等方面存在問題，企業的綜合實力並不很強。依靠工業協會等促進企業間的交流，但缺乏國際性。為了在標準化方面捷足先登，需要構築支援大學和企業的新國家戰略。與此同時，一個引人注目的動向是，LED 照明的設計者日益增多。
	國家的重視程度和產業技術	依靠 NEDO 的支援，1998 年開始了「21 世紀的照明」國家計畫。該計畫受到海外廣泛讚譽，被評價為非常優秀的國家計畫。2010 年後，隨著大型照明廠商先後宣布終止白熾燈泡的生產，在太陽能電池方面，對其普及、促進的基礎設施整備將有組織地進行，總之，在發展白光 LED 照明產業方面，在面對挑戰的同時，更多的是機遇。

表 8.1　白光 LED 照明的學術研究水準和產業技術實力比較──(b) 美國，歐洲

國家和地區	研究、技術、產業水準	現狀、課題，對將來的計畫和考慮
美國	大學、研究機構的基礎研究能力	作為重要的學術研究前端，以 USCB、GIT 為中心，頗具實力的大學的研究成果廣為人知，但產業界的水準要想提得更高，還需要學會（SPIE、MRS、美國照明學會）的支援。2001 年發起的 DOE 的能量之星（Energy Stay）、Caliper 計劃，從 2005 年左右開始發揮功能。大學和國立研究所的貢獻從 2006 年起活躍化。大學的氮化物半導體研究者如同日本的情況那樣，熔入照明研究的很少。
	競爭力、知識產權標準化	Philips-Lumileds 的技術開發力格外的強，在固態照明領域，該公司有爭奪世界霸權的雄偉目標。大型企業（GE、Cree 等）面對知識產權保護和標準化的嚴峻形勢，如何主動應對，是亟待解決的問題。
	國家的重視程度和產業技術	企業的經營模式十分明確。國家政府機構 DOE 應提供積極的支援。最近 ANSI、IESNA、NIST 等都在對新計畫和民間組合提供全面的支援。在 SPIE、MRS 學會的文章發表十分活躍。藉由網頁（Web），DOE 的發排和活動可以一目了然。預定 2013 年召開關於 SL 和白光 LED 的國際會議。
歐洲	大學、研究機構的基礎研究能力	針對化合物半導體的光物性評價，在基礎研究方面十分專長的大學數量很多，但至今都未達到製作固態照明器件的程度。許多研究者在固態照明領域有興趣，但政府的支援、研究資金等投入不足。最近，以英國、法國為中心，積極向學術研究提供全方位的支持，已經掌握與「LS 的科學和技術」相關的國際學會的主導權。預定於 2010 年召開 LS 與白光 LED 相統一標準的國際會議。
	競爭力、知識產權、標準化	除了 Osram、Philips 以外，大中小型的電子企業幾乎還未著手有關固體照明的研究開發。但是，關於螢光體材料的研究，與大學聯攜正進行新材料的開發。Osram 開發的 1 mm×1 mm 薄膜晶片技術，最近獲得德國首相獎。
	國家的重視程度和產業技術	Philips 與 Lumileds 聯手，收購了 Color Kinetics 等，達到世界產業技術力最高水準。由於在 IEC 中具有舉足輕重的位置，以 Osram 為中心，在標準化方面據於強勢。知識產權，特別是標準化由歐美進行的可能性極高。同時，以 Philips、Osram 為中心，正在推進 OLED 照明的巨大規劃（6 億歐元）。

表 8.1　白光 LED 照明的學術研究水準和產業技術實力比較──(c)（台灣、韓國、中國大陸地區）

國家和地區	研究、技術、產業水準	現狀、課題，對將來的計畫和考慮
台灣	大學、研究機構的基礎研究能力	主要大學（國立台灣大學、國立交通大學、國立中央大學等）研究十分活躍。特別是晶體生長的成果與日本幾乎不相上下。LED 的製程技術已經超過日本的大學。大學中的 LED 應用活躍。在海外國際會議上所發表的論文逐年增加，內容優秀的論文很多。第二屆白光 LED 和固體照明國際會於 2009 年 12 月已在台北召開。
	競爭力、知識產權、標準化	以 ITRI 為中心，構築了優秀的研究者向企業提供支援的體制。而且，以產業界的固體照明的業界團體（TEOS）為中心，向 EPISTAR、ARIMA 等有實力的 LED 廠商的知識產權的保護、製品開發提供支持。向中國大陸的技術提攜以政府為中心進行。進一步，海外的晶體生長廠商、LED 廠商正在積極地追趕台灣企業。從事研究的人口密度在世界上是最高的。
	地方政府的重視程度和產業技術	從兩年前，第二期固體照明計劃（HO-Yi Project）開始實行。由 ITRI 延伸（spin out）的先頭企業直接向中國大陸轉移，採用這種方式，競爭力空前提升。從大約 10 年前起，PIDA（光電科技工業協會）為光電子產業的振興進行了卓有成效的活動。從 MOCVD 廠商的ア≠キシトロン（德）引進了數百台晶體生長裝置，腳踏實地地進行研究開發（back up）。在企業間密切聯手的同時，已牢牢掌握決定藍光 LED 晶片價格的主導權。目前，低價格的白光 LED 已打入日本市場，光源和照明器具也有販賣。
中國大陸	大學、研究機構的基礎研究能力	在政府支持下，以北京大學、清華大學為中心，按照晶體生長、LED 製程、照明應用等一系列計畫進行廣泛的研究開發，與此同時，有針對性地進行人才培養。許多大學、國立研究所參與其中，進行中國式的「產學研相結合」。白光 LED 照明是將來備受期待的研究領域。
	競爭力、知識產權標準化	由於政府的強有力支持，企業與大學的技術合作有效地進行並形成相應的實體，據此有可能產生世界頂級的研究成果。五城市（北京，上海，廈門，深圳，香港）作為特區，已形成產業聯盟中心（Alliance Centre）。台灣企業正在大舉進入。

國家和地區	研究、技術、產業水準	現狀、課題，對將來的計畫和考慮
中國大陸	國家的重視程度和產業技術	中國政府（稱為 CSA 的聯盟團體）正在大力激勵（back up）這一新興產業，並將它列為重點發展的汽車產業、航空產業、固體照明三大產業之一。發展 LED 產業已經與實現國家節能減碳、環境保護等戰略目標緊密結合在一起。從科技部提出的開展「十城萬盞」工程，到六部委聯合頒布《半導體照明節能產業發展意見》，再到列入「十二五」規劃編制的重點內容等，都表現出國家對新興產業的支持力度越來越大，這些為中國的 LED 產業發展創造了十分良好的發展環境。
韓國	大學、研究機構的基礎研究能力	多數的理工科大學的研究室中都在積極地進行氮化物半導體的研究。產學聯攜十分活躍。研究水準和系統幾乎與日本的不相上下（catch up）。現在，正為建成世界的研究據點（中心）大學院（Brain Korea, World Class Univi.）而努力。
	競爭力、知識產權、標準化	政府將 LED 照明列在由其確定的截至 2013 年的重點研究項目（生物、保健、清潔能源汽車等 9 項）中，並啟動支援體制。以三星集團、LG 電子為中心，Seoul 半導體等中等規模的企業正在投入力量。與日本不同的是，韓國沒有大型照明企業，只能以 KOPTI 這一政府支持的團體作為產業聯手的中心積極推進半導體照明（固體照明）的研究。LG 電子正從事向日本的 LED 照明製品的販賣。
	國家的重視程度和產業技術	有政府的大力支持，半導體照明國家計畫「15/30 Project」正在推進，計畫到 2015 年，照明器具全體的 30% 要由 LED 所替代。進一步還提出了標準化方案。已完成趕上日本，設定常態更高目標的路線圖。在國內，已產生 SSL 的組織學會。中、大型 LCD BLU 已大批量生產。

襯底技術的氮化物半導體及螢光體的物性研究水準方面，日本處於世界領先水準，從產業技術實力講，歐美處於最高水準。近年來，台灣、韓國、中國大陸的競爭力獲得快速提升。以馬來西亞為始的東南亞也有可能成為 LED 大批量生產的據點。印度、俄羅斯的情況未知，但印、俄兩國對螢光體的研究具有雄厚基礎，迄今已發表了多篇非常優秀的論文。

今後，在電力、通訊系統的基礎更加完善的國家，預計產業競爭力會進一步增強。世界上從事照明、LED 產業的大型跨國公司（Osram、Philips-Lumileds、

General Electronic (GE)、Gree 等）都有進入亞洲，在固態照明光源（solid state lighting, SSL）的技術基礎方面提供支持的計畫和體制。

以下，從人才培養的觀點概述世界 LED 發展狀況，由於處於從傳統光源（generic light source (LS)：白熾燈泡、螢光燈、HID）向固態照明的轉換期，需要半導體工學與照明光學的基礎知識，同時需要關於電氣機械工程應用方面的專業基礎訓練，兩方面的知識要有效結合。需要對 LS 與 LED、OLED（organic light-emitting diode）照明進行綜合學習，大學基礎教育是必不可少的。換句話說，若認可激發光源用的半導體晶片與放電發光用的電極、燈絲產生同樣的作用，與之相關的光源物理和工學知識是必須要掌握的。但是，在半導體研究者和照明研究者之間，關於 LED 照明的學術水準的知識間隙是相當大的，這不僅對於台灣，在世界範圍內也大抵如此。特別是在工業先進諸國，高等學校、研究機構等的研究領域彼此隔離，差異很大。其原因是，作為 LED 照明工學的技術基礎，從半導體發光元件剛一出現時開始，其基本概念就未受重視。歷史上的這種不公正待遇，在白光 LED 固態照明如火如荼發展的今天，應該徹底改變。必須重視與固態照明半導體領域等相關的學術課題。從這種意義上講，「LS 的科學與技術」國際會議和與 LED、OLED 相關的國際會議，今後必將發揮重要作用。另外，大學中舊教育體制下的課程設置也存在很大問題，不利於創新型人才的培養。世界各國都應該設置 SSL 的研究據點大學及研究院。且企業也需要進行意識和理念的改革。

白光 LED 照明研究歷史很短，但世界規模的研究開發在急速進展中。最近幾年，在螢光體・樹脂・散熱基板等材料領域的研究也在活躍地進行之中，包括模組在內的安裝、組裝等後封裝工程也得到快速發展。

世界各國的合作正在活躍地進展中，這從表 8.1 就可以看出。特別是在美國，光學工程協會（SPIE）從 2000 年起每年都召開固態照明（SSL）國際會議。2008 年 9 月，第 8 屆國際會議在聖地牙哥（San Diego）召開。而且，從 2002 年前後開始，國家能源部（Department of Energy, DOE）作為國家戰略確定長期支援 LED・OLED 照明系統技術的方針，舉國之力啟動的組合值得關注。表 8.2 給出在 2002 年由 DOE 做出的截至 2020 年的發展路線圖。表中的發光效率指白光 LED 光源單

體的數據。

表 8.2　2002 年美國的 SSL LED 路線圖（與白熾燈泡和螢光燈的比較）

種類	SSL-LED 2002	SSL-LED 2007	SSL-LED 2012	SSL-LED 2020	白熾燈泡	螢光燈
發光效率（lm/w）	25	75	150	200	16	85
壽命（kh）	20	> 20	> 100	> 100	1	10
發光流量（lm/lamp）	25	200	1,000	1,500	1,200	3,400
價格（$/klm）	200	20	<5	<2	0.4	1.5
顯色評價數（CRI）	75	80	> 80	> 80	95	75

　　DOE 在其網站上公佈了最近 SSL 政策在世界規模內的組合。其中值得關注的是 Caliper（Commercially Available LED Product Evaluation and Reporting，商用 LED 產品評價和報告）計畫的制定。其中，Energy Star, Technical Support for Standard/Design Competion（能量之星，對標準／設計競爭的技術支援）等，至製品流入市場程序的支持系統，在 2025 年前將逐步確立。聯邦政府向 2008 年度 SSL R/D 計劃的投資為 88.9 百萬美元，其中 LED 占全體的 29%，達到 26.3 百萬美元。

　　作為美國的節能環保政策，2008 年 12 月策劃包括新的固體照明技術在內的能源立法，以代替 60W 白熾燈泡、PAR 型 38 鹵族燈泡（1,200 lm，150 lm/W，CRI = 90，T_c = 2,800～3,000K）為目標，足見在 LED 照明技術方面的開發力度。

　　如表 8.3 所示，面向未來，已對白光 LED 的元件效率和器具效率的目標值進行了數值化。表中是分兩種 LED 光源（冷白光「cool white」和暖白光「warm white」）列出的。表中，所謂元件效率是針對將 LED 晶片與螢光體由樹脂等封裝在一起作為光源而言的；另一方面，所謂器具效率是針對包括白光 LED 光源單體與驅動回路及筐體等器具全體而言的。

表 8.3　由 DOE 確定的白光 LED 元件單體和器具效率的目標值

年代 效率（lm/W）	2007	2010	2012	2015
冷白光（cool white） 元件效率	84	147	164	188
暖白光（warm white） 元件效率	59	122	139	163
冷白光（cool white） 器具效率	47	97	121	161
暖白光（warm white） 器具效率	33	80	101	140

在日本，白光 LED 並非是僅盯住照明光源而開發，人們對從氮化物半導體出發，進而派生的半導體光元器件的開發意識很強。因此，在產學的組合體及國內學術會議上發表的文章是各式各樣的，但真正使半導體與照明實現有機結合的卻不多。特別是，關於白光 LED 封裝的學術研究幾乎沒有。在日本國內外的企業間還存在專利問題，直到 2006 年，關於白光 LED 和固體照明的國際會議還沒有召開過。歐美和國內外的學會、產業界（電子學、汽車、材料、化學等系統）對召開國際學術會議的要求極為強烈，在這種形勢下，由照明學會主辦，山口大學的田口常正教授擔任執行委員長，於 2007 年 11 月 26～30 日，在東京召開了第一屆「白光 LED 與固體照明」國際會議。

日本的大學，在應用物理學會發表氮化物半導體研究的文章十分活躍。但另一方面，照明廠商是從 LED 廠商接受晶片，只專心光源、器具的製造。即使看到產學連手的研究體制，材料元件的研究與照明應用研究之間也存在不小的鴻溝。在照明學會上，大學針對 SSL LED 光源的基礎研究論文幾乎沒有。實際上，與白光 LED 的照明光源開發無直接關係的大學研究者（特別是針對氮化物半導體的），只考慮與白光 LED 照明相等同（equal）的氮化物半導體。然而照明廠商的開發者卻對半導體晶片的製作及技術不感興趣，只關注封裝等的組裝技術，短時間內局限於提高綜合效率（通常堅持與元件效率不同的主張）和降低價格等市場亟待解決的眼前課題。

從世界規模看，新興的電子學、汽車、化學、材料廠商等各種各樣的廠商都在爭先恐後地進入半導體照明領域，將來，說不定在照明領域會有新舊交替發生。

白光 LED 照明的開發，因受螢光體、樹脂、灌封材料、散熱材料等、模組技術和安裝技術的左右而不排除發生突然變化的可能性，因此， 對照明經營的市場開發，很難做出明確的預測。

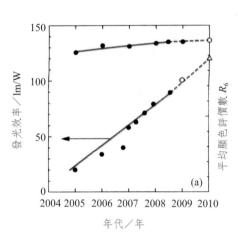

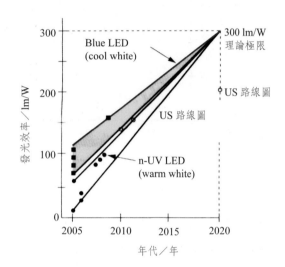

(a) 高顯色白光 LED 的 lm/W 和 Ra 的路線圖
　　（2005 年到 2010 年）
　　●：實測值　　▲：預測值

(b) 截至 2010 年 cool white 和 warm white
　　（n-UV LED）的路線圖

圖 8.1　路線圖

8.2　白光 LED 光源與傳統光源的比較

圖 8.2 表示傳統照明燈（白熾燈泡、螢光燈、HID 燈）的特性（發光效率（lm/W）：LPW）與顯色評價數（CRI）間的關係。表中也給出綜合效率為 40 lm/W 左右的市售白光 LED 光源的相關值，並與已廣泛使用的 7 種照明器具進行了比較。圖中符號 ○ 和 △ 分別表示本書中關注的具有最高性能的兩種白光 LED（藍光 LED 激發黃光螢體構成的白光 LED 和 n-UV LED 激發 RGB 螢光體構成的白光 LED）的相關數值。已如表 8.2 和 8.3 所示，現在針對電燈泡和螢光燈所表示的發光效率〔lm/W〕，並非指光源單體，而是指包括器具等在內的綜合效率。

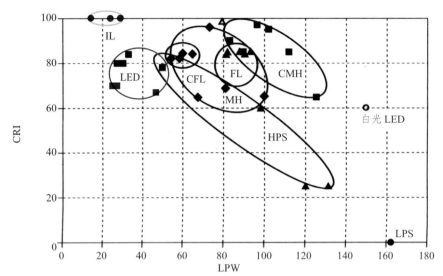

白光 LED

圖中縮寫詞：FL（linear fluorescent lamps）、CFL（compact fluorescent lamps）、HPS（high pressure sodium HID discharge lamp）、MH（metal halide HID discharge lamp）、CMH（ceramic metal halide HID discharge lamp）、LED（white-LED SSL modules）、LPS（low pressure sodium discharge lamp）

圖 8.2　7 種不同管球光源的發光效率（LPW）與顯色評價數（CRI）之關係及與白光 LED 間的比較（△：高顯色白光 LED，○：高效率白光 LED）

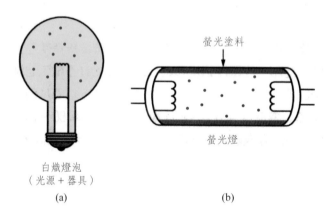

螢光塗料

螢光燈

白熾燈泡
（光源＋器具）
(a)　　　　　　　　(b)

圖 8.3　白熾燈泡 (a) 和螢光燈 (b) 的概略圖

如圖 8.3(a) 所示，白熾燈泡一般分為普通照明和特殊照明兩種。普通照明用白熾燈泡是採用 W 絲製作的雙層線圈，通以電流加熱由熱輻射而引起光輻射。燈泡

內面一般塗以光擴散性良好的白色塗層。額定電壓 110V（在中國是 220V），輸出功率為 10～200W。螺口將燈泡與電源相連接，與玻璃泡的封裝主要靠酚醛樹脂。作為封入氣體，主要用於延長鎢絲的壽命，採用含少量氮的氬氣。

在一般白熾燈泡的輸入能量中，可見光發射只占 10%，而紅外線發射卻占72%，其他的包括氣體、玻殼螺口、端子損失等占 18%。壽命為 1,000～5,000 h，發光效率為 5～33 lm/W，Ra 為 90～100，T_c 為 2,400～3,400 K。

圖 8.3(b) 為螢光燈示意圖。一般有直管形環形和燈泡形等。螢光燈的發光原理簡述如下：

①由高熔點金屬（鎢絲）發射熱電子；

②熱電子碰撞 Hg 蒸氣中的 Hg 原子；

③Hg 原子受激發而發出紫外光（254.7 nm）；

④紫外光激發塗布於玻殼內表面的複合螢光體材料；

⑤從螢光體發射可見光；

⑥透過玻殼向外發射紫外、可見光、紅外線的電磁波（光）。

螢光燈與白熾燈泡不同，其需將放電電流維持在適當的值。若當放電開始，流經螢光燈的電流便不能控制，因此需要鎮流器。螢光燈用螢光體以發白光的以鹵化鈣為代表。

螢光燈的壽命為 9,000～20,000 h，發光效率為 60～105 lm/W，Ra 為 50～95，T_c 為 2,700～6,500 K。

HID 燈壽命為 6,000～30,000 h，發光效率為 25～150 lm/W，T_c 為 1,900～3,000 K。

藉由與點光源近似，垂直照度即完全擴散光，可由下式表示

$$E_\perp = \frac{I\cos\theta}{r^2} \tag{10-1}$$

式中，I 為發光強度（光度）；r 為從光源到所考慮點的距離；$\cos\theta$ 為配光特性，通常取 $\cos\theta = 1$，即符合朗伯（Lambert）定律。

　　表 8.4 中按白熾燈泡、螢光燈、白光 LED 三種照明光源，分別列出基本構成材料、壽命及發光原理等。圖 8.4 表示照度一定（5,000 lx）時，幾種光源發光光譜的對比，其中：(a) 鹵族燈，(b) 一般螢光燈，(c)-1、(c)-2 美術館用螢光燈，(d) 近紫外 LED 激發高顯色性白光 LED。

表 8.4　白熾燈泡、螢光燈、白光 LED 照明光源之發光材料、結構與特徵

	電極材料	發光材料	模注材料	電極材料的壽命 / h	發光原理	特徵
白熾燈泡	鎢（W）金屬	鎢（W）絲	玻璃石英	1,000	熱輻射	惰性氣體封入
螢光燈	鎢（W）金屬	白光複合螢光體（三波長型）	玻璃石英	10,000	電漿放電（深紫外線激發）	放電氣體封入含有 Hg
白光 LED	GaN 系半導體	無機螢光體材料	環氧樹脂矽樹脂	> 30,000	光激發	全固體型一部分中含有有機物

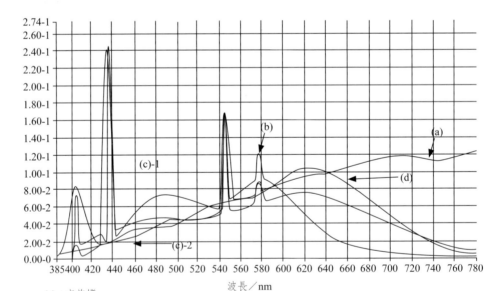

(a)：鹵族燈
(b)：一般照明用螢光燈
(c)-1 美術館用螢光燈，(c)-2：美術館用螢光燈（AAA）。
(d)：近紫外 LED 激發高顯色白光 LED

圖 8.4　光源的發光光譜

8.3　新市場開拓與企業的經營模式

8.3.1　藍光激發白光 LED

LED 業界，仍處於專利壟斷的市場形勢。靠知識產權進行競爭的企業，與 GaN 系 LED 晶片相關的，在日本國內外共有 5 家：日亞化學、Cree、Osram、Philips-Lumileds、豐田合成，而在 2005 年以後，藉由相互轉讓特許權（crosslicense）、建立聯盟（alliance）等。近年來，台灣、韓國、馬來西亞、日本國內的一部分 LED 廠商被主要的 LED 廠商提起侵權訴訟的事件時有發生。

藍光 LED 晶片製作的基本專利至 2010 年前後到期，如果目前的狀況繼續，屆時以後，晶片製作方法也有可能發生極大的變化，僅靠單純的技術傳承及價格競爭，市場占有率有發生重大逆轉的可能性。

由於白光 LED 用途的擴大，再加上對白光 LED 市場起牽引作用的機器設備的變革，開發生產面向新用途的先行白光 LED 產品的廠商對市場前景充滿信心。估計到 2020 年前後，產業將會沿著如表 8.5 特徵欄中①～⑥所對應的狀況進展。

表 8.5　兩種白光 LED 的知識產權和經營模式的構築

年　代	1990	1995	2000	2005	2010	2015	2020	特徵
以藍光 LED 為基礎的白光 LED	·日亞藍色 LED 製造、販賣	·日亞白光 LED 製造、販賣	台灣 LED 廠商參入	台灣廠商占世界的 40% 台灣廠商的合併			低價格化	(1)最大的市佔率和利潤 (2)商標形象 (3)同質化和差別化戰略 (4)強有力的市場化戰略 (5)提高附加值 (6)以生存利潤為目標的低品質、低價格化
		日美歐廠商參入		中村裁判終了	基本專利群到期			

年　代	1990	1995	2000	2005	2010	2015	2020	特徵
以近紫外 LED 為基礎的白光 LED		・21 世紀的照明 ・田口的發明專利申請	・LEPS 基本結構 近紫外 LED 製造	專利權成立 三菱化學 三菱電線工業	白光 LED 製造販賣	⇒ 差別化 標準化		(1)特定市場形成 (2)大規模經營的經濟性由差別化而破解 (3)特定區段（非股份） (4)早期的專利共享和組建聯盟 (5)製造工程開示 (6)製品商標本土化

在台灣，於 2007 年 3 月 Epistar 藉由股權交換方式將サウス・エピタキシー、エピテック、ハィリンク等三家公司吸收合併，從而 LED 元件的生產設備簡單合計超過 140 台，難怪有人指出其生產規模已超過大型日本企業。如果僅從價格下降決定勝負的話，如同過去矽元件所經歷的那樣，日本廠商輸給韓國、台灣廠商的局面，僅是時間問題。

按 PIDA 估計，主要 LED 廠商 2010 年 LED 照明的生產總額為 49.67 億美元。生產正在向中國大陸轉移，利用 Lite-on 的 LCD BLU，Kingbright 公司向日本的進出等有大的動作，與此同時，Neo-Neon 公司在台灣的進出口和 LED 生產據點向亞洲各國的轉移、並建立分廠等。最近，台灣液晶螢幕的大型企業奇美電子正向中國大陸的照明大型企業中國電器出資，以替代 CCFL（冷陰極放電螢光燈），釋出強化 LED 研究開發的方針。

截至 2009 年 8 月，中國大陸 LED 晶片企業達到 62 家。2009 年，中國大陸 MOCVD 總安裝機台數量達到 153 台，比 2008 年增加了近 70 台，實際定購數量大於 200 台。2010 年，2011 年大陸 MOCVD 裝機量將分別達 125 台、165 台。預計未來三年，上游外延晶片材料大陸自產化將達 70%，中游封裝材料大陸自產化將達 90%，下游材料將達 98%。LED 產業的裝備和原輔材料的進口比例，從上游到下游均呈現由高到低的趨勢。

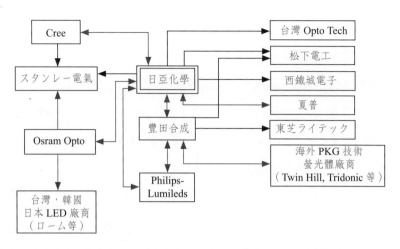

(a)日本國內 LED 廠商為中心的藍光 LED 激發白光 LED 的業界構成（◀━：共享專利，◀━▶：組成聯盟）

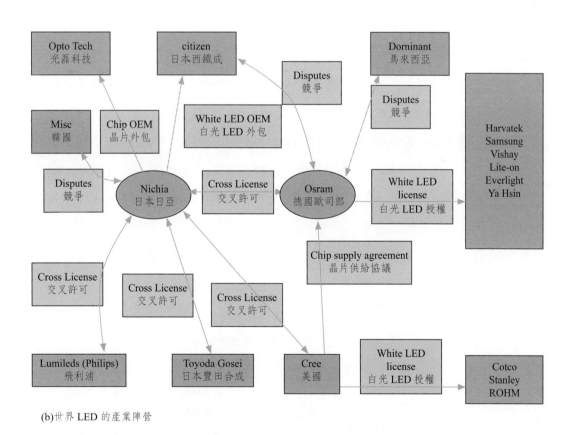

(b)世界 LED 的產業陣營

圖 8.5　LED 廠商的含縱聯橫戰略

如同 LSI、液晶電視產業所經歷的那樣，由台灣、韓國的企業對日本技術的掌握（catch up）及降低價格等，已開始直接對研究開發產生重大影響。2004 年以後，白光 LED 的交易單價下降，估計 2015 年以後會下降到 10 日圓以下。這是由於台灣的 LCD 螢幕賣主（推銷商）向 LCD 賣主廠商出資，產業集群強化的結果。這種狀況，已如表 8.5 所示，從專利問題表面化的 1998 年左右就開始被預測，特別是白光 LED 技術的知識產權受到特別關注。

在目前發展更快的 TFT LCD 用 LED 背光源市場，與中型以上液晶螢幕廠商距離更近的韓國及台灣的 LED 廠商，具有得天獨厚的優勢。特別是，有些企業正採取有差別的戰略（如藍光 LED 激發 RG 螢光體的新型白光 LED 的開發）。進一步，隨著 LED 晶片製作方法的變化，新型 LED 賣主的出現也是有可能的。

8.3.2　近紫外激發白光 LED

關於近紫外激發白光 LED，如表 8.5 中特徵欄所示的那樣，開發的產品不是以市場份額，而是以利潤和高級顯示為目標的產品市場開拓實例，特別是，其目標並不是簡單地置換傳統的照明光源，而是開發目前難以做到的高 Ra 的應用製品，開拓特定的市場，圖 8.6～圖 8.9 表示這類產品實例。如圖 8.10(a) 和 (b) 所示，與太陽能電池螢幕相組合的節能型白色、有色 LED 外燈也可像第 4 章所述，採用可調制光源用於高功能照明製品。

伴隨發光效率和光質兩方面的提高，也如前節所述的那樣，期待著高光流量（1,000 lm 以上）光源的實現和向一般照明的展開，如表 8.6 中所示。

表 8.6　白光 LED 世界市場規模預測

年	預測金額／億日元
2009	> 4,000
2011	~ 4,000
2012	123 億美元

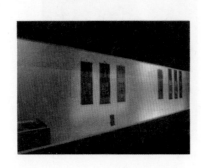

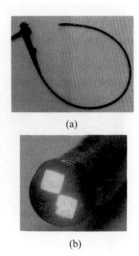

(a)

(b)

圖 8.6 雪舟展上高顯色白光 LED 照明的應用　圖8.7 消化道電子內視鏡中使用的白光 LED 照明光源

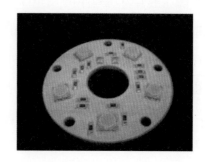

圖 8.8 實體顯微鏡中所使用白光 LED 環形　圖 8.9 下照燈照明中所用的白光 LED 照明

(a) 採用太陽能電池和白光 LED 照 明的節能外燈 　　(b) 採用太陽能電池和白光 LED 照 明螢幕的顯示板

圖 8.10　與太陽能電池螢幕相組合的節能型白色‧有色 LED 外燈

8.3.3　市場的變化

在圖 8.5 中，牽引白光 LED 增長的便攜用途已有減速趨勢，隨著韓國、台灣、中國大陸等新介入，LED 晶片的價格正以每年 20%～30% 的速度下降。

在具備量產體制的基礎上，海外廠商從晶片的前工程轉變為後工程，在海外也開始提供藍光 LED 晶片。可進行封裝（packaging, PKG）的廠商在市場上大量湧現，台灣、韓國廠商正逐步建立起低品質、低價格的量產化體制。

表 8.7 是對包含一般照明應用在內的市場達到 1 萬億日圓規模的將來預測。表 8.8 是進一步對要求「光質」、「高顯色性」等新應用領域，市場規模達 4,000 億日圓左右的將來預測。表 8.9 列出採用白光 LED 光源的市場規模在 1 萬億元日圓以上的不同產業領域的情況。與其他大型產業的規模相比，一般照明、光產業（雷射等）的市場規模要小十倍左右，如何在不同領域的產業中投入白光 LED 產品，開發新的經營模式是需要認真考慮的問題。在產業鏈模式中，一般需要 5 個主活動和 4 個支援活動，以此為基礎展開經營，但對於白光 LED 來說，超過企業框架的業務範圍很廣，因此需要在外部的經營、開發、人才資源利用等方面採取更加積極

而開放的模式。

表 8.7　對 LED 照明應用的將來預測

受期待的 LED 照明的用途	將來的預測期待度	課題和特徵等
1 一般照明	○	效率提高，顯色性改善，每單元功率的增大
2 道路照明	○	效率提高，配光改良
3 工作環境照明	◎	效率提高，顯色性向上
4 強光照明	○	照度低，接近用於顯示器
5（劇場的）台階燈	○	照度還略有不足
6 閃光	○	接近用於顯示器
7 誘導燈	○	接近用於顯示器
8 交通信號燈	◎	現在已廣泛普及
9 汽車用燈具	◎	由於電壓低，特別適合採用 LED
10 汽車前燈	○	每單元功率的增大，配光改良
11 大型液晶背光源	◎	接近用於顯示器

表 8.8　要求自然光、高顯色性的新應用領域

・學習用照明（有益於眼睛的照明）
・美術照明（在美術館及博物館中設置）
・空間顯示（展示櫥窗）照明
・寶石，手表等的展示照明
・舞台照明
・醫療用照明・生物・老年人護理用設備
・植物生長用

　　圖 8.11 是 Strategies Unlimited 公司對將來的市場預測（從 2007 年到 2012 年），在 2010 年以後將有高增長的，包括 LCD BLU 在內的顯示和顯示器（室外大螢幕等）應用及照明（lighting）應用（與 2007 年相比分別為 3.5 倍和 2 倍）。另一方面，呈減少傾向的有便攜和車載應用領域。

表 8.9　與其他領域市場規模的比較

產業領域	市場規模
玩具產業（日本）（2006）	1 萬億日圓（TV 遊戲 S & H 5,000 億日圓）
コンテンツ產業（2002）	11 萬億日圓
醫療費用（日本）（2003）	32 萬億日圓
パチスロ	23 萬億日圓（1.3 萬億）

產業領域	市場規模
顯示器（2000）	5.1 萬億日圓
汽車（世界）（2000）	40 萬億日圓
IT 硬體（2006）	12 萬億日圓
纖維（販賣業）（2004）	19 萬億日圓
食品（販賣業）（2004）	80 萬億日圓
住宅翻新（2004）	7 萬億日圓
建材礦物金屬（販賣業）（2004）	87 萬億日圓

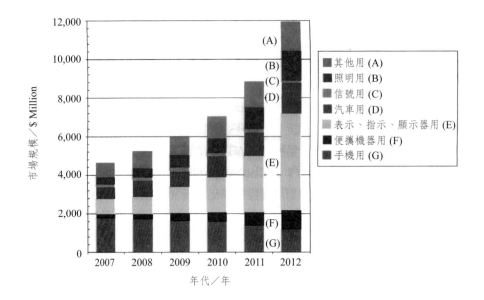

圖 8.11　高輝度 LED 的市場預測（從 2007 年至 2012 年）

8.4　如何應對國際標準化

與知識產權（IPR）同樣，由此開始介紹的標準化是確保企業競爭力的有力手段。作為世界貿易組織（WTO）所確定的國際標準化機構，在電工領域是國際電工技術委員會（International Electrotechnical Commission, IEC），而在所有產業領域是國際標準化機構（International Organization for Standardization, ISO）。

8.4.1　標準化簡介

今後由典型的磨合型技術製作的白光 LED（圖 8.12）的基礎材料（光學透鏡材料、RGB、螢光體材料、膜片材料、樹脂、封接及灌封材料、晶片材料、導熱及散熱材料、冷卻材料等）中，由材料廠商主導的更具競爭力，這種經營模式有可能推廣。作為 LED 製作廠商，對應範圍廣泛的市場需求應與材料、後工程企業加強聯合。

更進一步講，作為 LED 廠商，無論處於哪一國家和地區，應採取何種白光照明也是重要的研究。對在密閉的照明器具中組裝的白光 LED 器件，包括驅動電路、熱設計、電力變換效率，光取出效率，以及設計等，進行綜合考量是必不可缺的。作為電力公司等設置節能型的白光 LED 照明機器的對策，需要採取新的銷售途徑和價格還原系統。即對於生產節能產品的廠商和顧客雙方都應該有減稅措施。

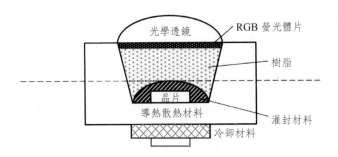

圖 8.12　由各種部件和材料構成的白光 LED 照明光源概略圖

8.4.2　各國應對國際標準化的方針

　　必須在下述幾個方面執行安全性、標準過程的方針：①周邊材料，②半導體元件，③照明，光源、器具的特性評價等。關於對人眼安全性的評價試驗，綜合世界各國的進展情況，應該制定基於世界標準品的安全標準。

　　電器設備的標準化，從世界上看，按台灣、韓國、中國大陸的次序，以世界的材料、裝置廠商為支撐，與歐洲一起會有非常高的國際競爭力。藉由支援這一方針的歐美照明廠商的組織力，固體照明的標準化極有可能以歐美為中心來進行。

　　在日本國內，限定照明用白光 LED，標準化委員會最早是在日本電燈工業協會內發起的。此後在 2004 年（平成 16 年）11 月，制定了日本電燈工業協會標準 JEL 311「照明用白光 LED 測光方法通則」。但是如前所述，在與應用物理學會、照明學會相關的法人等的學術界和產業界的組合是各不相同的，因此國內的體制還沒有集中。日本根據 Osram 的 Kotschenreuther 提出的按圖 8.13 的 LED 模組的分類，正在進行「一般照明用 LED 模組安全規格」的標準化，提案涉及從 AC 或 DC 電源製作直接器具化的模組，同時包括螺口、LED 控制回路和 LED 模組等個別元件和一體化系統。僅就包括回路的控制裝置而論，與 LED 模組相組合有三種類型的光源（組合型、一體型、獨立型），但具體表示何種難以搞清楚。到目前所製作的白光 LED 的光源色，符合黑體輻照曲線（Planckian locus）是必要的，但大多數的意見是，其定義應符合圖 8.14 和表 8.10 所示的 DOE Energy Star 中的規定。進一步，針對電燈泡型 LED 的安全標準，有關嵌入式 LED 用電源的知識、資訊是不可缺少的。以何種根據進行標準化是每個企業必須考慮的問題。其中，測光的評價由於採用的是通常的砲彈型白光 LED，與 IEC 發生矛盾的地方在所難免。2006 年，要求達到國家標準 JIS，以照明學會為中心，成立 JIS 制定方案委員會，由於 JIS 中已將這種測色方法納入，現在正提高其實用性。

　　在歐洲（EU，歐盟），LED 的標準化是以 IEC 的 Kotschenreuther（Osram）為中心進行的。關於標準的電燈泡型白光 LED 照明光源、器具，如同已經敘述的圖 8.13 所示，LED 模組和控制裝置是以系統來處理的。以 Osram 為中心，在 IEC

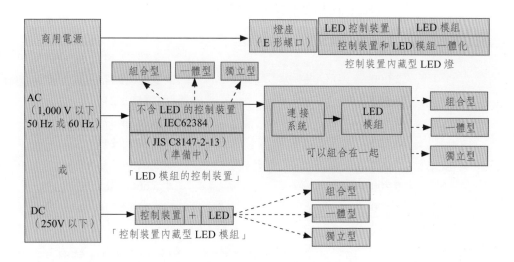

圖 8.13　由 LED 模組及控制裝置構成的電燈泡形白光 LED 光源系統的概要

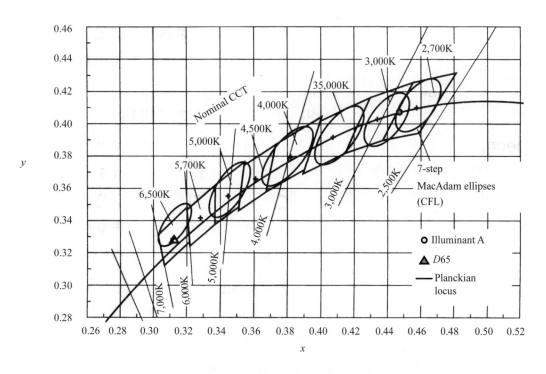

圖 8.14　由 MacAdam 彩色橢圓決定的 8 種不同的色度座標圖
（CIE 1931 年制定）和 7 種不同的色溫度區域

表 8.10　由 DOE 推薦的照明器具的 T_c 的變動幅度

Nominal CCT/K	CCT/K
2,700	$2,725 \pm 145$
3,000	$3,045 \pm 175$
3,500	$3,465 \pm 245$
4,000	$3,985 \pm 275$
4,500	$4,503 \pm 243$
5,000	$5,028 \pm 283$
5,700	$5,665 \pm 385$
6,500	$6,530 \pm 510$

的 TC-34 中，關於 LED 模組的國際標準化正在進行之中。它是以代替現有光源為目的，在電燈泡形 LED 燈的性能決定中，確定適用範圍、使用溫度範圍和尺寸、壽命的定義、T_c 的範圍等。

在美國，比圖 8.13 所示模組更詳細的製品規格是以 DOE 為中心，作出圖 8.14 和表 8.10 所示的規則，進行色溫度測定等 LED 照明光源的標準化。到目前為止，所採取的戰略是制定由市場競爭決定的事實上的標準，在 TBT 協定生效之後，已經對 IEC 和 ISO 產生重大的影響。

近年來，美國對白光 LED 照明的標準化非常積極，NIST 正進行全面的準備，包括 NIST、IESNA、AISE 等規格的準備等，正在決定 LED 照明器具的節能製品認證。也就是說，對 LED 照明設計的重點是如表 8.2 所示，以 200 lm/W 的發光效率為最終目標。特別是，對應製品化規格的 IESNALM-79 和 IESNALM-80，分別是以電氣的光學特性和光流量維持率（壽命）為定義的重要的標準化提案。

標準化的基本內容簡述如下：

①做出 LED 照明光源的色度座標。

②決定屋內照明器具用白光 LED 的色溫度。對照明器具，設定 7 種色溫度。

③光源的電氣特性和測光評價中標準特性的測量法。

④關於器件發光效率的計算方法的確定。

⑤壽命，電源回路，LED 的安全性，LED 模組，光流量維持率等。

⑥配光及色分布：從不同方向看色度變化，(U', V') 座標偏差應在 0.004 以內。

⑦色度變化：隨著時間延續，壽命的變化，在光流量維持率為 70% 的前提下，(U', V') 座標偏差應在 0.007 以內。

⑧斷路（switch off）時，不超過 0.5W 的功率損耗。

⑨CRI：室內照明的最低值為 75。

⑩保證：3 年之內對故障電氣部件的更換承諾和對熱設計的保證事項。

特別是對於照明元件的 CCT 來說，進入表 8.10 中列出的溫度範圍當然是理想的。特別是在美國，從 2000 年前後開始，大概每年舉辦兩次由民間組織（Strategies Unlimited 公司和 Intertech 公司）發起的業界研討會、展示會等，參加者積極主動，進言獻策，效果很好。這正成為推進標準化的企業的原動力。

英國有別於歐盟（EU），最近由政府出資 1,000 萬英鎊，由 UKTSG（UK's Technology Strategy Board，技術發展戰略局）為 SSL 標準化程序進行準備，確立截至 2008 年趕上世界水準的目標。具體執行組織是 DIUS（Department of Innovation Universities and Skills），TSB 也對 OLED 發展規劃立案（2008～2011 年）。

在亞洲各國中，作為國家計畫，韓國預定 5 年間要實現 LED 照明的標準化，2007 年 LED 韓國協會（Society of LED and Solid State Lighting）以 Yu 博士為會長正式啟動。

各國針對標準化的目標和開發重點匯總於表 8.11。在此 10 年間，在 IEC 中，依靠具有絕對優勢的歐洲企業（Osram，Philips 等），以歐美為中心，正在制定標準化模式。

表 8.11　關於標準化的國內外側重與競爭

歐洲	美國	日本
·模組 ·安全性 ·壽命	·照明器具 ·色溫度等 ·器具特性 ·周邊回路	·測光·評價法

包括韓國、中國大陸、台灣在內的亞洲諸國，估計也會順應這一布局。

8.5 小結

現在的白光 LED 照明光源（包括藍光激發和近紫外激發），是由日本於 20 世紀 90 年代發明並實現實用化的。儘管日本的研究開發，並且定為國策在世界上是最早的，但現在卻以歐美為中心，正在進行燈泡型白光 LED 的標準化。估計今後還要按次序進行螢光燈的標準化。

結束語

世界上最早實現製品化的白光 LED，如本書所介紹的，是由 InGaN 系 LED 晶片與發黃光的螢光體（$(Y_{1-a}Gd_a)(Al_{1-b}Ga_b)_5O_{12}：Ce^{3+}$）組合而成，具有簡單結構的 LED。直到今天這種結構的白光 LED 仍為主流。這種形式的擬似白光 LED，已經在各種不同領域（顯示、裝飾用）獲得應用。但是，若希望達到與具有很長傳統的白熾燈泡、螢光燈具有相同程度的光質（quality of light）和發光特性的白光 LED 照明光源的開發，以及面向一般照明器具應用的研究，沒有高性能材料的開發和先進的封裝技術為後盾，則很難加速。

即在 LED 照明用白色光的「質」方面，要具備與三波長螢光燈相同的高顯色性，「質」高的均勻照度的光是必須的。為此，白光 LED 的研究開發課題包括：發光效率改善的不懈努力和以自然光為目標的高質量的色再現性，以及新的封裝、製造方法的開發，新材料的探索等。

2009 年正好是京都議定書（COP3）生效之後的第 12 年。2008 年 7 月 7～9 日，在北海道洞爺湖召開的 G8 防止地球溫暖化會議，向全世界宣示減少 CO_2 排放、環保節能的重要性和迫切性。

從世界範圍看，以美國、EU 為中心，由於台灣、韓國、中國大陸等以日本的裝置廠商、化學廠商為後援，因此具有非常高的國際競爭力。而且，藉由對此提供支援的歐洲照明廠商的組織能力，固體照明的標準化極有可能以歐洲為中心進行。

參考文獻

[1] 田口常正。白色 LED 照明技術のすべて。工業調査会,2009

[2] 一ノ瀬昇,中西洋一郎。次世代照明のための白色 LED 材料。日刊工業新聞社,2010

[3] P. Bharracharya: Semiconductor Optoelectronics Devices. Prentice-Hall Inc.. New York (1994)

[4] T. Taguchi: "Japanese semiconductor lighting project based on ultraviolet LED and phosphor system", Proceedings of SPIE, 4445, pp. 5-12 (2001)

[5] J. Singh : Semiconductor Optoelectronics, McGraw-Hill. USA. p. 462 (1995)

[6] 奥野保男:「ダイオード」,産業図書(1993)

[7] 田口常正:「白色 LED 照明システム技術の応用と将来展望」(監修 田口常正),シーエムシー出版(2003 年 6 月)

[8] 田口常正:「白色 LED による21 世紀のあかり」,照明学会誌,85, 7, pp. 496-501(2001)

[9] S. Nakamura. G. Fasol: "The blue laser diode", (Springer, 1997)

[10]田口常正:「進化するLED」,トランジスタ技術,pp. 93-98(2007 年 10 月号)

[11]田口常正:「発光と受光の物理と応用」,(培風館,2008),第 7 章白色 LED,pp. 277-285

[12]T. Taguchi ed, A. Kitai: "Luminescent materials and applications". LED Materials and Devices, (John Wiley & Sons. Ltd), chap 6. pp. 207-222 (2008)

[13]田口:「LEDs(レッズ)照明による 21 世紀のあかり」,月刊ディスプレイ,6, 3, pp. 1-5 (2000)

[14]田口:「白色 LED 照明技術により『21 世紀のあかり』国家プロジェクト」,電子情報通信学会論文誌 C, J 84-C, 11, pp. 1040-1049 (2001)

[15]坂東完治:「白色 LED 製品の現狀」,日本電球工業会報,No. 429, pp. 19-20

(2000)

[16] T. Taguchi. "Present status of white LED lighting technologies in Japan", Journal of Light & Visual Environment". 27, 3, pp. 131-139 (2003)

[17] 田口：「白色 LED 照明による省エネルキー技術の現状と将来展望」，電気学会誌，127, 4, pp. 226-229 (2007)

[18] T. Taguchi : "Overview, Present status and future prospect of system and design in white LED lighting technologies". Proceedings of SPIE, 5530, pp. 7-16 (2004)

[19] S. Kurai, H. Sakuta, Y. Uchida, T. Taguchi: "Fabrication and Illuminance Properties of Phosphor-conversion Green Light-emitting Diode with a Luminous Efficacy over 100lm/W'," Journal of Light and Visual Environment, 31, pp. 28-30 (2007)

[20] P. Schmidt, A. Tuecks, H. Bechtel, D. Wiechert. R. Mueller-Mach, G. Muellur, W. Schnick: "Layered oxonitrido silicate (SiON) phosphors for high power LEDs", Proc. SPIE 8th Int. Conf. on Solid State Lighting, 7058, pp. 70580 L-1-L-7 (2008)

[21] H. Sakuta, N. Nakamura. T. Miyachi, T. Fukui, H. Ishikawa, K. Sugi, H. Yoshioka. K. Kamon, H. Hayashi, Y. Uchida, S. Kurai, T. Taguchi: "Near-ultraviolet LED of the external quantum efficiency over 45% and its application to high-color rendering phosphor conversion white LEDs". Journal of Light and Visual Environment, 32, pp. 39-42 (2008)

[22] R. S. Zheng. T. Taguchi: "Optical design of large area GaN-based LEDs". Proceedings of SPIE, 4996, pp. 154-162 (2003)

[23] 田口常正：「GaN 系発光ダイオードの発光メカニズム」，照明学会誌，85, 4, pp. 273-276 (2001)

[24] 山田範秀：「LED 2008」，日経エレクトロニクス（2008, 1）p.8

[25] 田口常正：日経マイクロデバイス 6 月号（2004）p. 31

[26] S. Nakamura, T. Mukai, M. Senoh, S. Nagahama, N. Iwasa: Jpn. J. Appl. Phys., 32, L8 (1993)

[27] K. Bando, K. Sakano, Y. Noguchi, Y. Shinnizu: J. Light Vis, Env., 22. 2 (1998)

[28] M. G. Craford, J. Light Vis. Env., 32, 58 (2008)

[29] F. Bernardini, V. Rorentini, D. Vanderbilt: Phys. Hav, B. 56, R 10024 (1997)

[30] Y. Narukawa, J. Narita, T. Sakamoto, K. Deguchi, T. Yamada, T. Mukai: Jpn. J. Appl. Phys., 45, L 1084 (2006)

[31] M. C. Schmidt, K. C. Kirn, H. Sato, N. Fellows, H. Masul, S. Nakamura, S. P. Denvaars, J. S. Speck: Jpn. J. Appl. Phys., 46, L 126 (2007)

[32] M. Sugimoto, Y. Urano, I. Kuzuhara, T. Hayashi, M. Masui. K. Tanaka: J. Light Vis. Env., 32 196 (2008)

[33] T. Nishida, T. Ban, N. Kobayashi: Appl. Phys. Lett., 82, 3817 (2003)

[34] （財）金屬系材料研究開発センター，高効率電光変換化合物半導體（21 世紀のあかり計画）成果報告書（平成 14 年度）（2003）

[35] H. Sakuta, T. Fukui, T. Miyachi, K. Kamon, H. Hayashi, N. Nakamura, Y. Uchida. S. Kurai, T. Taguchi: J. Light Vis. Env., 32, 39 (2008)

[36] Y. Narukawa, M. Sano, T. Sakamoto, T. Yamada, T. Mukai: Phys. Stat. Sol. (a), 205, 1081 (2008)

[37] Y. Uchida, T. Taguchi: Opt. Eng., 44, 124003 (2005)

[38] T. Fukui, H. Sakuta, K. Mishiro, T. Miyachi, K. Kamon, H. Hayashi, N. Nakamura, Y. Uchida, S. Kurai, T. Taguchi: J. Light Vis, Env., 32, 43 (2008)

[39] T. Fukui, H. Sakuta, T. Miyachi, K. Kamon, H. Hayashi, Y. Uchida, S. Kurai, T. Taguchi: to be published in Jan. J. App. Phys.

[40] 内田裕土，田口常正：照明学会誌，89, 18 (2005)

[41] S. Kurai, H. Sakuta, Y. Uchida, T. Taguchi: J. Light Vis. Env., 31, 146 (2007)

[42] 作田寛明：窒化物半導體の構造評価と高効率・高演色白色 LEDへの応用に関する研究（学位論文）（2008）

[43] 森哲，内田裕土，小橋克哉，田口常正：平成 13 年度照明学会全国大会講演論文集，245 (2001)

[44] シーシーエス株式会社，ニュースリリース「業界最高水準の演色性を有する

実体顕微鏡用自然光 LED 照明を開発」，http://www2.ccs-inc.co.jp/s3_ir/press/080630PressReleasa.pdf, (2008)

[45] T. Taguchi, M. Kono: J. Light Vis. Enw., 31, 149 (2007)

[46] Japanese Standards Associate, JIS Z 8701 (1994), JIS Z 8729 (1994), JIS 8721 (1993), JIS Z 8726 (1994)

[47] 矢口博久：「LED 照明下での色の見え」，日本色彩学会誌，31, 2, pp. 112-115 (2007)

[48] 小松原仁：「LED 光源の演色性と測色評価技術」，光アライアンス，No. 10, pp. 18-21 (2007)

[49] J. Krause: "Colour index" (David & Charles Pub., UK. 2002)

[50] H. Yoshioka, H. Ishikawa, K. Sugi. Y. Uchida, T. Taguchi: "Detailed evaluation for color rendering of LED lighting source using CIE LAB", Proceeding of the First International Conference on White LEDs and Solid State Lighting, pp. 461-464 (2007)

[51] Y. Nayatani at al: "Lightness Dependency of Chroma Scale of Nonliner Color Appearance Model". Color Res. Appl., 20. pp. 156-167 (1995)

[52] Y. Uchida, H. Ishikawa, K. Sugi, H. Yoshioka, T. Taguchi: "The study of illuminated artistic picture and its color rendering using RGBCMY six colors separated tunable color light source", Proceeding of the First International Conference on White LEDs and Solid State Lighting, pp. 331-334 (2007)

[53] D. L. MacAdam: "Specification of small chromaticity differences", J. of Optical Society of America, 33-1. pp. 18-26 (1943)

[56] Y. Ohno, W. Davis: "Color quality and spectral design of white LED source". Proc. of the First International Conference on White LEDs and Solid State Lighting, pp. 129-134 (2007)

[55] W. Davis, Y. Ohno: "Toward an improved color rendering metric", Proc. 5th Int. Cent. on Solid State Lighting, SPIE 5941. pp. 56411-56417 (2005)

[56] H. Yaguchi, Y. Takahashi and S. Shioin, "A proposal of color rendering index based on categorical color names". Proceeding of international Lighting Congress, 11. pp. 421-426 (2001)

[57] 杉本勝，浦野洋二，木村秀吉，横谷良二，西岡浩二，石崎真也：「照明用高出力白色 LED 光源」，松下電工技報，53, 1, p. 4-9 (2005)

[58] 宮崎康弘，下田則和，藤原興起，葛原一功，横谷良二，森哲：「高出力　低色ばらつきLEDパッケージ製造法」，松下電工技報，55, 2, p. 5-11 (2007)

[59] 杉本勝，浦野洋二，葛原一功，林隆夫，桝井幹生，田中健一郎：「小型　高出力・長寿命のLEDユニッド」，松下電工技報，55, 3, p. 4〜10 (2007)

[60] LED 推進協議会：「LED 照明ハンドブッグ」，オーム社（2006）

[61] LED 推進協議会：「LED 信頼性ハンドブッグ」，日刊工業新聞社（2006）

[62] 照明学会，「光をはかる」，日本理工出版会（1987）

[63] JIS Z 8719「照明光条件等色度の評価方法」

[64] JIS Z 9125「屋内作業場の照明基準」

[65] Lee, C. et al.: Proceedings 26th session of the CIE, pp. D 3-33-D 3-26 (2007)

[66] 千葉貴行，川野辺祥子，高橋宏，入倉隆：照明学会全国大会予稿集，p. 208 (2007)

[67] 高橋宏，入倉隆，戸田雅宏，森林厳與，照明学会誌，第 90 巻，第 11 号，平成 18 年

[68] 公共建築協会　全国建築研究セツター，建築設備設計基準，平成 18 年度

[69] 照明学会，「ライティングハンドブッグ」，オーム社（1987）

[70] 特許平 10-242513，特許第 2900928, 2927279, 3503139, 3700502, 3724490, 3724498 号

[71] 特許第 3946541 号，「発光装置及びそれを用いた照明装置，並びに該発光装置の製造方法と設計方法」

[72] 「科学技術・研究開発の国際比較 2008 年版」平成 20 年 2 月，科学技術振興機構。

[73] "Light Source 2007" Edited by M. Q. Lin and R. Devonshire (FAST-LS)

[74] Proc. SPIE on the International Conference on Solid State Lighting (OP 01-OP 09)(http://spie.org/svents/op)

[75] DOE website:http://www.energy.gov/

[76] OLLA プロジエクトホームページ：http://www.hitech-projects.com/euprojects/olla/

[77] BASF 社ホームページ：

http://www.corporate.basf.com/en/presse/mitteilungen/pm.htm?pmid=2417&id=VOO-27w_ID8snbcp2_q

[78] Special issue, "First International Conference on White LEDs and Solid State Lighting" Journal of Light & Visual Environment Vol. 32, No. 2, (2008)

[79] M. Paget: "SSL Luminaire Performance in the Lab: Just How Well Do They Perform?" U. S. Department of Energy, Energy Efficiency and Renewable Energy. Dec., 13th. (2007)

[80] R. Devonshire: "The Competitive Technology Environment for LED Lighting" Journal of Light & Visual Environment 32, 3, pp. 5-17 (2008)

[81] 田口常正：「最新の白色 LED 照明技術の国際競争力と市場展望」光アライアンス, No. 4, pp. 1-6 (2008)

[82] T. Taguchi, M. Kono: "A novel white LED lighting system for appreciation of Japanese antique ink painting", Journal of Light & Visual Environment, 31. (2007) pp. 31-33. Nature, News and views, "The art of illumination" Vol. 450 (2007) p. 1175

[83] T. Taguchi, Y. Uchida. "Efficient White LED lighting and its application to medical fields", Physica Status Solidi (A), 201, 12 (2004) pp. 2730-2735

[84] CCS ホームページ　http://www.ccs-inc.co.jp/top.html

[85] コイズミ照明ホームページ　http://www.koizumi-lt.co.ip/

[86] 瀬戸本，內田，田口：「白色 LED 光源を用いた省エネルギー型太陽電池街

灯の開発と照長特性の評価」照明学会論文誌，85, 8A, pp. 577-584 (2001)

[87] 大久保聡：「未来は吉か凶か―正念場を迎えた白色 LED 市場―」LED 2008，chapter 2-1, pp. 124-133 (2008)。（日本エレクトロニクス）

[88] M. E. Porter: "Competitive Advantage: Creating and Sustaining Superior Performance" Free Pr (1985)

[89] R. Steele: "High Brightness LED Market Review and Forecast", Proc. of LED Japan. Strategies in Light, 2008 Oct., 2008 (Tokyo) pp. 1-12

[90] Ogawa Koichi, Junjiro Shintaku, Tetsuo Yoshimoto: (2005) Architecture-based Analysis of Competitive Advantage Between Japanese and Catch-up Country's Firm and Introduction of New Global Alliance, Annals of Business Administrative Science, 4, 3, pp. 21-38. http://www.gbrc.jp/GBRC.files/journal/abas/ABAS4-3.htnnl

[91] NTTデータ経営研究所編：「環境ビジネスのいま」（NTT 出版，2008）

[92] 日本経済新聞，朝刊，2008 年 11 月 13 日

[93] LS ハンドブック電気設備Ⅲ（2008）（照明及び関連器具，本書に，LED 照明に関する記述はない。）

[94] 日本電球工業会：「照明用白色 LED 測光方法通則」（平成 16 年）

[95] R. Kotschenreuther, "Terms and definitions for LEDs and LED modules in general lighting" Prof. of 1st International Conference on White LEDs and Solid State Lighting, pp. 10-15 (2007)

[96] Energy star Program Requirements for Solid State Lighting Luminaries Eligibility Criteria-Version 1.0 (2007)

索 引

國家圖書館出版品預行編目資料

白光LED照明技術／田民波、呂輝宗、温坤禮
等著. －－初版.－－臺北市：五南，2011.06
　面；　公分
ISBN 978-957-11-6245-4（平裝）
1.光電科學　2.光電工業　3.照明工業
469.45　　　　　　　　　100003526

5DD4

白光LED照明技術
White Light－emitting Diode for Lighting Technologies

作　　者 ― 田民波　呂輝宗　温坤禮

發 行 人 ― 楊榮川

總 編 輯 ― 龐君豪

主　　編 ― 穆文娟

圖文編輯 ― 蔣晨晨

責任編輯 ― 楊景涵

出 版 者 ― 五南圖書出版股份有限公司

地　　址：106台北市大安區和平東路二段339號4樓

電　　話：(02)2705-5066　　傳　　真：(02)2706-6100

網　　址：http://www.wunan.com.tw

電子郵件：wunan@wunan.com.tw

劃撥帳號：01068953

戶　　名：五南圖書出版股份有限公司

台中市駐區辦公室/台中市中區中山路6號

電　　話：(04)2223-0891　　傳　　真：(04)2223-3549

高雄市駐區辦公室/高雄市新興區中山一路290號

電　　話：(07)2358-702　　傳　　真：(07)2350-236

法律顧問　元貞聯合法律事務所　張澤平律師

出版日期　2011年6月初版一刷

定　　價　新臺幣780元